Designing
Cloud Data
Platforms

云数据平台
设计、实现与管理

［加］　丹尼尔·兹布里夫斯基（Danil Zburivsky）　著
　　　　琳达·帕特纳（Lynda Partner）

刘红泉　译

机械工业出版社
China Machine Press

图书在版编目（CIP）数据

云数据平台：设计、实现与管理 /（加）丹尼尔·兹布里夫斯基（Danil Zburivsky），（加）琳达·帕特纳（Lynda Partner）著；刘红泉译 . -- 北京：机械工业出版社，2022.6
（云计算与虚拟化技术丛书）
书名原文：Designing Cloud Data Platforms
ISBN 978-7-111-71204-6

I. ① 云… II. ① 丹… ② 琳… ③ 刘… III. ① 计算机网络 - 数据处理 IV. ① TP393

中国版本图书馆 CIP 数据核字（2022）第 122933 号

北京市版权局著作权合同登记　图字：01-2021-3930 号。

Danil Zburivsky, Lynda Partner: Designing Cloud Data Platforms (ISBN 978-1617296444).

Original English language edition published by Manning Publications.

Copyright © 2021 by Manning Publications Co. All rights reserved.

Simplified Chinese-language edition copyright © 2022 by China Machine Press.

Simplified Chinese-language rights arranged with Manning Publications Co. through Waterside Productions, Inc.

云数据平台：设计、实现与管理

出版发行：机械工业出版社（北京市西城区百万庄大街 22 号　邮政编码：100037）

责任编辑：赵亮宇　　　　　　　　　　　　责任校对：殷　虹

印　　刷：三河市宏达印刷有限公司　　　　版　　次：2022 年 8 月第 1 版第 1 次印刷

开　　本：186mm×240mm　1/16　　　　　印　　张：19.25

书　　号：ISBN 978-7-111-71204-6　　　　定　　价：139.00 元

客服电话：（010）88361066　88379833　68326294　　　　投稿热线：（010）88379604

华章网站：www.hzbook.com　　　　　　　读者信箱：hzjsj@hzbook.com

本书是我们协作完成的，我们都热爱数据、新技术和解决客户问题。我们在一家从事数据、分析和云 IT 服务的公司一起工作了 5 年，在那里合作开发了一个云分析实践。拥有多年 Hadoop 经验的 Danil 负责技术开发，而 Lynda 负责商业运营。我们很早就意识到这两者都是解决现实世界的数据问题所需要的，随着时间的推移，Danil 变得更加以业务为导向，而 Lynda 对云和数据也有了足够的了解，可以为 Danil 提供帮助，有时甚至可以挑战 Danil。

Hadoop 作为一个大数据平台转变为用于数据和分析的云原生平台，因为我们都相信云和大数据的前景。在老板的支持下，我们组建了一个内部团队，不仅设计并交付了出色的技术解决方案，而且还使用数据和云交付了真正的商业成果。我们为几十个客户提供了这些服务，并且随着时间的推移，我们开发了一套最佳实践和知识体系。正是这种经历，以及我们独特的技术和商业技能的结合，让我们可以承担一个非常复杂的技术主题，并使它为大众所认可。我们首先从博客文章和白皮书开始，当 Manning 打电话问 Danil 是否想再写一本书（他的第一本书是关于 Hadoop 的）时，我们一拍即合。

我们都是行业活动的活跃演讲者，因此利用这些机会为本书制定了大纲，并通过读者的反馈来予以完善。我们还加入了真实的客户案例，让本书更生动、更具实际意义。

致　谢 *Acknowledgements*

我们都是完美主义者，都乐于推动对方来把事情做得更好。最终的结果是对于本书我们都感到自豪，但如果没有一个支持我们的庞大团队，我们就不会走到这一步。我们想在这里感谢很多人。

首先，最感谢的是我们的家人，感谢他们能够容忍我们在周末和节假日没有陪伴他们。他们从来没有抱怨过，一直陪伴在我们身边。

以老板 Pythian 为首，当时工作社区一直非常支持我们，尤其是创始人 Paul Vallée，当人们都在说"云原生是什么？"，我们说我们可以开发和销售云原生数据平台时，他支持了我们，Pythian 还慷慨地允许我们使用第 10 章中的图表。最重要的是，我们的老板一直鼓励我们继续写作和分享知识，由衷感激他的支持。

非常感谢与我们合作的 Kick AaaS 团队——Kevin Pedersen、Christos Soulios、Valentin Nikotin 和 Rory Bramwell，他们都在一个新的方向上敢于冒险，并跟随我们进入了未知世界，是这本书的隐形作者。

感谢 Manning 的朋友，特别是编辑 Susan Ethridge，她懂得倾听，善于表达，努力推动我们创作出最好的作品。这本书因为 Susan 而变得更好。我们时常想念每周的例会！在此也感谢 Deirdre Hiam（项目编辑）、Katie Petito（文字编辑）、Katie Tennant（校对），以及 Mihaela Batinic（评论编辑）。

最后，感谢那些在我们写作本书的过程中进行审核并给出很好的建设性反馈的人。谢谢所有的审校者，他们的建议让本书变得更好。最需要感谢的是 Robert Wenner，其余审校者包括：Alain Couniot、Alex Saez、Borko Djurkovic、Chris Viner、Christopher E. Phillips、Daniel Berecz、Dave Corun、David Allen Blubaugh、David Krief、Emanuele

Piccinelli、Eros Pedrini、Gabor Gollnhofer、George Thomas、Hugo Cruz、Jason Rendel、Ken Fricklas、Mike Jensen、Peter Bishop、Peter Hampton、Richard Vaughan、Sambasiva Andaluri、Satej Sahu、Sean Thomas Booker、Simone Sguazza、Ubaldo Pescatore 以及 Vishwesh Ravi Shrimali。

引　言 *About This Book*

本书是为了帮助你设计一个既可伸缩又足够灵活的云数据平台，以应对不可避免的技术变化。本书首先解释了"云数据平台"一词的确切含义、为什么它很重要，以及它与云数据仓库有何不同。然后转向跟踪数据流入和流经数据平台的流程——从摄取和组织数据，到处理和管理数据。本书总结了不同的数据消费者如何使用平台中的数据，并讨论了影响云数据平台项目成功的最常见的业务问题。

目标读者

本书是为那些想要了解什么是数据平台以及如何利用云来构造数据平台的人设计的。本书详细介绍了流与批处理、模式管理和其他关键设计元素等主题（这是一本关于设计的书，而不是关于编程的书），可以让具有扎实编程背景的人在设计解决方案的过程中取得很好的结果，还可以解决技术和业务之间的联系，因此非常适合产品负责人、业务和数据分析师（他们可能永远不必设计架构）。

本书内容

第 1 章介绍了云数据平台的概念，描述了驱动需求的趋势，并介绍了云数据平台设计的关键构建块。

第 2 章比较和对比了云数据平台和云数据仓库之间的区别。

第 3 章扩展了第 1 章中介绍的简单架构，并将架构中的层映射到 AWS、Azure 和 Google Cloud 中可用的工具。

第 4 章是关于将数据导入数据平台的所有内容——重点是来自关系型数据库、文件、流的数据，以及通过 API 得到的 SaaS 系统的数据。

第 5 章解释了如何在数据平台中最佳地组织和处理数据，介绍了可配置管道的概念和通用的数据处理步骤。

第 6 章介绍了实时数据处理和分析、实时摄取与实时处理之间的区别，以及如何组织和转换实时数据。

第 7 章介绍了技术元数据层的重要概念和需要它的原因，以及技术元数据模型的选项和几个实现选项，并概述了现有商业和开源解决方案。

第 8 章讨论了与模式管理相关的长期挑战，提供了几种可能的方法，并讨论了如何在现代数据平台中处理模式演化。

第 9 章讨论了不同类型的数据消费者和数据访问点，包括数据仓库、应用程序访问、机器学习用户以及 BI 和报表工具。

第 10 章描述了数据平台用于驱动业务价值的方法，并讨论了与确保数据平台项目成功相关的许多组织挑战。

关于代码

本书包含一些源代码示例，我们以等宽字体将其与普通文本区分开来。在许多情况下，原始的源代码已经被重新格式化，我们添加了换行符并重做了缩进以适应版面要求。在极少数情况下，即使这样做也还不够，清单中还包括了行延续标记（➥）。许多清单都带有代码注解，突出了重要的概念。

关于作者

Danil Zburivsky 的整个职业生涯都在为全球企业的大规模数据基础设施进行设计和支持。10 多年前，他在 IT 服务公司 Pythian 开始了自己的职业生涯，为多家大型互联网公司管理开源数据库系统。他是 Hadoop 的早期拥护者，在管理一个设计和实现大规模 Hadoop 分析基础设施的团队时，撰写并出版了一本关于 Hadoop 集群部署最佳实践的书。他预见到公有云将对数据基础设施产生的影响，因此是云数据服务的早期采用者，并为全球数十家企业在三大公有云平台上构建和实现了基于云的现代数据平台。作为一个狂热的冲浪爱好者，Danil 住在加拿大新斯科舍省的哈利法克斯，他把每年的空闲时间都花在冲浪上。

Lynda Partner 从事数据业务方面的工作已经超过 20 年。作为一家 SaaS 公司的创始人，她大量使用数据来优化客户使用产品的方式，这让她对数据上瘾了。后来，她成为 Intouch Insights 的总裁，她将一家传统的市场研究公司转变为第一批移动数据捕获公司之一，为主要汽车厂商收集有价值的消费者数据。她目前担任 IT 服务公司 Pythian 的分析副总裁，与多个行业和国家的公司合作，帮助它们将数据转化为洞察力、预测和产品。她闲暇时会在岛上的小别墅里度假，在那里划皮艇、写作以及研究数据的新用途。

$\mathcal{C}ontents$ 目　　录

XII

第 1 章 *Chapter 1*

数据平台介绍

本章主题：

❑ 推动分析数据领域的变革。

❑ 理解数据规模、多样性和速度的增长，以及传统数据仓库无法满足需求的原因。

❑ 了解为什么数据湖本身并不能解决问题。

❑ 讨论云数据平台的出现。

❑ 研究云数据平台的核心构建块。

❑ 查看云数据平台的样本用例。

每一项业务都需要分析。这是事实。企业一直以来都需要度量重要的业务指标，并根据结果做出决策。"上个月的销售额是多少？"以及"把包裹从 A 寄到 B 的最快方式是什么？"等问题已经演变成"有多少新增付费会员？"以及"关于客户的行为，物联网数据告诉了我什么？"

在计算机普及之前，我们依赖于分类账、库存清单、良好的直觉，以及其他有限的手工方法来跟踪和分析业务指标。20 世纪 80 年代末引入了数据仓库的概念，它是一个由多个数据源组合而成的、结构化数据的集中式存储库，通常用于生成静态报表。有了数据仓库，企业就能够从基于直觉的决策转变为基于数据的方法。然而，随着技术和需求的演进，我们逐渐转向一种新的数据管理结构：云数据平台。

简单地说，云数据平台是"一个能够高效地摄取、集成、转换和管理几乎任何类型数据的云原生平台，用于分析结果"。云数据平台解决或显著改善了困扰传统数据仓库甚至现代数据湖的许多基本问题和痛点——这些问题围绕数据的多样性、规模和速度（三个 V）。

在本书中，我们将通过简要介绍数据仓库的一些核心构造以及它们如何导致"三个 V"中概述的缺点来作为基础。然后将考虑数据仓库和数据湖是如何协同工作以起到数据平台的作用。我们将讨论高效、健壮和灵活的数据平台设计的关键组件，并比较可以在所设计的每一层中使用的各种云工具和服务。我们将演示在数据平台中为批处理和实时/流数据摄取、组织和处理数据所涉及的步骤。在平台中摄取和处理数据后，我们将转向数据管理，重点关注技术元数据和模式管理的创建和使用。我们将讨论各种数据消费者以及平台中数据的使用方式，最后讨论数据平台如何支持业务，以及应该考虑的常见非技术项目列表，来确保最大限度地使用数据平台。

读完本章，你将能够：

- ❑ 使用模块化设计来设计自己的数据平台。
- ❑ 进行长期设计以确保它是可管理的、通用的和可伸缩的。
- ❑ 向他人解释并证明你的设计决策。
- ❑ 为设计的每个部分选择正确的云工具。
- ❑ 避免常见的陷阱和错误。
- ❑ 使你的设计适应不断变化的云生态系统。

1.1 从数据仓库向数据平台转变背后的趋势

数据仓库在很大程度上经受住了时间的考验，几乎所有的企业都仍在使用它。但是最近的一些趋势使它们的缺点变得更加明显。

软件即服务（SaaS）的迅速普及导致所收集的数据源的种类和规模大幅增加。SaaS 和其他系统产生了各种数据类型，超出了传统数据仓库中的结构化数据，包括半结构化数据和非结构化数据。最后这两种数据类型是众所周知的不太友好的数据仓库，而且随着实时流开始取代每天的批量更新和数据规模（总量），它们也是导致速度（数据到达组织的速率）不断提高的主要因素。

然而，另一个更重要的趋势是应用程序架构从庞大而单一到微服务的转变。由于在微服务领域中没有一个可以从中提取数据的中央操作数据库，因此从这些微服务中收集消息成为最重要的分析任务之一。为了跟上这些变化，传统的数据仓库需要在软硬件升级方面进行快速、昂贵且持续的投资。以今天的计价模式来看，成本最终会变得极其昂贵。

来自商业用户和数据科学家的压力也越来越大，他们使用的现代分析工具可能需要访问通常不保存在数据仓库中的原始数据。这种对自助访问数据不断增长的需求，也给与传统数据仓库相关的刚性数据模型带来了压力。

1.2 数据仓库与数据的多样性、规模和速度

本节解释了为什么仅靠数据仓库无法实现当今数据多样性、规模和速度的增长，以及如何将数据湖和数据仓库结合起来创建一个数据平台，从而解决与当今数据相关的挑战：多样性、规模和速度。

图 1.1 说明了一个关系型仓库通常如何拥有一个 ETL 工具或流程，其按照时间表将数据交付到数据仓库的表中。它还拥有存储、计算（即处理）以及所有运行在一台物理机器上的 SQL 服务。

这种单机架构大大限制了灵活性。例如，你可能无法在不影响存储的情况下向仓库添加更多的处理能力。

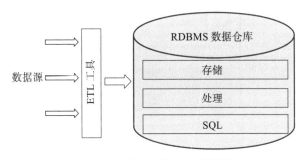

图 1.1 传统的数据仓库设计

1.2.1 多样性

在分析方面，多样性的确是生活的调味品。但是传统的数据仓库专门用于处理结构化数据（参见图 1.2）。当大多数摄取的数据都来自其他关系型数据系统时，这种方法很有效，但是随着 SaaS、社交媒体和 IoT（物联网）的爆炸式发展，现代分析所需要的数据类型更加多样化，现在包括文本、音频和视频等非结构化数据。

SaaS 供应商迫于向客户提供数据的压力，开始使用 JSON 文件格式构建应用程序 API，

来作为在系统之间交换数据的一种流行方式。虽然这种格式提供了很大的灵活性，但它经常会在没有任何警告的情况下更改模式——使之成为半结构化数据。除了 JSON 之外，还有其他格式，比如 Avro 或 Protocol Buffers，它们可以产生半结构化数据，供上游应用程序的开发人员选择。最后，还有二进制、图像、视频和音频数据——它们是数据科学团队非常需要的、真正的非结构化数据。设计数据仓库是为了处理结构化数据，即便如此，它们也不够灵活，无法适应结构化数据中频繁的模式变化，而这种变化在 SaaS 系统的普及过程中已司空见惯。

在数据仓库中，你只限于在数据仓库的内置 SQL 引擎或特定于数据仓库的存储过程语言中处理数据。这限制了你扩展仓库以支持新的数据格式或处理场景的能力。SQL 是一种很棒的查询语言，但它不是一种很好的编程语言，因为它缺少许多当今软件开发人员认为理所当然的工具：测试、抽象、打包、公共逻辑库等。ETL（提取、转换、加载）工具通常使用 SQL 作为一种处理语言，并将所有的处理都推送到数据仓库中。当然，这限制了你可以有效处理的数据格式的类型。

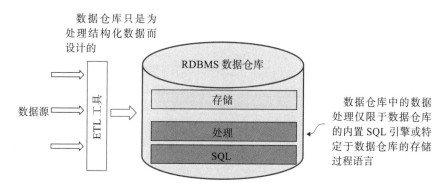

图 1.2　在传统的数据仓库中，对一系列数据类型和处理选项的处理是有限的

1.2.2　规模

数据规模与每个人都有关。在当今的互联网世界，即使是一个小的组织也可能需要处理和分析 TB 级的数据。IT 部门经常被要求收集越来越多的数据。来自网站的用户活动点击流、社交媒体数据、第三方数据集以及来自物联网传感器的机器所生成的数据都会产生企业经常需要访问的大规模数据集。

在传统的数据仓库中（参见图 1.3），存储和处理是耦合在一起的，这极大地限制了可伸缩性和灵活性。为了适应传统关系型数据仓库中数据规模的激增，必须购买和安装具有更多磁盘、RAM 和 CPU 的更大型的服务器来处理数据。这种方法速度很慢，而且非常昂贵，因为你不可能得到没有计算的存储，而购买更多服务器来增加存储意味着你可能要为不需要的计算买单，反之亦然。存储设备是作为对这个问题的一种解决方案而发展起来的，但并没有消除以低成本高效益来轻松扩展计算和存储的挑战。底线是，在传统的数据仓库设计中，处理大规模的数据只适用于拥有大量 IT 预算的组织。

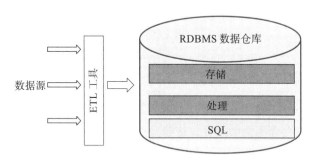

图 1.3　在传统的数据仓库中，存储和处理是耦合的

1.2.3　速度

数据速度指数据进入数据系统并被处理的速度，今天对你来说可能不是问题，但是随着分析的实时化，它一定会成为问题。随着传感器的日益普及，流数据变得越来越普遍。除了对摄取和处理流数据的需求日益增长之外，对尽可能实时生成分析的需求也在不断增长。

传统数据仓库是面向批处理的：获取夜间数据，将其加载到暂存区域，应用业务逻辑，并加载事实表和维度表。这意味着你的数据和分析将被延迟，直到批处理中所有新数据的这些处理过程完成。流数据提供得更快，但会迫使你在进入每个数据点时分别进行处理。这在数据仓库中是行不通的，需要一个全新的基础设施来通过网络传递数据、将数据缓冲在内存中、提供计算的可靠性等。

1.2.4　所有的 V 同时出现

人工智能与机器学习的出现创造了三个 V。当数据科学家成为数据系统的用户时，规模和多样性的挑战就会同时出现。机器学习模型喜欢数据——海量的数据（即，规模）。数据科学家开发的模型通常不仅需要访问数据仓库中有组织的、经过挑选的数据，还需要访问所有类型的原始源文件数据，这些数据通常不会被带入数据仓库中（例如，多样性）。它们的模型是计算密集型的，当针对数据仓库中的数据运行时，会给系统带来巨大的性能压力，特别是当它们针对近乎实时（速度）到达的数据时。对于当前的数据仓库架构，这些模型通常需要运行数小时甚至数天。它们在运行过程中还会对所有其他用户的仓库的性能造成影响。找到一种让数据科学家能够访问大规模、多种类数据的方法，将使你能够利用高级分析，同时减少对其他用户的影响，甚至可以降低成本。

1.3 数据湖

正如 TechTarget 的 WhatIs.com 所定义的，数据湖是"一个存储库，在使用之前以原生格式保存了大量的原始数据"。Gartner Research 在其定义中添加了更多的背景："原始数据源之外的各种数据资产存储实例的集合。这些资产存储在与源格式几乎完全一样（甚至完全一样）的副本中。因此，数据湖是一个未整合的、非面向主题的数据集合。"

数据湖的概念是由前面提到的趋势演变而来的，因为企业迫切需要一种方法来处理传统数据仓库无法处理的日益增长的数据格式以及不断增长的数据规模和速度。数据湖可以存放来源不同的任何类型的数据，这些数据可以是结构化的、非结构化的、半结构化的或二进制的。它是你可以以可伸缩的方式存储和处理所有数据的地方。

在 2006 年引入 Apache Hadoop 之后，数据湖成为开源软件工具生态系统的同义词，简称"Hadoop"，其使用计算机网络为分布式存储和大数据处理提供了一个软件框架，来解决涉及大量数据和计算的问题。虽然大多数人会认为 Hadoop 只不过是一个数据湖，但它确实解决了多样性、速度和规模方面的一些挑战。

❑ 多样性——Hadoop 的读模式能力（与数据仓库的写模式相比）意味着任何格式的文件都可以立即存储在系统中，处理可以在以后进行。与数据仓库（其只能对数据仓库中的结构化数据进行处理）不同，在 Hadoop 中可以对任何数据类型进行处理。

❑ 规模——与仓库通常所需的昂贵的专用硬件不同，Hadoop 系统利用了分布式处理和存储的优势，这些处理和存储使用较便宜的硬件，可以根据需要逐步添加。这降低了存储成本，而且分布式处理的特性使处理变得更容易、更快，因为工作负载可以分配在多个服务器上。

❑ 速度——当涉及流和实时处理时，在 Hadoop 上摄取和存储流数据既简单又便宜。在一些定制代码的帮助下，还可以使用 Hive、MapReduce 或最新的 Spark 等产品对 Hadoop 进行实时处理。

Hadoop 以原生格式高效地存储和处理海量数据的能力是朝着处理当今数据产业的多样性、规模和速度的正确方向上迈出的一步，近十年来，它一直是数据中心中数据湖的事实标准。

但是 Hadoop 确实也有一些缺点。

❑ 它是一个复杂的系统，包含许多运行在数据中心硬件上的集成组件。这使得维护很困难，并且需要一个由技术高超的支持工程师所组成的团队来维护系统的安全性和可操作性。

❑ 对于想要访问数据的用户来说，这并不容易。它的非结构化存储方法虽然比结构化的、经过挑选的数据仓库更加灵活，但对于业务用户来说往往很难理解。

❑ 从开发人员的角度来看，它对"开放"工具集的使用使其非常灵活，但缺乏内聚性使其难以使用。例如，你可以在 Hadoop 框架上安装任何语言、库或实用程序来处理数据，但你必须了解所有这些语言和库，而不是使用像 SQL 这样的通用接口。

❑ 存储和计算并不是分开的，这意味着虽然存储和计算可以使用相同的硬件，但只能以静态比例来有效地部署。这限制了它的灵活性和成本效益。

❑ 添加硬件来扩展系统通常需要数月的时间，这导致集群被长期过度使用或不能充分使用。

不可避免地，云作为一个更好的答案出现了。它具有 Hadoop 的优点，消除了 Hadoop 的缺点，并为数据系统的设计者带来了更大的灵活性。

1.4 云来了

公有云的出现，以及它按需存储、计算资源调配和按使用付费的计价模型，允许数据湖的设计可以超出 Hadoop 的限制。公有云允许数据湖在设计和可伸缩性方面具有更大的灵活性，并在大幅减少所需支持的同时降低成本。

数据仓库和数据湖已经转移到云上，并越来越多地作为平台即服务（PaaS）来提供，维基百科将 PaaS 定义为"一类云计算服务，其提供了一个平台，允许客户开发、运行和管理应用程序，而没有构建和维护通常与开发和启动应用程序相关的基础设施方面的复杂性"。使用 PaaS 可以允许组织利用额外的灵活性和经济效益的可伸缩性。还有新一代只在云中可用的数据处理框架，它将可伸缩性与对现代编程语言的支持结合起来，并很好地集成到整个云范式中。

公有云的出现改变了分析数据系统的一切。它允许数据湖的设计超出 Hadoop 的限制，并允许创建一个结合了数据湖和数据仓库的解决方案，这远远超出了现有的条件。

云带来了很多东西，但最重要的是：

❑ 弹性资源——无论你说的是存储还是计算，都可以从云供应商那里得到：资源的多少按需分配，会随着你的需求变化而自动地或根据请求进行增长或收缩。

❑ 模块化——在云中，存储和计算是分开的。当你只需要其中之一时，不需要两个都购买，这样就节省了成本。

❑ 按使用付费——没有什么比花钱买你不用的东西更让人反感的了。在云中，你只需为你所使用的东西付费，因此不必为着眼于未来的需求而对系统进行过度的投资。

❑ 云将资本投资、资本预算和资本摊销转化成了运营成本——这与按使用付费挂钩。计算和存储资源现在是实用工具，而不是自有的基础设施。

❑ 托管服务是常事——在内部环境中，需要人力资源来操作、支持和更新数据系统。在云环境中，这些功能大多由云提供商完成，并包含在服务的使用之中。

❑ 即时可用性——订购和部署一台新服务器可能需要几个月的时间，而订购和部署一个云服务只需要几分钟。

❑ 新一代的纯云处理框架——新一代的数据处理框架只能在云中使用，它将可伸缩性与对现代编程语言的支持相结合，并很好地集成到整个云范式中。

❑ 更快的功能引进——数据仓库已经转移到云上，并且越来越多地以 PaaS 的形式提供，这使得企业能够立即使用新特性。

让我们看一个例子：Amazon Web Services（AWS）EMR。

AWS EMR 是一个使用开源工具处理数据的云数据平台。它是由 AWS 提供的托管服务，允许你在 AWS 上运行 Hadoop 和 Spark 作业。创建一个新集群就是指定需要多少虚拟机以及需要什么类型的机器。你还需要提供想要在集群上安装的软件列表，AWS 将为你完成剩下的工作。几分钟后，你就有了一个功能齐全的集群并开始运行。你可以将这与计划、采购、部署并配置一个内部的 Hadoop 集群所花费的数月时间进行比较！此外，AWS EMR 允许你在 AWS S3 上存储数据，并在 AWS EMR 集群上处理数据，而无须在 AWS EMR 机器上永久存储任何数据。这为在可以运行的集群数量及其配置方面提供了很大的灵活性，并允许你创建临时集群，一旦它们的工作完成了，就可以把它们销毁。

1.5　云、数据湖、数据仓库：云数据平台的出现

关于数据湖的争论与当今分析数据的多样性、规模和速度的急剧增长有关，同时也与传统数据仓库在适应这些增长方面的局限性有关。我们已经描述了数据仓库如何单凭经济高效的方式来容纳 IT 必须提供的各种数据。在数据仓库中存储和处理这些日益增长的规模和速度，比在数据湖和数据仓库的组合中存储和处理它们更加昂贵，也更加复杂。

数据湖可以轻松且经济高效地处理几乎无限的数据多样性、规模和速度。需要注意的是，它的组织方式通常不太适合大多数用户，尤其是业务用户。数据湖中的许多数据也是不受控制的，这就带来了其他挑战。未来，现代数据湖可能会完全取代数据仓库，但就目前而言，基于我们在所有客户环境中所看到的情况，数据湖几乎总是与数据仓库耦合在一起的。数据仓库作为业务用户主要的受管理数据消费点，而用户对数据湖中大部分不受管理的数据的直接访问通常是由为高级用户（如数据科学家）或其他系统所做的数据探索而保留的。

直到最近，数据仓库和相关的 ETL 工具才成为进行大多数数据处理的地方。但是现在，处理可以发生在数据湖本身，将影响性能的处理从较昂贵的数据仓库转移到较便宜的数据湖。这也提供了新的处理形式，如流处理，以及数据仓库支持的批处理。

虽然数据湖和数据仓库之间的区别仍然很模糊，但它们在现代分析平台的设计中各自扮演着不同的角色。除了云数据仓库之外，还有很多很好的理由来考虑数据湖，而不是简单地选择其中的一个。数据湖可以帮助用户在对立即访问所有数据的需求方面与企业确保数据在仓库中得到适当管理的需求方面保持平衡。

底线是，云、云数据仓库和云数据湖中所用的新处理技术的组合使你能够更好地利用云所提供的模块化、灵活性和弹性方面的优势，来满足最大数量的用例需求。最终的解决方案是一个现代化的数据平台：经济高效、灵活且能够摄取、集成、转换和管理所有的 V以促进分析结果。

由此产生的分析数据平台可能远远超过数据中心所能提供的任何东西。本书的主题是设计一个云数据平台，利用新的技术和云服务来满足新数据消费者的需求。

1.6　云数据平台的构建块

数据平台的目的是以最具经济效益的方式摄取、存储、处理数据，并使数据可用于分析，而无论是哪种类型的数据。为了实现这一点，设计良好的数据平台使用松耦合的架构，

其中每一层负责特定的功能，并通过定义良好的 API 与其他层交互。数据平台的基本构建块是摄取层、存储层、处理层和服务层，如图 1.4 所示。

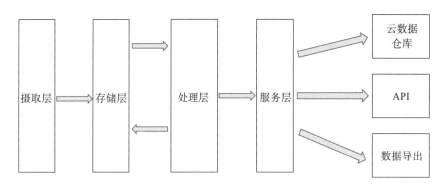

图 1.4　设计良好的数据平台使用松耦合的架构，其中每一层负责特定的功能

1.6.1　摄取层

摄取层是将数据导入数据平台。它负责接触各种数据源，如关系型数据库或 NoSQL 数据库、文件存储、内部或第三方 API，并从中摄取数据。随着企业希望为其分析提供数据的不同数据源的激增，这一层必须非常灵活。为此，摄取层通常使用各种开源或商业工具来实现，每种工具都专用于特定的数据类型。

数据平台的摄取层最重要的特征之一是，该层不应以任何方式修改和转换传入的数据。这是为了确保原始的、未处理的数据始终可以在数据湖中沿袭数据的跟踪和再处理。

1.6.2　存储层

一旦我们从源获取了数据，就必须存储它。这就是数据湖存储发挥作用的地方。数据湖存储系统的一个重要特征是，它必须是可扩展的和廉价的，以便容纳当今所产生的数据的巨大数量和速度。可伸缩性需求还受到以原始格式存储所有传入数据的需求，以及数据湖用户应用于数据的不同数据转换或实验结果的驱动。

在数据中心中获得可伸缩存储的标准方法是使用大型磁盘阵列或网络连接存储（Network-Attached Storage）。这些企业级解决方案提供了对大容量存储的访问，但是有两个主要缺点：它们通常很昂贵，并且通常具有预先定义好的容量。这意味着你必须购买更多的设备才能获得更多的存储空间。

考虑到这些因素，灵活存储成为云供应商最早提供的服务之一也就不足为奇了。云存储对你可以上传的文件类型没有任何限制，你可以自由地导入文本文件（如 CSV 或 JSON）以及二进制文件（如 Avro、Parquet、图像或视频），几乎任何东西都可以存储在数据湖中。这种存储任何文件格式的能力是数据湖的重要基础，因为它允许你存储原始的、未处理的数据，并且以后才会对其进行处理。

对于使用过网络连接存储或 Hadoop 分布式文件系统（Hadoop Distributed File System，HDFS）的用户来说，云存储看起来非常相似，但也有一些重要的区别：

❑ 云存储完全由云提供商来管理。这意味着你不需要担心维护、软件或硬件升级等问题。

❑ 云存储是弹性的。这意味着云供应商将只分配你所需要的存储量，并根据需求增加或减少存储量。你无须根据对未来需求的预期而过度分配存储系统的容量。

❑ 你只需为你所使用的容量付费。

❑ 没有与云存储直接关联的计算资源。从最终用户的角度来看，没有附带云存储的虚拟机——这意味着可以存储大量的数据，而不必占用空闲的计算能力。当需要处理数据时，你可以根据需要轻松地提供所需的计算资源。

今天，每一个主要的云提供商都提供了云存储服务，这是有充分理由的。当数据流经数据湖时，云存储成为一个核心组件。原始数据存储在云存储中并等待处理，处理层将结果保存回云存储中，用户以一种特定的方式访问原始或处理过的数据。

1.6.3 处理层

在数据以原始形式保存到云存储之后，就可以对其进行处理了。数据处理可以说是构建数据湖最有趣的部分。虽然数据湖的设计使得直接对原始数据进行分析成为可能，但这可能不是最有效的方法。通常，数据会在某种程度上进行转换，以使其对分析人员、数据科学家等更加友好。

有几种技术和框架可用于在云数据湖中实现处理层，这与传统数据仓库不同，传统数据仓库通常将你限制在数据库供应商所提供的 SQL 引擎。虽然 SQL 是一种伟大的查询语言，但它并不是一种特别健壮的编程语言。例如，很难用纯 SQL 将常用的数据清理步骤提取到一个单独的、可重用的库中，这仅仅是因为其缺乏现代编程语言（如 Java、Scala 或 Python）的许多抽象和模块化特性。SQL 也不支持单元测试或集成测试。如果没有很好的测试覆盖率，就很难编写迭代数据转换或数据清理的代码。尽管有这些限制，但 SQL 仍然在数据湖中被广泛用于分析数据，事实上，许多数据服务组件都提供 SQL 接口。

SQL 的另一个限制（在这里不是语言本身，而是其在 RDBM 中的实现）是所有数据处理都必须在数据库引擎中进行。这将用于数据处理任务的计算资源限制为单个数据库服务器中可用的 CPU、RAM 或磁盘的数量。即使不处理非常大的数据量，你也可能需要多次处理相同的数据以满足不同的数据转换或数据治理需求。拥有一个可以进行扩展来处理任意数量数据的数据处理框架，以及可以随时使用的云计算资源，使得解决这个问题成为可能。

现在已经开发了几个数据处理框架，它们将可伸缩性与对现代编程语言的支持结合起来，并很好地集成到整个云范式中。其中最引人注目的是：

- ❏ Apache Spark
- ❏ Apache Beam
- ❏ Apache Flink

还有其他更专业的框架，但本书将集中讨论这三种。在较高的层面上，每种都允许你使用一种现代编程语言（通常是 Java、Scala 或 Python）来编写数据转换、验证或清理任务。然后，这些框架从可伸缩的云存储中读取数据，将其分成更小的块（如果需要这么做的话），最后使用灵活的云计算资源来处理这些块。

在考虑数据湖中的数据处理时，记住批处理和流处理之间的区别也很重要。图 1.5 展示了摄取层将数据保存到云存储，处理层从该云存储读取数据并将结果保存回云存储。

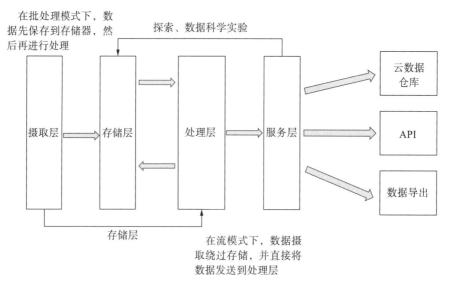

图 1.5　批处理和流处理的处理方式不同

这种方法对于批处理非常有效，因为虽然云存储成本低且可伸缩，但速度并不是特别快。即使是中等规模的数据，读和写数据也需要几分钟的时间。现在，越来越多的用例需要更少的处理时间（秒或更少），并且通常使用基于流的数据处理方式来解决。在这种情况下，如图 1.5 所示，摄取层必须绕过云存储，并直接将数据发送到处理层。然后，云存储被用作归档，其中数据会被定期转储，但在处理所有的流数据时不会使用。

在数据平台中处理数据通常包括几个不同的步骤：模式管理、数据验证、数据清理和数据产品的生产。我们将在第 5 章中更详细地介绍这些步骤。

1.6.4　服务层

服务层的目标是为最终用户（人或其他系统）准备数据以供其使用。在大多数企业中，需要更快地访问更多数据的各种用户需求与日俱增，这是一个巨大的 IT 挑战，因为这些用户通常具有不同的（甚至没有）技术背景。对于要使用哪些工具来访问和分析数据，他们通常也有不同的偏好。

业务用户通常希望访问具有丰富自助服务功能的报表和仪表盘。这种用例之所以流行，是因为当我们讨论数据平台时几乎总是将它们设计为包含一个数据仓库。

高级用户和分析人员希望运行特定的 SQL 查询，并在几秒钟之内获得响应。数据科学家和开发人员希望使用他们最熟悉的编程语言来为新的数据转换建立原型，或者建立机器学习模型，并与其他团队的成员分享成果。最终，你必须为不同的访问任务使用不同的、专门的技术。但好消息是，云使得它们很容易在一个单一的架构中共存。例如，对于快速的 SQL 访问，可以将数据从数据湖加载到云数据仓库中。

要向其他应用程序提供数据湖访问，可以将数据从数据湖加载到快捷的键 – 值或文档存储中，并将应用程序指向那里。对于数据科学和工程团队来说，云数据湖提供了一个环境，在这个环境中，它们可以使用 Spark、Beam 或 Flink 等处理框架来直接与云存储中的数据打交道。一些云供应商还支持托管笔记本（managed notebook）环境，如 Jupyter Notebook 或 Apache Zeppelin。团队可以使用这些 notebook 来构建一个协作环境，在这里他们可以共享实验结果，同时执行代码评审和其他活动。

在这种情况下，云的主要好处是，其中一些技术作为平台即服务（PaaS）来提供，这将这些功能的操作和支持转移给云提供商。其中许多此类服务也通过现收现付的计价模式来提供，使得任何规模的组织都更容易获得这些服务。

1.7 云数据平台如何处理这三个 V

下面将解释多样性、规模和速度如何与云平台打交道。

1.7.1 多样性

云数据平台由于其分层设计，可以很好地适应所有这些数据的多样性。数据平台的摄取层可以作为一组工具来实现，每个工具处理特定的源系统或数据类型。它也可以作为一个带有即插即用设计的单个摄取应用程序来实现，该设计允许你根据需要来添加和删除对不同源系统的支持。例如，Kafka Connect 和 Apache NiFi 就是适应不同数据类型的即插即用摄取层的例子。在存储层，云存储可以接受任意格式的数据，因为它是一个通用的文件系统——这意味着你可以存储 JSON、CSV、视频、审计数据或任何其他数据类型。没有与云存储相关的数据类型限制，这意味着你可以轻松地引入新的数据类型。

最后，使用 Apache Spark 或 Beam 等现代数据处理框架意味着你不再受限于 SQL 编程语言的限制。与 SQL 不同的是，在 Spark 中，你可以轻松地使用现有的库来解析和处理流行的文件格式，或者自己实现一个解析器（如果目前还不支持它）。

1.7.2 规模

云提供了可以存储、处理和分析大量数据的工具，而无须在硬件、软件和支持方面进行大量的前期投资。云数据平台中存储和计算的分离以及按使用付费的计价模式使得在云中处理大规模数据变得更容易、更便宜。云存储是弹性的，存储量可以根据需要而增加或减少，不同类型的存储（热存储和冷存储）的多级计价意味着你只需为所需要的容量和访问付费。

在计算方面，处理大规模数据最好在云中和数据仓库之外去做。你可能需要强大的算力来清理和验证所有数据，并且不太可能持续运行这些作业，因此你可以利用云的弹性，按需提供所需的集群，并在处理完成后销毁它。通过在数据平台中（但是在数据仓库之外）运行这些作业，你也不会对用户所使用的数据仓库的性能产生负面影响，还可能节省大量的资金，因为处理过程将使用来自较便宜的存储中的数据。

虽然云存储几乎总是存储原始数据的最便宜的方式，但在数据仓库中处理的数据实际上是业务用户的标准，同样的弹性也适用于 Google、AWS 和 Microsoft 所提供的云数据仓库。Google BigQuery、AWS Redshift 和 Azure Synapse 等云数据仓库服务都提供了一种方便的方式来按需增加或减少仓库容量。Google BigQuery 还引入了只为特定查询所消耗的资源付费的概念。通过云数据湖，几乎任何规模的预算都可以处理大规模的数据。这些云数据仓库将按需扩展与可以满足任何预算的近乎无穷的价格选项结合起来。

1.7.3　速度

考虑运行一个预测模型，向网站上的用户推荐下一个最低报价（Next Best Offer，NBO）。云数据湖允许将流数据摄取和分析与仪表盘和报告等更传统的商业智能需求结合在一起。大多数现代数据处理框架都对实时处理提供了强大的支持，允许你绕过相对较慢的云存储层，让摄取层将流数据直接发送到处理层。

有了弹性云计算资源，就不再需要与批处理工作负载共享实时工作负载——你可以为每个用例提供专用的处理集群，如果需要，甚至可以为不同的作业提供专用的处理集群。然后，处理层可以将数据发送到不同的目的地：将数据发送到供应用程序使用的快速键 – 值存储；发送到用于归档目的的云存储；发送到用于报告和特定分析的云仓库。

当数据科学家成为数据系统的用户时，规模和多样性的挑战就会同时出现。机器学习模型喜欢数据——很多很多的数据（即，规模）。数据科学家开发的模型通常不仅需要访问数据仓库中有组织的、经过挑选的数据，还需要访问所有类型的原始的、源文件数据，这些数据通常不会被引入数据仓库（即，多样性）。它们的模型是计算密集型的，当针对数据仓库中的数据运行时，会给系统带来巨大的性能压力。对于当前的数据仓库架构，这些模型通常需要运行数小时甚至数天。在运行过程中，它们还会对所有其他用户的仓库的性能造成影响。让数据科学家能够访问数据湖中大规模、种类繁多的数据，会让每个人都开心，而且可能还会降低成本。

1.7.4　另外两个 V

在选择数据平台还是数据仓库时，准确性（veracity）和价值（value）是另外两个应该考虑的 V。只有当你的数据用户（人、模型或其他系统）能够及时访问数据并有效地使用数据时，才能将数据转化为价值。

数据湖的美妙之处在于，你可以让人们访问更多的数据。但缺点是，你所提供的对数据的访问不一定像数据仓库中的数据那样干净、有组织、管理良好。数据的准确性或正确性是任何大数据项目的一个主要考虑因素，虽然数据治理是一个很大的话题，足以写一本书，但许多大数据项目在数据治理（确保准确性）的需求与访问更多数据以推动价值的需求之间取得了平衡。这可以通过使用数据平台来实现，它不仅可以作为原始数据的来源，为数据仓库生成受管理的数据集，还可以作为不受监管的或轻度监管的数据存储库，用户可以在这里浏览其全部数据，知道其还没有为企业报告带来好处。当涉及数据湖时，我们越来越将数据治理看作一个迭代的、更敏捷的过程——一旦探索阶段完成，模型貌似产生了良好的结果，那么数据就会进入数据仓库，成为受治理数据集的一部分。

1.8　常见用例

在设计和规划数据平台时，了解数据平台的各种用例非常重要。如果没有这个前提，你可能会陷入一个实际上并不能带来真正的商业价值的数据沼泽。

最常见的数据平台用例之一是由对企业客户的 360 度视图的需求所驱动的。从社交媒体到电子商务，从在线聊天到呼叫中心对话等，客户通过许多不同的系统、以多种方式参与企业活动或进行交流。来自这些活动的数据既有结构化的，也有非结构化的，来源不同，并且质量、规模和速度也各不相同。将所有这些接触点整合到客户的单一视图中，会为大量改进业务成果（是指在与业务的不同部分进行交互时，那些改进的客户体验、更好的个性化营销、动态的计价、减少的客户流失、改进的交叉销售等）打开大门。

数据湖的第二个常见用例是物联网，来自机器和传感器的数据可以组合在一起以创建运营洞察力和效率，从主动预测工厂车间或现场的设备故障，到通过 RFID 标签来监控滑雪者（在雪地上滑雪的人）的状态和位置。来自传感器的数据量往往非常大，并且具有高度的不确定性，这使得其非常适合数据湖。传统的数据仓库不仅仅只是与这些数据打交道，物联网用例中所产生的庞大的数据量，使得传统的基于数据仓库的项目极其昂贵，除少数情况外，无法获得良好的投资回报。

使用机器学习和人工智能（AI）的高级分析技术的出现也推动了数据湖的采用，因为这些技术需要处理的大型数据集，通常比在数据仓库中以经济高效的方式存储或处理的数据集要大得多。在这方面，数据湖能够经济高效地存储几乎无限量的原始数据，使数据科学家的梦想成真。处理数据而不影响其他分析用户性能的能力是另一个巨大的收益。

总结

❑ 随着信心不断提高，以及产生这些洞见所需的数据规模、速度和种类的不断增加，

企业要求更快、更便宜地获得更准确的洞见的压力也随之增加。所有这些都给传统
数据仓库带来了巨大的压力，并为新解决方案的出现铺平了道路。

❑ 传统的数据仓库或数据湖本身无法满足当今快速变化的数据需求，但当与仅在云中
可用的新的云服务和处理框架相结合时，它们就创建了一个强大而灵活的分析数据
平台，可以满足广泛的用例和数据消费者的需求。

❑ 数据平台的设计围绕灵活性和经济高效的概念。公有云以其按需存储、计算资源调
配和按使用付费的计价模式，完美地契合了数据平台的设计。

❑ 设计良好的数据平台使用松耦合的架构，其中每一层负责特定的功能。数据平台的
基本构建块是为摄取、存储、处理和服务而设计的各个层。

❑ 数据平台的重要用例包括企业客户的 360 度视图、IoT 和机器学习。

Chapter 2 第2章

为什么是数据平台而不仅仅是数据仓库

本章主题：

❑ 回答了"为什么是数据平台？"和"为什么要在云上构建数据平台？"

❑ 比较数据平台与数据仓库——唯一的解决方案。

❑ 处理结构化数据和半结构化数据的差异。

❑ 比较数据仓库和数据平台的云成本。

我们已经讨论了什么是数据平台（提醒一下，它是"一个能够经济高效地摄取、集成、转换和管理几乎无限量的任何类型的数据，以促进分析结果的云原生平台"）、是什么驱动了对数据平台的需求，以及数据的变化将如何塑造你的数据平台。现在，我们将更详细地探讨为什么云数据平台相对于仅基于数据仓库的架构提供了更多的功能。本章将向你提供必要的知识来为数据平台提供有力的论证，并通过几个示例来演示这两种方法（仅限数据仓库和数据平台）之间的区别。

当你读完本书之后，我们希望你能够设计出最佳的数据平台，但我们也从经验中知道，了解数据平台项目背后的"原因"不仅可以帮助你在这一过程中做出更好的决策，而且能让你理解为什么从商业角度来看启动云数据平台项目是有意义的。本章将为你选择数据平台提供坚实的商业理由和技术理由，这样当有人问你"为什么要这么做？"时，你就已经准备好了。

我们将使用一个简单但常见的分析用例来演示如何将数据仓库解决方案与数据平台示

例进行比较，并介绍这两个选项的差异。

我们将首先描述两种潜在的架构：一种仅以云数据仓库为中心，另一种使用更广泛的设计原则来定义数据平台。然后，我们将通过示例展示如何加载和处理这两种解决方案中的数据。我们将特别关注当源数据结构发生变化时，数据平台管道会发生什么，并了解数据平台架构如何帮助你大规模地分析半结构化数据。因为可以通过直接将数据摄取到云数据仓库来取得类似的结果，所以我们还将介绍如何单独在数据仓库中加载和处理相同的数据。

我们还将探讨在传统仓库与数据平台环境中交付和分析数据的差异。你将看到每个解决方案如何处理对源模式的更改，以及它们如何处理大规模的半结构化数据（如 JSON）。我们还将比较每种方法的成本和性能特点。

在本章结束时，你将能够理解，与数据仓库相比，数据平台如何实现相同的业务目标。

2.1　云数据平台和云数据仓库的实践

在本节中，我们将使用一个云分析挑战示例来说明数据平台和数据仓库架构之间的区别。本例将引入 Azure 作为云平台，并描述 Azure 云数据仓库和 Azure 数据平台架构。

想象一下，我们的任务是为组织构建一个小型的报告解决方案。组织中的市场部门拥有来自电子邮件营销活动的数据，这些数据存储在一个关系型数据库中——让我们假设它是用于此场景的 MySQL RDBMS。他们也有点击流数据，捕捉所有网站用户的活动，然后存储在一个 CSV 文件中，我们可以通过内部的 SFTP 服务器访问它。

我们的主要分析目标是将活动数据与点击流数据相结合，以确定那些使用特定电子邮件营销活动的链接登录到我们网站的用户，以及他们所访问过的网站部分。在该示例中，市场部门希望重复进行这种分析，因此数据管道必须定期将数据引入云环境，并且必须能够适应上游源的变化。我们也希望解决方案在性能和成本方面是高效的。与往常一样，这方面的最后期限是"昨天"。

为了说明数据平台处理数据的前三个 V（规模、多样性和速度）的方法与更传统的数据仓库的处理方法的差异，让我们考虑两个简化的实现：（1）带有数据仓库的数据平台；（2）传统的数据仓库。在这些示例中，我们将使用 Azure 作为云平台。我们也可以在 AWS 或 Google Cloud Platform 上使用类似的示例，但 Azure 允许我们使用 Azure Synapse 来轻松地模拟传统的仓库。Azure Synapse 是来自微软的一个全管理和可伸缩的仓库解决方案，其基于非常流行的 MS SQL Server 数据库引擎。这样，我们的一个示例架构将非常接近于你在内部数据仓库配置中所看到的内容。

2.1.1 近距离观察数据源

简化的电子邮件营销活动数据由一个表组成，如表 2.1 所示。该表包含了活动的唯一标识符（campaign_id）、活动发送到的目标电子邮件地址列表（email）、每个特定用户的链接中包含的独特代码（unique_code），以及活动发起的日期（send_date）。当然，真正的营销自动化系统更加复杂，并且包括许多不同的表，但这个表对于我们来说已经足够了。

表 2.1　营销活动示例表

campaign_id	email	unique_code	send_date
campaign_1	user1@example.com	12342	2019-08-02
campaign_2	user2@example.com	34563	2019-03-05

缺少固定模式的点击流数据是半结构化数据，这些数据来自 Web 应用程序的日志，包括访问页面的详细信息、访问者的浏览器和操作系统的信息、会话标识符等。

注意　一般来说，半结构化数据是指不能很好地适合关系型模型的数据。这意味着半结构化数据不能表示为具有列和行的平面表，其中每个单元包含特定类型的值：整数、日期、字符串等。JSON 文档是半结构化数据的常见例子。

这些日志会因生成它们的应用程序的不同而有所不同。我们将使用点击流日志的简化表示，如表 2.2 所示，它只包含我们的用例需要的细节。

表 2.2　点击流数据示例

timestamp	content_json	other_details

1565395200	{
	　　url:
	"https://example.com/campaigns/landing?code=12342",
	　　user_id: 254,
	　　browser_info: {...}
	}
		...

1565396381	{
	　　url:　"https://example.com/products",
	　　user_id: 254,
	　　browser_info: {...}
	}
		...

我们假设点击流日志是一个 CSV 格式的大型文本文件（数百 GB），它包括三个列：事件发生时的 UNIX 时间戳（timestamp）；包含页面 URL、唯一的访问者标识符和浏览器信息的内容列（content_json）；其他详细信息（other_details）。在本示例中，我们假设 CSV 文件中的 content_json 列是一个 JSON 文档，其包含许多嵌套字段。这是此类数据的常见布局，需要额外的步骤来处理。

我们的任务如图 2.1 所示。其目的是设计一个云数据平台，能够以一种高性能、低成本的方式集成这两个数据源，并将集成的数据提供给营销团队进行分析。

我们的目标不仅是描述两种不同的云架构，还强调两者之间的重要区别，重点关注当源数据结构发生变化时数据平台管道会发生什么，以及这两种架构如何大规模地分析半结构化数据。在下一节中，我们将通过云数据仓库架构和云数据平台架构，介绍在分析问题方面的解决方案（设计一个能够以高性能、低成本的方式集成这两种数据源的云数据平台，并将此集成数据提供给营销团队进行分析）。

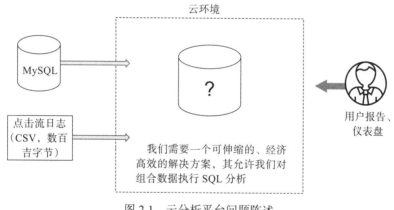

图 2.1　云分析平台问题陈述

2.1.2　云数据仓库—纯架构示例

云数据仓库架构与传统的企业数据仓库解决方案非常类似。图 2.2 显示了该架构的中心是一个关系型数据仓库，其负责存储、处理和向最终用户提供数据。还有一个提取、转换、加载（ETL）过程，其将数据从源（通过 CSV 文件的点击流数据和来自 MySQL 数据库的电子邮件活动数据）加载到仓库中。

图 2.2 中的示例由两个运行在 Azure 上的 PaaS 服务组成：Azure Data Factory 和 Azure SQL Data Warehouse（Azure Synapse）。

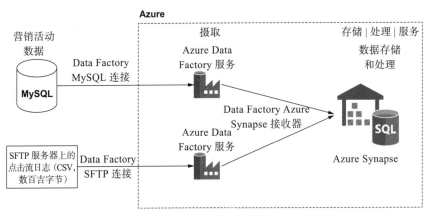

图 2.2　Azure 上的云数据仓库—纯架构示例

📷 **注意** 在所有示例中，我们将尽可能使用平台即服务（PaaS）产品。PaaS 实现了云最强大的承诺之———使平台能够在几分钟而不是几天内启动和运行。

Azure Data Factory 是一个完全托管的 PaaS ETL 服务，其允许你通过连接到各种数据源、摄取数据、执行基本的转换（如解压缩文件或更改文件格式）以及将数据加载到目标系统以进行处理和服务来创建管道。在云数据仓库—纯架构示例中，我们将使用 Data Factory 从 MySQL 表中读取电子邮件活动数据，并从 SFTP 服务器中获取包含点击流数据的文件。我们还将使用 Data Factory 将数据加载到 Azure Synapse 中。

Azure Synapse 是一个基于 MS SQL Server 技术的完全托管的仓库服务。完全托管意味着你不需要自己安装、配置和管理数据库服务器。相反，你只需选择需要多少计算和存储量，Azure 将负责剩余工作。尽管对完全托管的 PaaS 产品（如 Azure Synapse 和 Azure Data Factory）存在一定的限制，但对于那些非 MS SQL Server 专业人士来说，可以很容易地实现云数据仓库—纯架构，并对相对复杂的管道快速地编程。

在下一节中，我们将描述云数据平台架构，其比数据仓库设计更加灵活。

2.1.3　云数据平台架构示例

云数据平台架构的灵感来自数据湖的概念，实际上是为云时代创建的数据湖和数据仓库的结合。云数据平台由多个层组成，每一层负责数据管道的特定方面：摄取、存储、处理和服务。让我们看一下云数据平台架构的例子，如图 2.3 所示。

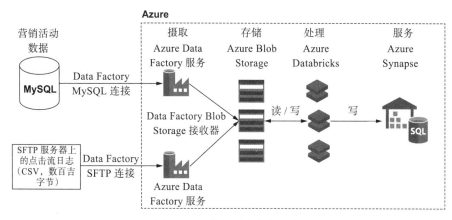

图 2.3　云数据平台架构示例

我们的云数据平台架构由以下 Azure PaaS 服务组成：

❑ Azure Data Factory

❑ Azure Blob Storage

❑ Azure Synapse

❑ Azure Databricks

虽然它们看起来很相似（都使用 Azure Data Factory 进行摄取，都使用 Azure Synapse 提供服务），但云数据仓库—纯架构和云数据平台架构之间有几个重要的区别。在云数据平台中，虽然我们使用 Azure Data Factory 连接并提取源系统中的数据，而不是直接将数据加载到仓库中，但会将源数据保存到 Azure Blob 存储上的着陆区（通常称为"湖"）。这允许我们保留原始的数据格式，帮助应对数据多样性的挑战，并提供其他好处。

一旦数据到达 Azure Blob Storage，我们将使用运行在 Azure Databricks 托管服务（PaaS）上的 Apache Spark 来处理它。与所有 PaaS 服务一样，我们得到了简单的设置和日常管理，允许创建新的 Spark 集群，而无须手动安装和配置任何软件。它还提供了一个易于使用的 notebook 环境，在这个环境中，你可以对湖中的数据执行 Spark 命令，并立即看到结果，而无须编译 Spark 程序并提交给集群。

虽然 Spark 和其他分布式数据处理框架可以帮助你处理各种数据格式以及几乎无限的数据量，但这些工具并不适合服务于交互式查询的工作。在这里，交互式意味着查询响应通常在几秒钟或更短的时间内完成。对于这些用例，设计良好的关系型仓库通常可以提供比 Spark 更快的查询性能。此外，还有许多现成的报告和 BI 工具，它们与 RDBMS 数据库的集成要比与 Spark 等分布式系统的集成好得多，而且对技术水平较低的用户来说更易于使用。

练习 2.1

在本节的示例中，以下哪些是云数据仓库架构与数据平台架构之间的主要区别？

1. 数据平台只使用无服务器技术。

2. 数据平台使用 Azure 函数进行数据摄取。

3. 数据仓库可以直接连接到数据源来执行摄取。

4. 数据平台增加了一个"数据湖"层，来从数据仓库中卸载数据处理。

2.2 摄取数据

本节将介绍如何使用 Azure Data Factory 来将数据加载到 Azure Synapse 和 Azure 数据平台中。我们还将研究在源模式发生变化时，摄取管道会发生什么。

使用 Azure Data Factory 创建一个管道来将数据导入数据平台或数据仓库是一项相对简单的任务。Azure Data Factory 提供了一组连接各种来源的内置连接器，允许进行基本的数据转换，并支持将数据保存到最受欢迎的地方。

然而，数据摄取管道在云数据平台中的工作方式与在云数据仓库—纯架构中的工作方式有根本的区别。在本节中，我们将重点介绍这些区别。

2.2.1 将数据直接摄取到 Azure Synapse

Azure Data Factory 管道由几个关键组件组成：（1）链接服务；（2）输入和输出数据集；（3）活动。图 2.4 展示了这些组件如何协同工作，以将 MySQL 表中的数据加载到 Azure Synapse 中。

链接服务描述了到特定数据源（在本例中是 MySQL）或数据接收器（在本例中是 Azure Synapse）的连接。这些服务将包括数据源的位置、用于连接数据源的凭据等。数据集是连接服务中的特定对象。它可以是我们想要读取的 MySQL 数据库中的一个表，也可以是 Azure Synapse 中的一个目标表。数据集的一个重要属性是模式（schema）。为了使 Data Factory 能够将数据从 MySQL 加载到 Azure Synapse 中，它需要知道源表和目标表的模式。这些信息是预先需要的，这意味着在执行管道之前，该模式必须可被管道所用。更具体地说，Data Factory 可以自动推断输入数据源的模式，但是必须提供输出模式，特别是必须提供输入到输出模式的映射。Data Factory UI 提供了一种从数据源获取模式的快速方法，但是如果你正在使用 Data Factory API 构建管道自动化来构建管道，则需要自己提供模式。在图 2.4 的例子中，MySQL 源模式和 Azure Synapse 模式是相似的，但在其他情况下，由于数据类型不匹配等原因，可能就不是这样了。

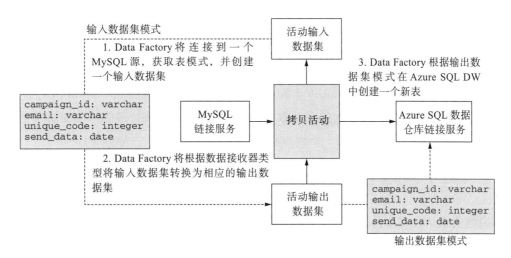

图 2.4　Azure Synapse 的 Azure Data Factory 摄取管道

2.2.2　将数据摄取到 Azure 数据平台

我们的数据平台架构采用了一种不同的数据摄取方法（见图 2.5）。在数据平台架构中，数据的主要目的地是 Azure Blob Storage，对十这个用例，它可以被认为一个无限可伸缩的文件系统。

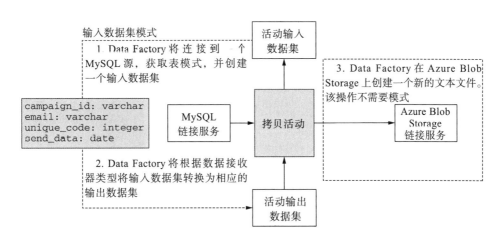

图 2.5　云数据平台的 Azure Data Factory 摄取管道

此摄取管道与上一个摄取管道的主要区别是 Azure Blob Storage Data Factory 服务不需要预先指定模式。在我们的用例中，每个来自 MySQL 的摄取都以文本文件的形式保存在 Azure Blob Storage 中，而不用考虑源列和数据类型。我们的云数据平台设计有一个额外的数据处理层，它将使用运行在 Azure Databricks 平台上的 Apache Spark 来实现，以将源文本文件转换为更有效的二进制格式。通过这种方式，我们可以将 Azure Blob Storage 上的文本文件的灵活性与二进制格式的效率结合起来。

在数据平台设计中，你不再需要手动提供输出模式及其到源模式的映射，这一点很重要，原因有二：（1）一个典型的关系型数据库可以包含数百个表，这意味着需要大量的手工工作，增加了出错的机率；（2）它能很好地适应变化（这是下一节的主题）。

2.2.3 管理上游数据源的变化

源数据集从来都不是静态的。支持营销活动管理软件的开发人员将不断添加新功能。这可能会导致向源表添加新的列，也可能重命名或删除列。对于数据架构师或数据工程师来说，构建涉及这种类型变化的数据摄取和处理管道是最重要的任务之一。

假设电子邮件营销软件的一个新版本在源数据集中引入了一个名为"country"的新列。我们的数据仓库—纯架构中的摄取管道会发生什么？图 2.6 进行了解释。

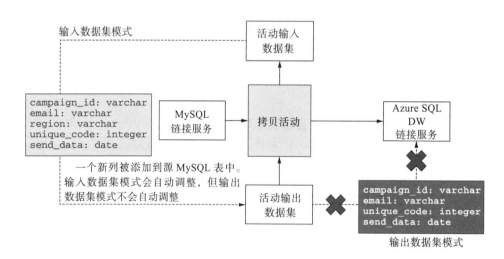

图 2.6　上游模式的变化破坏了我们的数据仓库摄取管道

数据仓库—纯 Data Factory 管道需要输入模式和输出模式，因此，如果不进行干预，源模式中的变化意味着两个模式将不同步。Data Factory 按位置将输入映射到输出列，因为它支持在输出中对列进行重命名。这意味着下一次摄取管道运行时，插入 Azure Synapse 将失败，因为它期望一个 unique_code：integer 列，其中的 region：varchar 列将从源中得到。操作人员需要手动调整输出数据集模式并重新启动管道。我们将在第 8 章中详细讨论模式管理。

🔍注意　与任何通用的 ETL 覆盖工具一样，Data Factory 允许你将数据从各种源复制到各个目的地。其中一些目的地（比如 Azure Blob Storage）并不关心输入模式，但是其他目的地（比如数据库和 Azure Synapse）需要预先定义一个严格的模式。虽然你可以更改目的地模式并添加新列，但是这种操作行为将取决于目的地的类型。一些数据库会在模式更改期间锁定整个表，使最终用户完全无法使用它。在其他情况下，空间取决于表中的数据大小，模式调整操作可能需要运行数小时。没有方法可以统一处理多个数据目的地中的模式变化，因此 Data Factory 和其他 ETL 工具将此职责委托给平台操作人员。

对上游模式变化具有弹性是数据平台架构优于数据仓库—纯方法的优势之一。如图 2.7 所示，在数据平台的实现中，如果源模式发生了变化，由于输出目的地是 Azure Blob Storage 上的文件，那么不需要输出模式，摄取管道将简单地使用新模式来创建一个新文件，并继续工作。

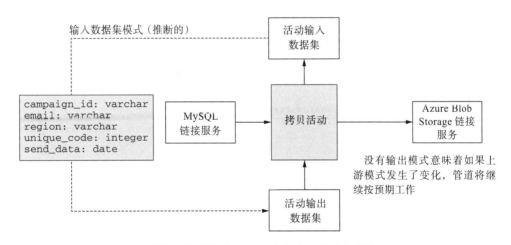

图 2.7　数据平台摄取管道对上游模式变化具有弹性

如果上游模式发生了变化，虽然数据平台摄取管道将继续按预期工作，但源模式的变化还是会带来其他问题。在这个过程中的某个时刻，数据的使用者——无论是分析用户还是计划的作业——都需要与更改后的数据打交道，要处理这些数据，它们需要知道新添加了一列。我们将在第 8 章中讨论处理数据平台中模式变化的方法。

练习 2.2

示例中数据平台架构对上游数据源中的变化更具弹性，因为（单选）：

1. 它使用 Apache Spark 进行数据处理，其使用弹性分布式数据集（Resilient Distributed Dataset，RDD）。

2. 它首先将数据保存到 Azure Blob Storage 中，而这并不需要严格的模式定义。

3. 它使用 Azure Blob Storage 作为主要的数据存储，这提供了额外的冗余。

4. 它使用 Azure Function 来摄取数据，这提供了额外的灵活性。

2.3 处理数据

我们已经讨论了数据摄取，现在介绍数据处理。具体来说，介绍当在数据仓库中使用 SQL 与在云数据平台上使用 Apache Spark 时，处理数据如何解答在分析问题方面的不同。我们将讨论这两种方法的优缺点。

如前所述，将数据摄取到数据仓库和将数据摄取到数据平台需要不同的方法。差异还不止于此。在本节中，我们将探讨在这两个系统中，处理数据在解答分析问题方面的不同之处。

让我们回想一下作为示例用例使用的两个数据源。首先，如表 2.3 中的营销活动示例表所示。

表 2.3　营销活动示例表

campaign_id	email	unique_code	send_date
campaign_1	user1@example.com	12342	2019-08-02
campaign_2	user2@example.com	34563	2019-03-05

我们还有来自网站的点击流数据，其以如表 2.4 所示的半结构化格式提供。

虽然我们将数据拆分为单独的列，但还有一个 content_json 列，该列包含一个复杂的 JSON 文档，其有多个属性和嵌套值。

为了演示在数据仓库和数据平台环境中处理此类数据的方法有何不同，让我们考虑一下市场营销团队对如下信息的请求：当用户从活动 X 登录到我们的网站时，他们还会访问其他哪些页面？我们的示例数据集可能是假的，但这种类型的请求是常见的。

表 2.4　点击流数据示例

timestamp	content_json	other_details

1565395200	`{`
	`    url:`
	`"https://example.com/campaigns/landing?code=12342",`
	`    user_id: 254,`
	`    browser_info: {...}`
	`}`
		...

1565396381	`{`
	`    url:   "https://example.com/products",`
	`    user_id: 254,`
	`    browser_info: {...}`
	`}`
		...

2.3.1　处理数据仓库中的数据

由于我们使用 Azure Synapse 作为数据仓库—纯设计中的数据源目的地，所以需要使用在摄取过程中加载的两个关系表：一个用于点击流数据，一个用于电子邮件营销活动数据。假设我们把 Azure Synapse 中的表称为 campaigns 和 clicks，分别用于活动信息和点击流数据。campaigns 表是源表到目的地表的直接映射，因为这两个数据源本质上是相关的。Azure Synapse 将包含相同的列。那么点击流数据及其嵌套的 JSON 文档呢？目前在 Azure Synapse 中还没有专门的数据类型来表示 JSON［注意，一些云数据仓库（如 Google BigQuery）对 JSON 数据结构有原生的支持］，但是你可以将 JSON 文档存储在标准文本列中，并使用内置的 JSON_VALUE 函数来访问文档中的特定属性。

下面的清单 2.1 是一个 Azure Synapse 查询的示例，它可以回答我们的市场营销请求。

清单 2.1　Azure Synapse 查询

```
SELECT
  DISTINCT SUBSTRING(
    JSON_VALUE(CL.content_json, '$.url'),    ←   通过在URL中查找"?"字符并提取
    1,                                             前面的所有字符，来从content_
    CHARINDEX('?', JSON_VALUE(CL.content_json, '$.url'))    json.url属性中只提取URL部分
  ) as landing_url,
  SUBSTRING(
    JSON_VALUE(CL1.content_json, '$.url'),
    1,
    CHARINDEX('?', JSON_VALUE(CL1.content_json, '$.url'))
  ) as follow_url
FROM
  clicks CL
  JOIN campaigns CM ON CM.unique_code = SUBSTRING(
    JSON_VALUE(CL.content_json, '$.url'),
```

```
   CHARINDEX(
     'code =',
     JSON_VALUE(CL.content_json, '$.url') + 5),
     LEN(JSON_VALUE(CL.content_json, '$.url')
   )
)                    ←── 从content_json.url属性中提取活动
LEFT JOIN (              代码，并在JOIN中使用它
   SELECT
     JSON_VALUE(CL_INNER.content_json, '$.user_id') as user_id
   FROM
     clicks CL_INNER
) AS CL1 ON JSON_VALUE(CL.content_json, '$.user_id') = CL1.user_id
WHERE
   CM.campaign_id = 'campaign_1'
```

从content_json
JSON文档中提取
user_id属性

这个查询使用来自 campaigns 表的 unique_code 列和来自 clicks 表的 URL 部分（其在登录页上包含了这个独特代码）将数据仓库中的两个表连接起来。注意，我们需要在第一个连接中使用一个复杂的字符串解析构造，来从 JSON 文档的 url 属性中提取活动代码。然后加入一个子查询，它将允许我们使用 url 的 user_id 移植来找到同一用户访问过的所有其他页面。同样，我们需要使用复杂的字符串解析来提取想要的值。

如果你使用关系型技术已经有一段时间了，那么以上查询对你来说可能并不复杂。让人难以阅读和理解的是从 JSON 文档中解析和提取值所需的所有额外逻辑。有一些方法可以使这个查询更简单——通过将传入的数据准备成 ETL 管道的一部分，或者通过实现定制的用户定义函数（User-Defined Function，UDF）使查询更具可读性。这两种方法都有其局限性：如果你的数据量很大，那么准备工作可能会需要大量的 ETL 处理时间和成本，而且点击流数据也会随着时间的推移而变得非常大；实现定制的 UDF 需要有一个单独的开发流程来维护，并将 UDF 部署到你需要使用的每个 Azure Synapse 实例中。

除了可读性不强之外，这个 SQL 还存在一个问题，这对于任何基于 SQL 的管道来说都很常见：测试它存在一定困难。我们的字符串解析逻辑很复杂，依赖于 URL 中的特定字符要在特定的位置，这样我们才可以提取 unique_code 或 user_id 等参数。在这些表达式中很容易犯错或者遇到一些破坏逻辑的边缘情况。缺少测试意味着最终你将依赖于用户来发现这些问题。这不是与用户社区建立信任的最佳方式。

在 Azure Synapse 上运行这种类型的 SQL 的另一个挑战是，你不能真正使用大量的性能优化来使 Azure Synapse 成为一个伟大的数据仓库。Azure Synapse 使用列状存储，允许对通常包含数字或短文本的列进行压缩，并且在运行查询时需要进行的磁盘读取较少。使用 JSON 值，你将失去这种优化，因为你从未将文档作为一个整体来使用，而是需要解析

它并访问单个属性。随着数据量的增长，这会对查询性能产生负面影响。你可以在第 9 章中了解更多关于云数据仓库的特性。

2.3.2　处理数据平台上的数据

云提供了多种方法来使用许多分布式数据处理引擎以处理数据仓库以外的任何规模的数据。Apache Spark 是广泛采用的分布式数据处理引擎之一。所有云供应商都提供某种托管服务来运行 Spark 作业，而不必担心集群部署和配置。Azure 为 Spark 提供了一个基于 Databricks（https://databricks.com/）的托管环境，Databricks 是一个来自 Apache Spark 创建团队的商业产品。

在我们的数据平台实现的示例中，运行在 Azure Databricks 平台上的 Spark 负责所有的数据处理。使用 Apache Spark 可以让你选择使用 SQL 来处理数据，或者使用 Python 或 Scala 等通用语言来编写更灵活、易懂和可测试的程序。通过这种方式，你可以选择最适合需求的 API。你可以将 SQL 用于简单的报告和特定分析，因为它编写和试验的速度非常快。当涉及计划长期维护的代码或必须是模块化和可测试的代码时，你可以使用 Python（参见清单 2.2）或 Scala API。

我们的分析请求示例可以用 Spark 编写，如下所示：

```
from pyspark.sql.functions import from_json, substring_index
```

清单 2.2　使用 Python API 实现 Apache Spark 的示例

```
def get_full_url(json_column):
    # extract full URL value from a JSON Column     将URL解析逻辑拆分为易
    url_full = from_json(json_column, "url STRING")   于测试的小函数
    return url_full

def extract_url(json_column):                         提取URL部分（不带参数），但
    url_full = get_full_url(json_column)              取从第一个字符到"?"字符之
    url = substring_index(url_full, "?", 1)           间的子字符串
    return url

def extract_campaign_code(json_column):               通过取字符串中从最后一个字符
    url_full = get_full_url(json_column)              到"?"字符之间的子字符串来
    code = substring_index(url_full, "?", -1)         提取URL的活动代码部分
    return substring_index(code, "=", -1)

campaigns_df = … # Use either Spark SQL or Spark Python API to get the
  ➡ Dataframe
clicks_df = … # Use either Spark SQL or Spark Python API to get the Dataframe
result_df = campaigns_df.join(...)
返回"code=XYZ"字符串的独特代码部分
```

我们在这里省略了一些执行实际连接的代码，因为它与你在 SQL 示例中看到的非常相似，实际上也可以用 SQL 来编写。我们想在这里演示的是提取活动代码已经被分解成一个单独的 Python 函数。这个函数包含注释，使代码更容易理解。你也可以使用标准的 Python 测试功能来编写一套全面的测试从而验证所有的边缘情况。如果你需要在管道中的其他地方使用此 URL 解析逻辑，则可以很轻松地将其与其他常用函数一起放入它自己的库中。

虽然拥有更多模块化和可测试的代码听起来可能不是数据平台相对于数据仓库的巨大优势，但这是非常重要的。一旦你的平台发展到几十个用例，并且有几个数据工程师在上面进行工作，那么维护一个组织良好并被每个人都理解的代码库至关重要。

> **练习 2.3**
> 使用 Spark 而不是 SQL 来进行复杂的数据处理有哪些重要的优势？
> 1. Spark 允许你编写模块化和可重用的代码。
> 2. Spark 总是比 SQL 快得多。
> 3. Spark 使用机器学习来使复杂的代码变得简单。

2.4 访问数据

在本节中，我们将回顾可供最终用户访问数据仓库和数据平台中数据的工具。

数据仓库和数据平台架构为最终用户提供了访问数据的不同方式。上一节我们描述了一个分析用例的示例，它既可以作为 Azure Synapse 中的纯 SQL 管道来实现，也可以作为在数据平台上运行的 Spark 作业来实现。这两种方法都将产生一个新的数据集，其中包含特定用户登录特定营销活动页面后访问的所有页面。

组织内的不同用户可能会以不同的方式对这个新数据集产生兴趣。例如：

❑ **营销团队**——通常业务用户希望使用仪表盘中的数据，该仪表盘列出了每个活动访问的前 10 个页面。

❑ **数据分析师**——高级用户，可能需要以多种不同的方式切割数据。

❑ **数据科学家**——超级用户，可能需要根据用户访问的页面将他们分类。

不同的用户希望以不同的方式使用数据。像 Power BI 这样的报告和仪表盘工具通常是业务用户的首选，并且最适合与使用 SQL 接口的关系型技术配合使用。对于这个用例，Azure Synapse 将提供最简单的集成和最佳的性能。

对于许多高级用户或数据分析人员来说，SQL 是主要的分析工具。这些用户还将受益于在 Azure Synapse 中保存的结果数据集。另一方面，使用 Azure Databricks 这样的服务可以让他们轻松地运行 Spark SQL，即使他们对 Spark 不熟悉——这可以大幅提高性能。

数据科学用例将需要访问原始点击流数据，而不仅仅是结果数据集。例如，你的数据科学团队可能正在使用某个模型，该模型根据用户的行为将他们分为几个常见的原型。为了让这个模型正常工作，需要考虑尽可能多的关于用户如何浏览网站的细节。最准确的分类通常是使用数据来创建的，这些数据对人类来说可能不是最明显的选择，因此最大限度地利用在数据科学家的模型中所使用的数据是很重要的，而加载到仓库中的、聚合后的数据和清理后的数据通常并不包含这方面的细节。这就是为什么数据科学家需要像 Spark 这样的工具，并能够访问 Azure Blob Storage 上的文件，这样才能最有效地完成他们的工作。

虽然单靠数据仓库并不能满足所有用户群体的需求，但包含数据仓库的云数据平台可以。在云数据平台中，数据仓库可以用作结果数据集的目的地，并且可以在存储中使用原始数据。

我们在 2.1.3 节中第一次看到架构时就演示了这种灵活性，再次通过图 2.8 进行展示。

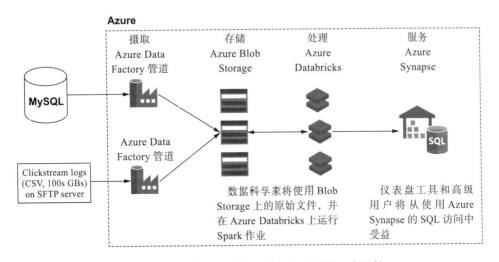

图 2.8　数据仓库只是数据平台架构中的另一个组件

我们将在第 3 章中更详细地探讨这个想法。

2.5 云成本方面的考虑

本节将介绍数据仓库和数据平台的云成本控制选项。

如果不谈云成本，我们对数据仓库和数据平台架构的比较就不完整。

即使在某个云提供商内，也很难比较不同服务和实现的具体成本，更不用说跨多个云提供商了。你可能会发现，许多支持性服务（如云存储）相对便宜，而需要繁忙计算的服务将导致大量的成本。确定你正在考虑的架构中哪些服务是最大的成本驱动因素是一个良好的开始。

一旦你知道哪个服务（或哪些服务）的成本最高，就应检查这个服务是否支持真正的弹性伸缩。弹性服务的理念是：你可以在需要的时候尽可能多地去使用，在不需要的时候缩小其规模，从而优化总体成本。许多云服务都声称它们可以做到这一点，但作为平台的架构师，你必须能够验证这些声明，并了解任何权衡。

对于云数据仓库—纯示例，驱动大部分成本的服务是 Azure Synapse。这并不奇怪，因为其在这个设计中要做所有的处理。虽然 Azure Synapse 可以使用 Azure API 来根据处理能力进行伸缩，但伸缩需要时间（有时需要几十分钟），在此期间，整个仓库都不可用。那么 Azure Synapse 支持真正的弹性伸缩吗？不完全是。如果你的用户不需要 24×7 地访问数据，那么你可以安排在每天晚上对 Azure Synapse 进行缩放，但不能一天多次这么做，因为这非常具有破坏性。另一个挑战是，你不能创建多个 Azure Synapse 实例来处理相同的数据，而需要将数据从一个实例复制到另一个实例，这也需要时间。

在云数据平台设计中，我们将 Azure Blob Storage 作为主存储，并使用运行在 Azure Databricks 上的 Spark 来做处理工作。Databricks 会将你需要处理的数据复制到运行 Spark 的虚拟机中，并将其存储在内存中。在启动新作业时，这个副本确实会增加一些开销，但好处是你可以创建多个使用相同数据的 Spark 集群。这些集群可以具有不同的大小以满足不同的处理需求，并且可以在不用时终止，以节省成本。从弹性的角度来看，Azure Databricks 提供的成本控制选项比 Azure Synapse 提供的更好。仅仅为了运行一个繁重的 SparkSQL 查询而去配置一个专用的集群，再将其拆掉，这种情况并不少见。

当然，在云成本方面还有很多微妙之处，我们将在第 11 章中详细讨论该话题。

关于数据仓库和数据平台设计的总结参见表 2.5。

表 2.5　数据仓库—纯设计的用例与数据平台的用例

数据仓库—纯设计	数据平台设计
你只有一个关系型数据源	你有多个具有结构化数据和半结构化数据的数据源
你可以控制源数据和用于管理模式变化的流程	你希望摄取和使用来自多个数据源的数据，例如，电子表格或你无法完全控制的 SaaS 产品
你的用例被限制在 BI 报告和交互式 SQL 查询	除了传统的 BI 和数据分析之外，你还希望能够将数据用于机器学习和数据科学用例
你拥有一个有限的数据用户社区	你的组织中有越来越多的用户需要访问数据来完成工作
你的数据量很少，足以抵消在云数据仓库中存储和处理所有数据的成本	你希望通过使用不同的云服务来存储和处理数据，从而优化云成本

总结

❑ 练习使用 RDBMS 数据源和包含 JSON 文档的数据文件，将使你很好地理解与现代分析平台中常见的各种数据相关的挑战。

❑ 数据平台和数据仓库—纯实现之间最明显的区别是处理模式变化的方式。与数据仓库—纯设计不同，在数据平台中不需要为传入的数据提供模式，这使得在数据平台中处理模式变化比在数据仓库中处理模式变化要容易得多。

❑ 数据平台和数据仓库—纯设计之间的第二个区别是数据处理发生的地点。数据仓库中的 SQL 处理看起来可能很简单，但随着数据种类和规模的增加、缺少可用的测试框架、在扩展的复杂性和对性能优化方面的限制可能会成为问题。

❑ 在数据平台中，Spark 这样的分布式数据处理引擎在处理大型半结构化数据集时提供了强大的灵活性，因为 Spark 可以将文件分割成更小的块，并使用多个并行任务来处理每个块。这提供了我们在大数据系统中正在寻找的可伸缩性。

❑ 数据平台（也包括数据仓库）提供了强大的灵活性，允许高级用户通过 Spark 作业访问数据湖中的数据，以及基于 SQL 访问数据仓库中的数据，而普通用户可以使用大量的商业工具进行访问，这些工具可以通过 SQL 连接到数据仓库。

❑ 在你的分析平台设计中使用 PaaS 服务将最大限度地减少持续支持的成本和时间，并使设置过程更快。

❑ 在数据平台设计中，存储和计算的明确分离带来了成本的灵活性，因为在云数据平台架构中，存储和计算是分开收费的，而且每一个都可以独立地进行成本优化。

❑ 在相同的架构中，数据仓库和数据平台的结合会比单独的数据仓库带来更好的性能、更多的用户访问选项和更低的成本。

2.6　练习答案

练习 2.1：

4. 数据平台增加了一个"数据湖"层，来从仓库中卸载数据处理。

练习 2.2：

2. 它首先将数据保存到 Azure Blob Storage 中，这不需要严格的模式定义。

练习 2.3：

1. Spark 允许你编写模块化和可重用的代码。

第 3 章 *Chapter 3*

不断壮大并利用三巨头：
Amazon、Microsoft Azure 和 Google

本章主题：

❑ 设计一种灵活且可扩展的六层数据平台架构。

❑ 理解层如何支持批处理和流数据。

❑ 确保正确的基础组件，以便更容易地管理。

❑ 在 AWS、Google 或 Azure 中实现现代云数据平台。

第 2 章介绍了在云中建立一个由数据湖和数据仓库组成的简单数据平台，并使用简单的批处理管道来摄取数据；还列出了数据湖、数据仓库以及两者相结合的优缺点，以产生最佳的分析结果。

在本章中，我们将在数据平台架构概念的基础之上进行构建，并在这些概念之上对当前大多数数据平台所需的一些关键和更高级的功能进行分层。没有这些添加的复杂的层，数据平台也可以工作，但它无法轻松地进行扩展，也无法满足不断增长的数据速度方面的挑战。它还将受到其支持的数据消费者（使用平台数据的人和系统）类型的限制，因为它们的数量和种类也都在不断增长。

我们将更深入地研究更复杂的云数据平台架构，探索现代平台架构中存在哪些功能层，以及它们所扮演的角色。我们还将介绍快/慢存储、流与批处理、元数据管理、ETL 覆盖和数据消费者的概念。

在一个几乎每天都有新工具和新服务发布的世界里，我们还将介绍一些用于数据平台规划的工具和服务。我们将把功能层映射到三大主要公有云提供商（Amazon、Google 和 Microsoft）所提供的现有工具和服务上，然后研究一些独立于云提供商的工具，包括开源产品和商业产品。

我们知道，选择云提供商远不止取决于它们提供什么样的服务，事实上，你可以在这里所讨论的三家云提供商中的任何一家上构建和运营一个伟大的数据平台。我们对工具的建议旨在帮助你缩小搜索范围，腾出一些时间来开始设计工作。

> 📷 **注意** 关于使用特定于云供应商的服务与尝试构建独立于云供应商的平台之间的权衡，一直存在争论。使用特定于云供应商的 PaaS 可以降低成本，但将平台从一个云供应商迁移到另一个云供应商却具有挑战性。使用非特定于供应商的服务（比如开源软件）带来了可移植性，但增加了管理负担。没有简单的答案，但是到目前为止，我们的经验是：使用特定的云供应商和使用 PaaS 的好处大于使用独立于云供应商的好处。

3.1 云数据平台分层架构

我们将首先回忆一下在第 1 章中介绍的简单的高级数据平台架构，然后在这个设计的基础上介绍更复杂的数据平台的 6 个层，该平台跨多个层协调工作：数据摄取层、数据处理层、元数据层、服务层和两个覆盖层（编排层和 ETL 层）。

我们将讨论它们的作用和原因，以及在现实生活中实现它们所学到的一些技巧。我们还将从架构的角度来讨论，为什么将这些层"松散耦合"或者通过定义良好的接口进行通信并且不依赖于特定层的内部实现的独立层是一个好主意。

在第 1 章中，我们介绍了一个非常高级的数据平台架构，它有 4 层（摄取层、存储层、处理层和服务层），如图 3.1 所示。在第 1 章中我们还讨论了每一个架构组件及其核心功能。因此，如果你跳过了这一部分，可能希望返回并查看它们，因为在本章中，我们将扩展此数据平台架构，并提供有关特定功能组件的更多详细信息。图 3.2 展示了一个更复杂的数据平台架构，其建立在第 1 章的简单版本之上，并将其扩展为 6 层。

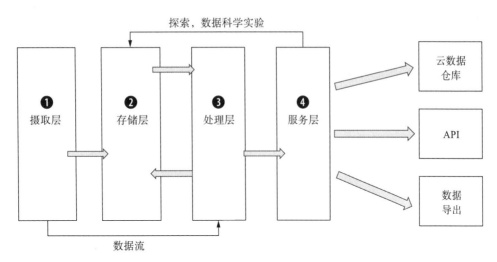

图 3.1　4 层高级数据平台架构

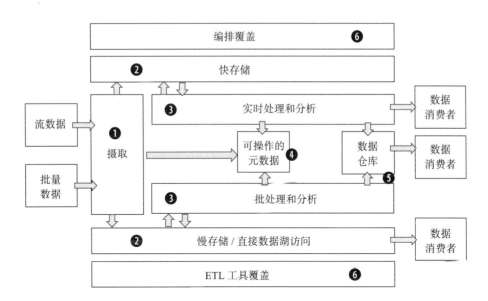

图 3.2　云数据平台六层架构

这些层如下：

❑ 在摄取层中，我们将展示批量摄取和流摄取之间的区别。

❑ 在存储层中，我们将引入慢存储和快存储选项的概念。

❑ 在处理层中，我们将讨论它将如何处理批处理和流数据、快存储和慢存储。

❑ 我们将添加一个新的元数据层来增强处理层。

❑ 我们已经将服务层扩展到数据仓库之外，以包括其他数据消费者。

❑ 我们已经为 ETL 层或编排层添加了一个覆盖层。

层是数据平台系统中执行特定任务的功能组件。实际上，层可以是云服务、开源工具或商业工具，也可以是你自己实现的应用程序组件。通常，它是几个组件的组合。

3.1.1 数据摄取层

该层负责连接到源系统并将数据引入数据平台。当然，在这一层还会发生许多事情（见图 3.3）。

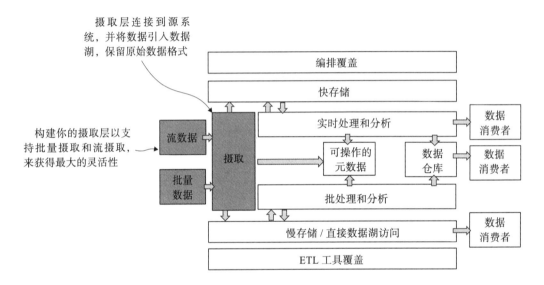

图 3.3 数据摄取层连接到源系统并将数据引入数据平台

数据摄取层应该能够执行以下任务：

❑ 以流模式或批量模式安全地连接到各种数据源。

❑ 将数据从源传输到数据平台，而无须对数据本身或其格式进行重大改变。对于以后需要重新处理数据而不必再次接触数据源的情况，在数据湖中保存原始数据非常重要。

❑ 在元数据存储库中注册统计信息和摄取状态。例如，如果是流数据源，那么知道在给定的批处理中或在特定的时间框架内摄取了多少数据是很重要的。

如图 3.4 所示，在架构图中批量摄取和流摄取都进入了摄取层。

数据处理正在转向数据流和实时解决方案。但现实是，今天有许多现有的数据存储只支持批量数据访问。对于第三方数据源尤其如此，这些数据源通常在 FTP 上以 CSV、JSON 或 XML 格式的文件交付，或作为文件在其他系统上以仅批处理访问模式交付。

对于你控制的数据源（比如你运营的 RDBMS），可以实现一个完整的流解决方案。而通过第三方数据源实现同样的目标是非常困难的。由于第三方数据源通常占需要引入数据平台的所有数据的很大一部分，因此批量摄取和流摄取很可能是你的数据平台设计的一部分。

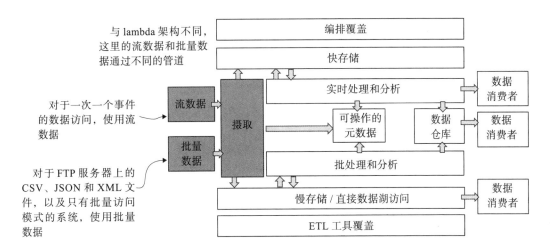

图 3.4　摄取层应支持流摄取和批量摄取

我们相信，构建数据摄取层以支持批量摄取和流摄取是一种良好的架构思维。这意味着对不同类型的数据源使用适当的工具。例如，你可以将流数据作为一系列小批量的数据来摄取，而不是创建真正的流式功能，但你将放弃将来执行实时分析的能力。我们的设计应该避免这种技术债务。通过这种方式，你将始终能够摄取任何数据源，无论它们来自何处。这是数据平台最重要的特征之一。

🔟 注
意　　我们经常听到一些公司说，它们的数据平台必须是"实时的"，但我们了解到，在分析方面，解开实时的含义是很重要的。根据经验，通常有两种不同的解释：一种是在数据源产生后就立即将数据用于分析（即，实时摄取）；另一种是立即对实时摄取的数据进行分析并采取行动（即，实时分析）。欺诈检测和实时推荐系统就是实时分析的良好例子。我们的大多数客户实际上并不需要实时分析，至少目前还不需要。他们只是想确保用来产生洞见的数据是最新的（也就是几分钟或几小时前的最新数

据），即使对报告或仪表盘只是定期查看。考虑到实时分析比实时摄取要复杂得多，通常值得详细研究用户的需求，以充分理解如何最好地构建数据平台。

有些人可能会在本章的云数据平台架构图中看到两个摄取路径（一个是批量，一个是流），并询问这是否是 lambda 架构的一个例子。

注意 对于不熟悉 lambda 架构的人来说，可以访问 http://lambda-architecture.net/ 进行了解。

简而言之，lambda 架构表明，为了提供准确的、低延迟的分析结果，数据平台必须同时支持批量数据和流数据处理路径。这里描述的 lambda 架构和云数据平台架构之间的区别在于，在 lambda 架构中，相同的数据经过两个不同的管道，而在数据平台架构中，批量数据通过一个管道，流数据则通过另一个管道。

lambda 架构是在 Hadoop 实现的早期构思的，那时还无法构建一个完全有弹性和准确的实时管道。快速路径提供了低延迟的结果，但由于基于 Hadoop 平台的一些流框架的限制，这些结果并不总是 100% 准确。为了协调结果中的潜在差异，需要将相同的数据推入批处理层，并在稍后阶段进行协调，以产生完全正确的结果。

如今，随着云服务（如 Google 的 Cloud Dataflow）或开源解决方案（如 Kafka Streams）的出现，这些限制在很大程度上已经被克服了。其他框架（如 Spark Streaming）也在准确性和处理故障方面取得了重大改进。因此，在我们提出的云数据平台架构中，批量摄取和流摄取路径实际上是针对完全不同的数据源的。如果数据源不支持实时数据访问，或者数据的性质使其只能周期性地到达，那么将该数据通过批处理路径推送会更容易、更有效。其他支持一次一个事件数据访问的数据源（比如流）应该通过实时层。

将数据高效可靠地传输到数据湖需要数据摄取层具备 4 个重要特性：

❑ **可插拔的架构**——不断添加新的数据源类型。期望每个数据源的连接器在你所选择的摄取工具或服务中都可用是不现实的。确保数据摄取层允许你添加新的连接器类型，而无须付出大量的努力。

❑ **可伸缩性**——数据摄取层应该能够处理大量的数据，并能够扩展单个计算机的容量。今天你可能不需要这么大的规模，但有备无患，以防需要增长时你可以选择不需要完全修改数据摄取层的解决方案。

❑ **高可用性**——数据摄取层应该能够处理单个组件的故障，例如磁盘、网络或全虚拟机故障，并且仍然能够将数据传递到数据平台。

❑ **可观测性**——数据摄取层应该向外部监控工具公开关键指标，如数据吞吐量和延迟。大多数指标都应该存储在中央元数据存储库中，我们将在本章后面讨论该存储库。一些更技术性的指标（如内存、CPU 或磁盘利用率）可能直接暴露给监控工具。如果你希望看到数据向数据平台的流动，那么确保数据摄取层不充当黑盒是很重要的。这对于监控和纠错也非常重要。

在本章的后面，我们将探讨哪些服务和工具（包括开源的和商业的）可用于在所有三大云提供商上实现数据摄入层。并不是所有的工具都能满足所有的需求，理解数据平台架构师在选择特定的解决方案时必须接受的权衡是很重要的。

练习 3.1

你需要计划批量摄取和实时摄取，因为（选择一个）：

1. 实时工具很复杂且难以管理。

2. 批量摄取是获得准确数据的唯一方法。

3. 一些数据源不支持实时摄取。

4. 你需要两个摄取机制来实现冗余。

3.1.2　快存储和慢存储

由于数据摄取层本身通常不存储任何数据，尽管它可能使用高速缓存，但是一旦数据通过摄取层传递，就必须可靠地存储数据。数据平台架构中的存储层负责持久化数据以供长期使用。有两种类型的存储——快存储和慢存储，如图 3.5 所示。

在本书中，我们将使用慢存储和快存储这两个术语来区分针对大文件（几十兆或更多）进行优化的云存储服务，以及针对小文件（通常为 KB 级）进行优化的云存储服务，但后者具有更高的性能特征。这种系统有时也称为消息总线，分布式日志是具有持久性的队列。这里的快和慢并不是指具体的硬件特性（比如 HDD 和 SSD 硬盘之间的区别），而是指存储软件设计的特点和它所针对的用例。另一个例子是，允许你实时处理数据的框架（Cloud Dataflow、Kafka Streams 等）与特定的存储系统相关联。因此，如果你想进行实时处理，需要直接使用快存储层。

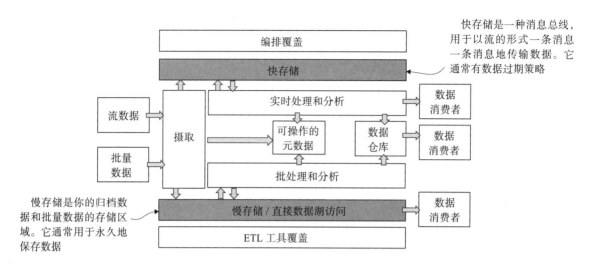

图 3.5 数据存储层使用快存储和慢存储保存数据以供使用

数据平台的存储层必须执行以下任务：

❑ 存储长期数据和短期数据。

❑ 使数据可以以批量模式或流模式的形式来使用。

云存储的成本非常低，可以将数据存储几年甚至几十年。有了这些可用的数据，你就有了很多选择，可以将其重新用于新的分析用例，比如机器学习。

在云数据平台架构中，数据存储层被分为两个不同的组件：慢存储和快存储。慢存储是归档数据和持久数据的主要存储。数据将在这里被保存几天、几个月、几年甚至几十年。在云环境中，这种类型的存储是云供应商作为对象存储所提供的一种服务，它允许你经济高效地存储各种数据，并支持对大量数据的快速读取。

将对象存储作为长期存储的主要好处是，在云中你没有任何与存储直接关联的计算。例如，如果你希望增加对象存储的容量，则不需要启用新的虚拟机并支付费用。云计算供应商会根据你上传或删除的实际数据来增加或减少你的存储容量，非常经济高效。

对象存储的主要缺点是不支持低延迟访问。这意味着对于一次处理一条消息或一个数据点的流数据，对象存储不会提供必要的响应时间。将包含 JSON 数据的 1TB 文件上传到对象存储（批量）或尝试以 10 亿个 JSON 文档（流）的形式上传同样的数据量，二者是有区别的。

对于流用例，云数据平台需要不同类型的存储。我们称其为"快"存储，因为它可以适应对单条消息的低延迟读写操作。大多数人将这种类型的存储与 Apache Kafka 联系起来，但云供应商也提供具有类似特点的服务。我们将在本章后面更详细地探讨这些内容。

快存储带来了流数据摄入所需的低延迟，但这通常意味着一些计算能力是与存储本身相关联的。例如，在 Kafka 集群中，如果你想增加快存储容量，需要增加带有 RAM、CPU 和磁盘的新机器。这意味着快云存储的成本明显高于慢云存储的成本。实际上，你需要配置一个数据保留策略，在该策略中，快存储只保存一定数量的数据（一天、一周或一个月，取决于你的数据量）。然后数据将被传输到慢存储上的一个永久位置，并根据策略将这些数据从快存储中清除。

存储层应该具有以下属性：

❑ **可靠**——慢存储和快存储都应该能够在发生各种故障的情况下持久地保存数据。

❑ **可伸缩**——你应该能够以最小的代价添加额外的存储容量。

❑ **性能**——你应该能够以足够高的吞吐量从慢存储读取大量数据，或者以低延迟将单条消息读写到快存储。

❑ **经济高效**——你应该能够应用数据保留策略来优化存储组合，从而优化成本。

> **练习 3.2**
> 为什么在数据平台中需要两种类型的存储？
> 1. 在一种存储类型出现故障时提供冗余。
> 2. 支持批量和实时处理。
> 3. 优化云成本。
> 4. 支持数据科学和商业智能用例。

3.1.3　处理层

图 3.6 中突出显示的处理层是数据平台实现的核心。这里是应用所有必需的业务逻辑，以及进行所有数据验证和数据转换的地方。处理层在提供对数据平台中数据的特定访问方面也起着重要的作用。

处理层应该能够执行以下任务：

❑ 以批量模式或流模式从存储中读取数据，并应用各种类型的业务逻辑。

❑ 将数据保存回存储以供数据分析师和数据科学家访问。

❑ 将流数据输出传递给使用者（通常是指其他系统）。

处理层负责从存储中读取数据，执行计算后将其保存回存储以供进一步使用。这一层应该能够同时处理慢数据存储和快数据存储。这意味着，我们选择实现这一层的服务或框架应该既支持慢存储中的文件的批处理，又支持快存储中一次一条消息的处理。

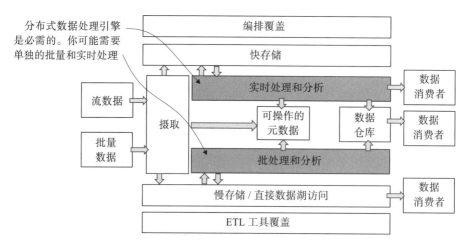

图 3.6 处理层是应用业务逻辑、进行所有数据验证和数据转换以及提供对数据特定访问的地方

今天，有一些开源框架和云服务允许你处理来自快存储和慢存储的数据。一个很好的例子是来自 Google 的开源 Apache Beam 项目和服务，称为 Cloud Dataflow，其为 Apache Beam 作业提供了一个托管的"平台即服务"执行环境。Apache Beam 支持在同一框架中的批量和实时处理模型。通常，数据平台中的层不需要使用单个云服务或软件产品来实现，你会发现为每个批量和流处理使用专门的解决方案比使用单一的多用途工具能获得更好的结果。

处理层应具有以下特性：

❑ 扩展单个计算机的能力。数据处理框架或云服务应该能够有效地处理从 MB 到 TB 或 PB 的数据。

❑ 支持批量模型和实时流模型。有时使用两种不同的工具来实现这一点是有意义的。

❑ 支持最流行的编程语言，例如 Python、Java 或 Scala。

❑ 提供一个 SQL 接口。这更像是一个锦上添花的需求。许多分析（特别是在特殊场景中）都是使用 SQL 完成的。支持 SQL 的框架将显著提高分析人员、数据科学家和数据工程师的工作效率。

3.1.4　技术元数据层

与业务元数据不同，技术元数据通常包括但不限于来自数据源的模式信息、摄取状态、转换管道的状态（如成功、失败、错误率等）、关于摄取的和处理的数据的统计信息（如行数），以及数据转换管道的沿袭信息。如图 3.7 所示，元数据层是数据平台的核心，并保存在元数据存储中。

数据平台元数据存储执行以下任务：

❑ 存储关于不同数据平台层的活动状态的信息。

❑ 为层提供一个接口，用于获取、添加和更新存储中的元数据。

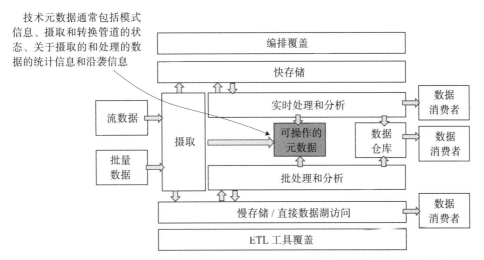

图 3.7　元数据层存储关于数据平台层状态的信息，这些信息对于自动化、监控和报警以及开发人员的生产效率来说是需要的

这种技术元数据对于自动化、监控和报警以及开发人员的生产效率非常重要。由于我们的数据平台设计包含多个层，而这些层有时并不直接与其他层进行通信，因此我们需要有一个存储库来保存这些层的状态。例如，这允许数据处理层能够通过检查元数据层（而不是试图直接与摄取层通信）来知道哪些数据现在可以进行处理。这允许我们将不同的层彼此解耦，减少了与相互依赖相关的复杂性。

你可能熟悉的另一种元数据类型是业务元数据，它通常由一个数据目录表示，该目录保存了关于从业务的角度来看数据实际含义的信息。例如，这个数据源中的特定列表示什么。业务元数据是整个数据策略的重要组成部分，因为它允许更容易的数据发现和通信。业务元数据存储和数据目录可以由多个第三方产品很好地表示，可以作为另外一个层插入分层的数据平台设计中。业务元数据解决方案的详细介绍超出了本书的范围。

数据平台元数据存储应具有以下属性：

❑ **可伸缩**——在数据平台环境中可能有数百个（甚至数千个）单独的任务在运行。元数据层必须能够伸缩，以便对所有任务提供快速响应。

❑ **高可用**——元数据层可能成为数据平台管道中的单点故障。如果处理层需要从元数据层获取可进行处理的数据的信息，而元数据服务没有响应，那么处理管道将会失败或卡住。如果有其他管道依赖于这个失败的管道，则可能会触发级联故障。

❑ **可扩展**——对于应该在该层中保存哪些元数据并没有严格的规则。接下来我们将探讨最常见的情形，比如模式和管道统计。你可能会经常希望在元数据层中保存一些特定业务的信息，例如某一列值有多少行。元数据层应该允许你轻松地保存这些额外的信息。

数据平台中的技术元数据管理是一个比较新的课题。现有的解决方案很少能够完成这里所描述的任务。例如，Confluent Schema Registry（融合模式注册表）允许你保存、获取和更新模式定义，但不允许你保存任何其他类型的元数据。一些元数据层角色可以由各种ETL覆盖服务执行，比如Amazon Glue。我们将在本章后面详细讨论这些工具的优缺点。就目前的情况而言，你可能需要一个不同工具和服务的组合来实现一个功能齐全的技术元数据层。

3.1.5 服务层和数据消费者

服务层将分析处理的结果交付给各种数据消费者。

如图3.8所示，服务层负责：

❑ 通过数据仓库向期望关系型数据结构和全SQL支持的用户提供数据服务。

❑ 为希望不通过数据仓库就能够从存储中访问数据的用户提供数据服务。

在第1章和第2章中，我们讨论了为什么在大多数情况下，云数据平台不能取代数据仓库作为数据消费选项的需求。数据仓库为需要全SQL支持并希望以关系型格式表示数据的数据消费者提供了数据接入点。这些数据消费者可能包括各种现有的仪表盘和商业智能应用程序，但也包括熟悉SQL的数据分析师或高级业务用户。图3.9展示了作为这些消费者的接入点的数据仓库。

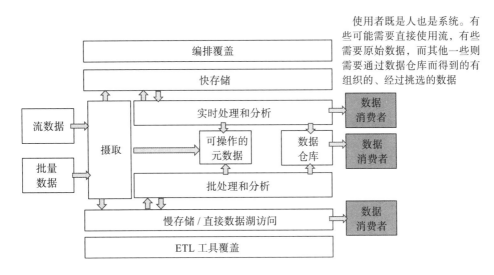

图 3.8 服务层将分析处理的结果交付给数据消费者

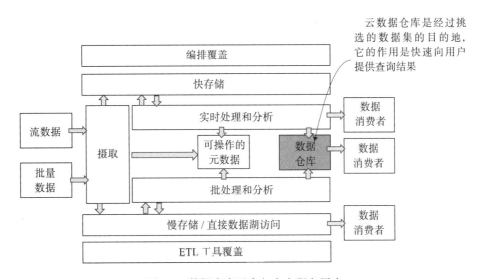

图 3.9 数据仓库通常包含在服务层中

服务层几乎总是包含一个数据仓库，它应该具有以下属性：

❑ **可伸缩且可靠**——云数据仓库应该能够有效地处理大数据集和小数据集，并能够扩展单个计算机的容量。它还应该在面对不可避免的故障或单个组件时能够继续提供数据服务。

❑ **NoOps（无运维）**——云仓库需要的调优或运维越少越好。

❑ **弹性成本模型**——云仓库的另一个理想特性是能够根据负载进行扩容和缩容。在许多传统的 BI 工作负载中，数据仓库主要在工作日使用，在非工作时间可能只承受一小部分负载。云成本模型应该能够反映这一点。

在现代数据架构中，虽然可能有数据消费者希望使用关系型数据结构和 SQL 进行数据访问，但其他数据访问语言也越来越流行。

一些数据消费者需要直接访问数据湖中的数据，如图 3.10 所示。

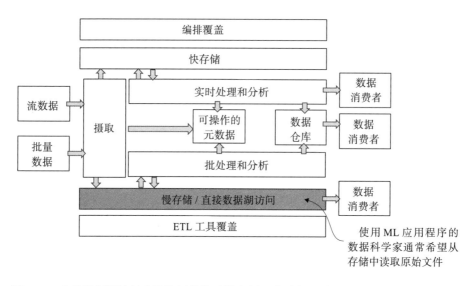

图 3.10　直接数据湖访问允许使用者绕过服务层，直接与原始的、未处理的数据打交道

通常，数据科学、数据探索和实验用例都属于这一类。直接访问数据湖中的数据可以解锁处理原始的、未经处理的数据的能力。它还将实验工作负载移到数据仓库之外，以避免对性能的负面影响。你的数据仓库可以为关键业务报告和仪表盘提供服务，你不希望它突然变慢，因为数据科学家决定从中读取过去 10 年的数据。有多种方式可以提供对数据湖中数据的直接访问。一些云提供商（参见本章中的后文）提供了一个 SQL 引擎，其可以直接对云存储中的文件运行查询。在其他情况下，你可以使用 Spark SQL 来实现相同的目标。最后，将所需要的文件从数据平台拷贝到实验环境（如 notebook 或专用的数据科学虚拟机）并不少见，尤其是对数据科学工作负载而言。

 注意　虽然数据平台可以没有数据仓库，但很可能每个企业都有业务用户想访问数据湖中的数据，对此，最好通过数据仓库而不是直接访问数据湖来给他们提供服务。因此，当我们谈论数据平台时，总是假设它至少会提供一个数据仓库用于数据消费。

数据消费者并不总是人类（参见图 3.11）。实时分析的结果在每次接收一条消息时就计算出来，但很少有人使用。没有人整天盯着仪表盘上每秒钟都在变化的指标。实时分析管道的结果通常被其他应用程序使用，比如营销激活系统、电子商务推荐系统（其决定在用户购物时向他们推荐哪些商品）、广告竞价系统（以毫秒级变化的广告相关性与成本之间的平衡）。

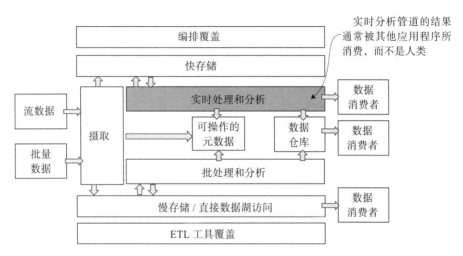

图 3.11　实时数据的消费者通常是其他应用程序，而不是人类

这种程序化的数据消费者需要一个专用的 API 来实时消费数据湖中的数据，通常使用内置的 API，这些 API 在你所选择的实时数据处理引擎中提供。你也可以实现一个单独的 API 层，以允许多个程序化的消费者使用相同的接口来访问实时数据。当你有多个程序化的数据消费者时，这种单独的 API 层方法可以更好地扩展，但也需要付出更多的技术努力来实现和维护它。

练习 3.3

为什么数据平台需要多种方式来提供对数据的访问？

1. 支持不同需求和要求的消费者。

2. 最大化数据吞吐量。

3. 在有故障时提供容错功能。

4. 提高数据质量。

3.1.6 编排层和 ETL 覆盖层

云数据平台架构有两个组件需要特别考虑：编排层和 ETL 覆盖层（参见图 3.12 中的突出显示）。这些层需要特殊处理，因为在许多云数据平台实现中，这些层的职责分布在许多不同的工具中。

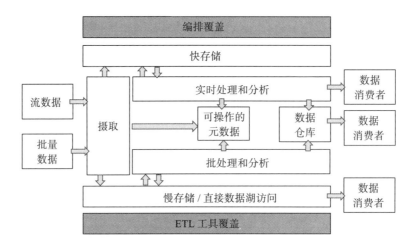

图 3.12　编排层和 ETL 覆盖层的职责通常分布在许多不同的工具上

编排层

在云数据平台架构中，编排层（参见图 3.13）负责以下任务：

❏ 根据依赖图（每个数据处理作业的依赖列表，包括每个作业需要哪些源，以及一个作业是否依赖于其他作业）协调多个数据处理作业。

❏ 处理作业失败和重试。

正如我们现在所看到的，现代云数据平台架构包括多个松耦合的层，这些层通过元数据层相互通信。这个设计中缺少的部分是一个可以跨多个层协调工作的组件。虽然元数据层充当关于数据管道的各种状态信息和统计信息的存储库，但编排层是一个面向操作的组件，其主要功能是允许数据工程师构建具有多个相互依赖项的复杂数据流。

想象以下场景。你的组织是一家既在线上又在线下销售商品的零售商，你希望比较线上和线下最畅销的产品。为此，你需要从企业资源计划（Enterprise Resource Planning, ERP）系统中获取产品信息数据，第三方销售点（Point-Of-Sale, POS）供应商定期提供线下商店的销售情况，线上商店的销售情况可以作为点击流数据实时提供。

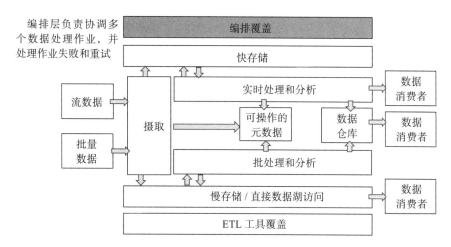

图 3.13　编排覆盖允许数据工程师构造具有多个相互依赖项的复杂数据流

为了生成畅销比较报告，我们需要创建两个数据转换作业：第一个作业将产品信息与 POS 销售数据相结合；第二个作业将使用点击流数据，并将其与第一个作业的结果结合起来生成一个比较数据集（参见图 3.14）。

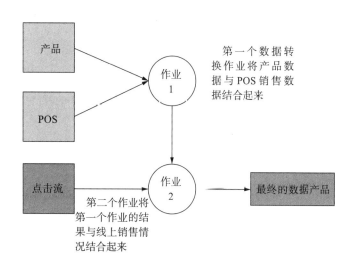

图 3.14　作业和数据依赖图示例

从这个例子中可以看到，作业 1 和作业 2 不能彼此独立运行。这三个源都可以按不同的时间表来提供最新数据。例如，POS 和产品数据一天只提供一次，而点击流是实时数据源。如果我们不以某种方式协调两个数据转换作业，那么最终数据产品的结果可能是不正确或不完整的。

有几种不同的方法可以应对这一挑战。一种方法是将作业 1 和作业 2 合并为一个作业，并以这样一种方式调度它：只有在从所有三个源获得最新数据时才运行它（你可以为此使用元数据层）。这个方法听起来很简单，但是如果你需要为这个作业添加更多的步骤会怎么样呢？如果作业 2 是一个应该被多个不同的作业共享的通用任务，那么会发生什么呢？随着数据管道复杂性的增加，开发和维护庞大而单一的数据处理作业将成为一项挑战。将这两个作业结合在一起具有庞大而单一的设计的所有缺点：很难对特定组件进行修改，很难进行测试，而且对不同团队的协作构成挑战。

另一种方法是使用外部编排机制来协调作业（参见图 3.15）。

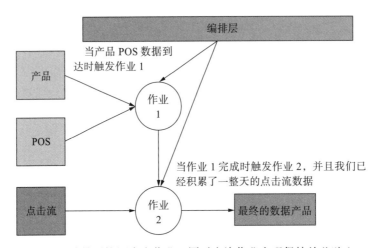

图 3.15 编排层协调多个作业，同时允许作业实现保持彼此独立

如图 3.15 所示，编排层负责根据何时可以从外部源获得所需的输入数据或者何时满足上游依赖项（比如作业 1 需要在作业 2 启动之前完成）来协调多个作业。在这种情况下，作业实现保持彼此独立。当它们独立时，可以对它们分别进行开发、测试和更改，编排层维护依赖图——每个数据处理作业的依赖项列表，其中包括每个作业需要哪些源，以及一个作业是否依赖于其他作业。依赖图只在数据逻辑流发生变化时才进行更改，例如，当在处理中引入新步骤时。当某个步骤的实现发生变化时，则不需要进行更改。

在大型数据平台实现中，依赖图可以包含数百甚至数千个依赖项。在这样的实现中，通常有多个团队参与开发和维护数据处理管道。作业和依赖图的逻辑分离使得这些团队可以更容易地对系统的各个部分进行修改，而不会影响更大的数据平台。

编排层应该具有以下属性：

❏ **可伸缩性**——其应该能够从少量任务增长到数千个任务，并有效地处理大型依赖图。

- **高可用性**——如果编排层关闭或无响应，那么数据处理作业将不能运行。
- **可维护性**——其应该有一个易于描述和维护的依赖图。
- **透明度**——其应该提供对作业状态、执行历史和其他可观测性指标的可见度。这对于监控和调试很重要。

目前有几种编排层的实现，其中最流行的是 Apache Airflow，它是一个开源的作业调度和编排机制。Airflow 满足本节中列出的大部分属性，并且可以作为 Google Cloud Platform 上的云服务来提供，称为 Cloud Composer。其他工具（比如 Azkaban 和 Oozie）也可以达到同样的目的，但它们都是专门为 Hadoop 创建的作业编排工具，不像 Airflow 那样可以适应灵活的云环境。

对于原生云服务，不同的云提供商处理编排问题的方式不同。如前所述，Google 采用了 Airflow 并将其作为托管服务提供，从而简化了管理编排层的操作。Amazon 和 Microsoft 在它们的 ETL 工具覆盖产品中包含了一些编排特性。

ETL 工具覆盖

图 3.16 中突出显示的 ETL 工具覆盖是一种产品或一套产品，其主要目的是使云数据管道的实现和维护更加容易。这些产品吸收了各种数据平台架构层的一些职责，并提供了一种简化的机制来开发和管理特定的实现。通常，这些工具都有一个用户界面，允许在开发和部署数据管道时很少使用或不使用代码。

ETL 覆盖工具通常负责：

- 添加和配置来自多个源的数据摄取（摄取层）。
- 创建数据处理管道（处理层）。
- 保存一些关于管道的元数据（元数据层）。
- 协调多个作业（编排层）。

如你所见，ETL 覆盖工具可以实现云数据平台架构中几乎所有的层。

这是否意味着你使用单个工具就可以实现数据平台，而不必担心亲自实现和管理不同的层？答案是"视情况而定"。当你决定完全依赖云供应商（或类似的第三方解决方案）的 ETL 覆盖服务时，你必须铭记的主要问题是：很容易扩展它吗？是否可以添加用于数据摄取的新组件？你是否必须只能使用 ETL 服务工具进行数据处理，还是可以调用外部数据处理组件？最后，了解是否可以将其他第三方服务或开源工具与这个 ETL 服务集成是很重要的。

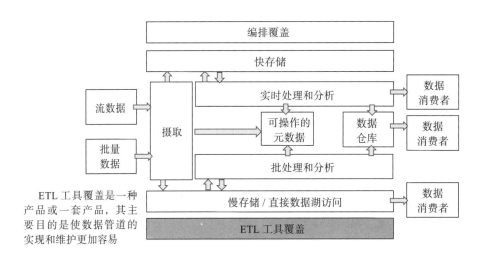

ETL 工具覆盖是一种产品或一套产品，其主要目的是使数据管道的实现和维护更加容易

图 3.16　ETL 工具覆盖层可用于实现云数据平台架构中的许多层功能

这些问题之所以重要是因为没有一个系统是静态的。你可能会发现使用 ETL 服务是一种很好的入门方法，可以显著地节省时间和成本。随着数据平台的发展，你可能会发现 ETL 服务或工具不允许你轻松地实现某些所需的功能。如果这个 ETL 服务不提供任何扩展其功能或与其他解决方案集成的选项，那么你唯一的选择就是构建一个完全绕过 ETL 层的解决方案。

根据我们的经验，在某些时候，这些解决方案会变得和最初的解决方案一样复杂，你最终会得到我们亲切地称之为"意大利面架构"的东西。意大利面架构是系统的不同组件越来越纠缠在一起的结果，使其维护变得更加困难。在意大利面架构中，变通方法的存在不是因为它们适合整体设计，而是因为它们必须补偿 ETL 服务的限制。

ETL 覆盖应该具有以下属性：

❑ **可扩展性**——其应该可以将自己的组件添加到系统中。

❑ **集成**——对于现代 ETL 工具来说，能够将一些任务委托给外部系统是很重要的。例如，如果所有的数据处理都是使用黑盒引擎在 ETL 服务中完成的，那么你将无法解决此引擎的任何限制或特性。

❑ **自动化成熟度**——许多 ETL 解决方案提供无须编码、UI 驱动的体验。这对于快速原型设计非常有用，但是当用于生产实现时，请考虑该工具将如何适应你组织的持续集成/持续交付实践。例如，在提升到生产环境之前，如何自动测试和验证对管道的更改？如果 ETL 工具没有 API 或易于使用的配置语言，那么你的自动化选项将非常有限。

❑ **适合云架构**——ETL 工具市场非常成熟，但许多开源和商业工具都是在内部解决方案和庞大而单一的数据仓库时代构建的。虽然它们都提供某种形式的云集成，但你需要仔细评估这个特定的解决方案是否允许你最大限度地利用云功能。例如，一些现有的 ETL 工具只能使用在数据仓库中运行的 SQL 来处理数据，而其他工具则使用它们自己的处理引擎，其可伸缩性和健壮性都不如 Spark 和 Beam。

对于现有的 ETL 覆盖解决方案，有许多可用的选项。在本章的后面，我们将介绍云服务 AWS Glue、Azure Data Factory 和 Google Cloud Data Fusion。

对于不属于云供应商服务的 ETL 解决方案，有许多第三方解决方案可供选择。Talend 是当今比较流行的解决方案之一，它使用了"开放核心"（open core）模型，意味着 Talend 的核心功能是开源的，可以免费用于开发和原型设计。当在生产工作负载中使用 Talend 时，需要适当的商业许可证。Informatica 是另一个 ETL 工具，在大型组织中很流行。本书将重点放在原生云 ETL 覆盖解决方案以及免费的开源组件。商业或开放核心的 ETL 产品超出了本书的范畴，但是目前有很多关于这个主题的文献。

练习 3.4

编排层在数据平台架构中的作用是什么？

1. 允许用户轻松查找数据。

2. 优化不同数据平台组件的性能。

3. 管理不同数据处理作业之间的依赖项。

4. 为数据工程师提供一个 UI 来创建新的数据处理作业。

3.2　数据平台架构中层的重要性

云数据平台架构中使用的关键概念之一是层。每一层都起着非常特殊的作用，从架构的角度来看，尽可能地将各个层彼此隔离是一个好主意。

让我们再来看看图 3.17 中的数据架构及其层。

你可以看到层之间有一个明显的分离。在摄取层和处理层，虽然你可以使用单个服务、工具或应用程序实现摄取和处理，但这并不是最佳决策，因为这会在以后引起问题。

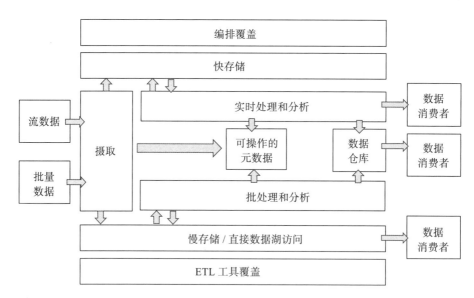

图 3.17　为了获得最大的灵活性，数据平台中的功能层应该是分离的且松耦合的

　　例如，你可以将 Apache Spark 用于数据处理和数据摄取，因为虽然 Spark 非常擅长数据处理，但它也提供了一组连接到外部系统（如关系型数据库）的连接器。使用 Spark 进行摄取和处理可以将两个功能不同的层合并成一个。如果你决定这么做的话，需要考虑以下几点：

❑ 你是否使用 Spark 获得了良好的数据摄取和数据处理功能？ Spark 可以执行数据摄取，但在功能上它是最好的解决方案吗？如果你需要引入数据源，而该数据源没有现成的 Spark 连接器，那么扩展是否容易？

❑ 在较大的组织中，不同的团队或不同的开发人员可以负责数据摄取和数据处理。实际上，你可能希望鼓励更集中和更受控的数据摄取过程，但同时支持更多的自助数据转换实践。这将允许数据消费者根据自己的喜好和需求来打造数据。如果你把摄取和处理组合在一起，就会失去这种灵活性。

❑ 如果你决定用一个更适合你需求的数据处理解决方案来替换 Apache Spark，那会怎么样呢？如果你的摄取和处理是组合在一起的，那么需要重新实现这两个功能。如果它们是分开的，你可以继续使用摄取，并逐渐用另一个工具代替处理。

　　如果我们把这种分离功能层的想法转换成软件开发术语，会说数据平台中的功能层应该是松耦合的。这意味着分开的层必须能够通过定义良好的接口进行通信，但不应该依赖于特定层的内部实现。这种方法为如何混合和匹配不同的云服务或工具以实现你的目标带来了极大的灵活性。

云实现因处于不断变化的状态而臭名昭著：云供应商经常会发布新服务或开源社区提供的新项目。基于松耦合层的数据平台架构允许你以一种对整个数据平台架构影响最小的方式来响应这些变化。

3.3　将云数据平台层映射到特定工具

当选择可以在数据平台设计规划中使用的服务和工具时，你有多种选择——从 PaaS（平台即服务）到无服务器，再到开源和 SaaS（软件即服务）产品。

接下来，我们将把不同的数据平台层映射到三个主要云环境（AWS、Google Cloud 和 Azure）中所提供的特定服务和工具。每一层都有多个选项。没有一刀切的解决方案，具体的实现取决于许多因素，比如你所在组织的技能、预算、时间安排和分析需求。

当谈到具体实施细节时，我们将遵循以下优先顺序：

1. 来自 AWS、Google 和 Microsoft 的云原生平台即服务解决方案。

2. 无服务器解决方案。

3. 开源解决方案。

4. 商业和第三方 SaaS 产品。

在不同的选择之间存在权衡——通常是在控制、灵活性以及支持与云和内部平台的可移植性之间的权衡。你可以在图 3.18 中看到每个选项是如何沿着权衡连续体进行评级的。

图 3.18　数据平台实现组件选项之间的主要权衡

我们将始终从云供应商为每个数据平台层提供的全托管解决方案（如果存在这样的解决方案）的概况开始。虽然每种类型的解决方案都有优缺点，但 PaaS 解决方案通常提供了一个这样的环境，在这个环境中，你不需要把时间花在与管理服务器、确保不同版本的库实际上可以协同工作等相关的日常任务上。这些解决方案还可以自动化许多耗时的任务，如管理到外部系统的连接或跟踪哪些数据已经被摄取。这可以显著提高从事数据平台项目的团队或个人的工作效率。PaaS 解决方案也是云供应商的一大投资领域，因此总是有新的特性和改进被发布。另一方面，PaaS 解决方案在可扩展性方面通常是最受限的。要引入自己的模块或库、添加新的连接器等通常很困难，甚至不可能。

我们推荐的解决方案列表中的下一个是无服务器解决方案。简言之，云无服务器解决方案允许你执行自定义的应用程序代码，而无须管理你自己的服务器或担心扩展和容错方面的问题。这些解决方案提供了托管云环境的所有好处，而且更加灵活，因为你可以编写自己的代码。如今，不同的云上存在几种不同的无服务器服务，通常包括数据处理服务和短期轻量级云函数。

我们还将提供现有的、可用于实现各种数据平台层的开源解决方案的概况。这些解决方案通常提供了最大的灵活性，包括跨云供应商的可移植性，但通常要求你提供和管理自己的云基础设施。如果开源解决方案的好处超过了提供、监控和维护所需虚拟机的需要，那么这仍然是一种非常可行的方法。由于云支持自动化，因此使用开源解决方案就可能以非常小的工程师团队实现非常高的基础设施稳定性。

当谈到商业或第三方 SaaS 产品时，我们只简要地提及现有的产品，前提是它们拥有相当大的市场份额。在数据管理和 ETL 领域有几十种产品，这个行业的格局正在迅速变化。当特殊功能不能作为 PaaS 或服务提供时，或者当开源替代方案还不成熟时，我们推荐商业 SaaS 解决方案。当公司已经对某个特定产品（包括使用该产品的团队）进行了重大投资，并希望保护投资时，SaaS 也是一个不错的选择。

数据平台实现的现实情况是，你很可能需要混合和匹配多个解决方案。这就是松耦合的分层架构如此重要的原因。接下来，我们将提供关于 AWS、Google Cloud 和 Azure 上可用工具的概述，并尝试提供这些解决方案与我们在本章每一节中所概述的期望属性的评估。

📷 **注意** 今天，我们看到人们对多云解决方案越来越感兴趣，其中有些组织决定使用跨不同云供应商的组件。有时这样做是为了减少被供应商锁定的风险，但更多的时候是为了利用每个云所提供的一流产品。例如，我们曾经看到过这样的情况：一个组织在 AWS 上执行了大量的分析，但决定在 Google Cloud 上实现其机器学习用例。分层的云数据平台设计不仅可以让你在一家提供商内混合和匹配产品和服务，还可以构建成功的多云解决方案。

3.3.1　AWS

AWS 是相对较新的公有云市场中最早的参与者，在全托管的平台即服务和灵活的基础设施即服务（IaaS）领域提供了广泛的产品选择。在本节中，我们将讨论可以用来实现各种数据平台层的特定 AWS 组件，如图 3.19 所示。

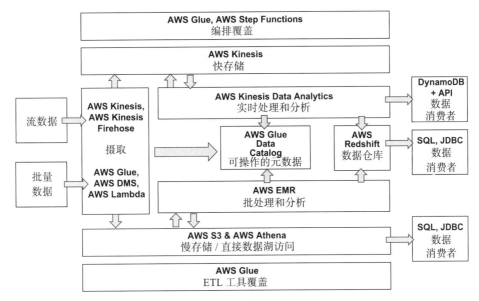

图 3.19　AWS 云数据平台服务

批量数据摄取

对于批量数据摄取，AWS 提供了两个全托管的服务。AWS Glue 可以作为你的摄取机制。目前，Glue 只支持从 AWS S3 存储摄取文件，或者使用 JDBC 连接从数据库读取数据。不支持外部 API 和 NoSQL 数据库。

批量数据摄取的另一个选项是 AWS Database Migration Service。该服务允许你执行历史数据和不间断数据的从内部关系型数据库到不同的 AWS 目的地的迁移。虽然此服务的主要目的是将可操作的数据库迁移到 AWS 管理的数据库服务，但是你可以通过将 S3 指定为目的地，把它用于将数据摄取到数据平台。此外，AWS DMS 还支持从 MS SQL Server、MySQL 和 Oracle 持续获取数据的变更数据捕获（Change Data Capture，CDC），维基百科将 CDC 定义为"一组软件设计模式，用于确定和跟踪已改变的数据，以便可以使用已改变的数据来采取行动"。除非你需要 CDC，否则最好使用 Glue 来执行所有的摄取。这为你提供了一个服务，你可以用来监控摄取状态、配置错误处理、报警等。它还允许你简化作业调度和协调。

要从 AWS Glue 或 DMS 目前还不支持的源摄取数据，你可以使用无服务器的 AWS Lambda 环境来实现并运行你自己的摄取代码。当然，这意味着你需要自己开发、测试和维护摄取代码。

流数据摄取

对于每次只生成一条消息并需要流摄取的数据源，AWS 提供了 AWS Kinesis 服务。Kinesis 通过存储来自源系统（如 CDC 工具）、点击流收集系统（如 Snowplow）或自定义应用程序的消息来充当消息总线，并允许不同的消费者读取这些消息。Kinesis 本身只是一个快速的数据传输服务。这意味着你需要编写代码，其实际上将来自数据源的消息发布到 Kinesis。目前已有预构建的 Kinesis 连接器，但仅适用于少数特定于 AWS 的数据源，如 DynamoDB 或 Redshift。AWS 还为 Kinesis 提供了许多预构建的消费者和转换，称为 Kinesis Firehose，其允许你从 Kinesis 读取消息，修改数据格式（例如，将 JSON 消息转换成 Parquet），并将数据保存到 S3 或 Redshift 等各种目的地。使用 Firehose，你可以快速配置一个数据摄取管道，该管道读取来自 Kinesis 的 JSON 消息，将它们转换为 Parquet（稍后会详细介绍），并将它们保存到 S3 以便进一步处理。

如果你需要更高级的功能来处理传入的流数据，也可以使用 AWS Glue 流特性。Glue 流运行在 Spark Structured streaming 上，允许你摄取和处理来自 Kinesis 与 Kafka 的数据。

作为 Kinesis 的替代方案，你可以使用 Apache Kafka（MSK）的 AWS Managed Streaming。MSK 是一个全托管的 Kafka 集群，你可以像使用一个独立的 Kafka 集群一样使用它。MSK 提供了对现有的 Kafka 的生产者和消费者库的完全兼容。如果你正在将一个基于 Kafka 的现有实时管道迁移到 AWS，那么该选项特别有用。

数据平台存储

AWS S3 是实现可伸缩的、经济高效的数据平台存储的最佳选择。它提供了无限的可伸缩性和很高的数据持久性保证。AWS 为 S3 提供了不同的层，它们具有不同的数据访问延迟和成本属性。例如，对于归档数据或不经常访问的数据，可以使用较慢、较便宜的层；而当响应时间很重要时，可以使用低延迟、更快、更昂贵的层。

批量数据处理

我们之前提到过，Apache Spark 是最流行的分布式数据处理框架之一。AWS 提供了一个名为 Elastic MapReduce（EMR）的服务，该服务允许你（不管名称是什么！）不仅可以执行传统的 MapReduce 作业，还可以运行 Apache Spark 作业。

EMR 最初是为了帮助 AWS 客户将其内部的 Hadoop 工作负载迁移到云上而创建的。它允许你指定要在集群中使用的机器的数量和类型，然后 AWS 负责提供和配置它们。EMR 可以处理存储在本地集群机器上的数据以及存储在 S3 上的数据。

对于数据平台架构，我们将只使用存储在 S3 上的数据。这允许我们只为特定的作业保留 EMR 集群，并在作业完成后自动销毁集群。这种类型的弹性资源使用是云成本管理的主要方法之一。

实时数据处理和分析

虽然 Apache Spark 非常适合批量数据处理和微批量数据处理，但一些现代应用程序和分析用例需要更实时的方法。实时数据分析意味着一次只处理一条消息，而不是把它们分批处理。AWS Kinesis Data Analytics 允许你构建从 AWS Kinesis 读取数据的实时数据处理应用程序。Kinesis Data Analytics 还支持使用 SQL 对实时数据流进行特定查询，这使得没有编程经验的人也可以进行实时分析。如果你使用的是 AWS MSK，也可以使用 Kafka Streams 库实现你的实时处理应用程序。

云仓库

AWS 数据分析领域的旗舰产品之一是 AWS Redshift，这是第一个专门为云设计的仓储解决方案。Redshift 使用了大规模并行处理（Massively Parallel Processing，MPP）架构，即数据分布在 Redshift 集群中的多个节点上。这允许你通过添加更多节点来增加集群的容量。Redshift 还与 S3 和 Kinesis 紧密集成，这使得它可以很容易地以批处理或流模式来加载处理过的数据。

Redshift Spectrum 允许你查询位于 S3 上的外部表，而不必首先将它们加载到仓库中。你仍然需要在 Redshift 中创建外部表并定义它们的模式，但是一旦完成了，你就可以使用 Spectrum 引擎查询这些表，且大部分处理都是在数据仓库之外完成的。请记住，Spectrum 的性能比原生 Redshift 表要差，因为每次运行查询时都需要将数据从 S3 移到 Spectrum 引擎中进行处理。

直接数据平台访问

为了直接访问数据平台中的数据，AWS 提供了一个称为 Athena 的服务。Athena 允许你编写一个将在多台机器上并行执行的 SQL 查询，读取 S3 中的数据并将结果返回给客户端。Athena 的主要好处是 AWS 可以动态地提供特定查询所需的机器，这意味着你不需要维护（并支付）一组永久性的虚拟机。Athena 按每个查询中所处理的数据量收费，这使其成为一种经济高效的特定分析解决方案，而特定分析的完成时间表往往难以预测。

ETL 覆盖和元数据存储库

AWS Glue 不仅可以用于将来自不同源的数据摄取到数据平台中，还可以用于创建和执行数据转换管道。Glue 实际上是基于 Apache Spark 的，并试图简化开发 Spark 作业的过程。它为 AWS 上最常见的数据转换管道提供了模板，并具有灵活的模式支持，跟踪哪些数据已被增量负载所摄取。例如，Glue 有预先构建的模板，允许你将复杂的嵌套 JSON 结构转换成一组关系表，以便加载到 AWS Redshift 中。Glue 可以简化创建多个 Spark 数据管道的过程，但会降低管道代码的可移植性，因为 Glue 使用了标准 Apache Spark 发行版中不可用的 Spark 插件。

此外，Glue 维护了一个 Data Catalog（数据目录），其包含你在 S3 存储上所有数据集的模式。Data Catalog 使用了一个自动发现进程，其中 AWS Glue 会定期扫描 S3 上的数据，以保持目录是最新的。Glue 还维护了有关管道执行情况的大量统计信息，比如处理的行数和字节数等。这些指标可用于管道监控和排错。

编排层

AWS Glue 支持调度 ETL 作业，并允许你为更复杂的工作流配置不同作业之间的依赖关系。Glue 调度功能仅限于在 Glue 覆盖中实现的作业。如果你使用多个服务进行数据摄取和处理，比如 DMS 或 lambda 函数，则可以使用 AWS Step Functions 来构建跨多个服务的工作流。

另一个 AWS 编排选项是 Data Pipeline。Data Pipeline 专注于调度和执行从一个系统到另一个系统的数据传输。例如，你可以安排定期将 S3 上的文件加载到 Redshift 中，或者在 EMR 上运行数据转换作业。Data Pipeline 支持有限数量的系统，它可以将数据拷贝到这些系统中，或从这些系统中拷贝数据。Data Pipeline 在功能上与 Glue 有些重叠，但其侧重于不可扩展的、预定义的开箱即用操作。

数据消费者

AWS 支持不同类型的数据消费者。通过 JDBC/ODBC 驱动程序支持 SQL 的应用程序可以连接到 Redshift 或 Athena，以在这些系统上执行 SQL 语句。这包括 Tableau、Looker、Excel 等工具以及其他现成的工具。AWS 还提供了 Web 界面，数据分析人员可以在界面中运行特定分析，而不必在本地系统上安装驱动程序。

如果你需要向要求低延迟响应时间的应用程序提供数据或实时分析结果，那么使用连接到数据仓库或数据平台的 JDBC/ODBC 连接器并不是理想的解决方案。这些系统具有固有的延迟，是为大规模数据分析而设计的，而不是为了快速的数据访问而设计的。对于低延迟的用例，你可以将数据从实时层传递到名为 DynamoDB 的 AWS 键 – 值存储中。DynamoDB 提供了快速的数据访问（特别是当与 DynamoDB Accelerator 等缓存机制结合使用时）。你的应用程序可以直接访问 DynamoDB，如果你想控制数据的公开方式，可以构建一个 API 层。其他快速的数据访问的选项包括使用 Amazon 的托管关系型数据库服务，比如 AWS RDS 或 AWS Aurora。

3.3.2　Google Cloud

Google Cloud 在公有云领域是一个相对较新的参与者。Google Cloud 提供了类似 AWS 和 Azure 基础设施即服务组件的功能，包括虚拟机、联网和存储。Google Cloud 在数据处理和分析服务中脱颖而出。Google 内部已经开发和使用了许多 Google Cloud 工具。这意味着这些工具已经进行了大规模和高负载的测试。另一方面，这些工具是为了解决 Google 特有的问题而设计的，经过改进后现在可以适应更广泛的市场需求。在本节中，我们将提供对 Google Cloud 工具的概述，你可以使用这些工具来实现如图 3.20 所示的云数据平台。

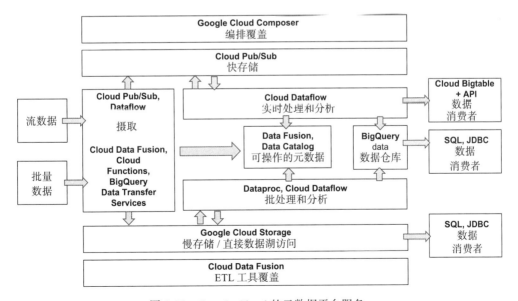

图 3.20　Google Cloud 的云数据平台服务

批量数据摄取

Google Cloud 提供了多种服务来执行批量数据摄取——Cloud Data Fusion 、 Cloud Functions 和 BigQuery Data Transfer Service。

Cloud Data Fusion 是一个 ETL 覆盖服务，允许用户使用 UI 编辑器来构建数据摄取和数据处理管道，然后使用不同的数据处理引擎（如 Dataproc 和 Cloud Dataflow）来执行这些管道。Cloud Data Fusion 支持使用 JDBC 连接器从关系型数据库摄取数据，以及从 Google Cloud Storage 摄取文件。Cloud Data Fusion 还具有从 FTP 和 AWS S3 摄取文件的连接器。与其他托管 ETL 服务不同，Cloud Data Fusion 是基于一个名为 CDAP 的开源项目（https://cdap.io/）。这意味着你可以自己为各种数据源实现插件，而不受开箱即用的限制。

与 AWS Lambda 一样，Google Cloud 也为称为 Cloud Functions 的自定义代码提供了一个无服务器执行环境。Cloud Functions 允许你实现从 Cloud Data Fusion 或 BigQuery Data Transfer Service 当前不支持的源摄取数据。由于 Cloud Functions 限制了每个函数在被 Google Cloud 终止前可以运行的时间，因此 Cloud Functions 不太适合大数据摄取用例。在写操作时，时间限制为 9 分钟。

BigQuery Data Transfer Service 是将数据摄取到数据平台的数据仓库部分的另一种可行选择，在本例中数据平台是 Google 的 BigQuery。BigQuery Data Transfer Service 允许你直接将数据从 Google 所拥有和运营的 SaaS 源（如 Google Analytics、Google AdWords、YouTube 统计信息等）中摄取到 BigQuery。它还通过与数据集成 SaaS 公司 Fivetran（https://fivetran.com/）的伙伴关系，支持从数百家其他 SaaS 提供商摄取数据。Google Cloud 通过 Google Cloud Web 控制台来为 Fivetran 连接器提供服务，并统一收费，但集成服务本身是由 Fivetran 提供的。

使用 BigQuery Data Transfer Service 的缺点是数据直接进入了数据仓库，这限制了你以后访问和处理数据的方式。如果你的数据分析用例需要从许多不同的 SaaS 提供商（如 Google Analytics、Salesforce 等）摄取数据，那么与使用 Transfer Service 直接将数据摄取到数据仓库相关的简单性可能会超过更大的架构考量。

BigQuery Data Transfer Service 也在扩展，以支持从关系型数据库摄取数据，类似于 AWS 的 Database Migration Services。目前，只支持 Teradata 作为源 RDBMS。在这种情况下，BigQuery Data Transfer Service 实际上首先将数据保存到 Google Cloud Storage，这使得其更适合云数据平台架构。

流数据摄取

Cloud Pub/Sub 服务为需要以流方式摄取的数据提供了一个快速消息总线。Pub/Sub 在功能上与 AWS Kinesis 类似，但目前支持更大的消息尺寸（AWS Kinesis 为 1 MB，Pub/Sub 为 10 MB）。

Cloud Pub/Sub 只是一个消息存储和传递服务，不提供任何预构建的连接器或数据转换。你需要开发用于发布和消费来自 Pub/Sub 的消息的代码。Pub/Sub 提供了与 Google Cloud Dataflow 的集成以进行实时数据处理，还提供了与 Cloud Functions 的集成以进行数据分析。

数据存储平台

Google Cloud Storage 是 Google Cloud 上主要的可扩展且经济高效的存储产品，它支持多个存储层，不同存储层的数据访问速度和成本各不相同。Google Cloud Storage 还与许多 Google Cloud 数据处理服务（如 Dataproc、Cloud Dataflow、BigQuery）进行了集成。

批量数据处理

Google Cloud 提供了两种不同的方式来批量处理数据：Dataproc 和 Cloud Dataflow。

Dataproc 允许你启动一个全配置的 Spark/Hadoop 集群，并在其上执行 Apache Spark 作业。这些集群不需要在本地存储任何数据，它们可以是临时的，也就是说如果所有数据都存储在 Google Cloud Storage 上，那么只有在数据转换作业运行期间才需要 Dataproc 集群，从而节省了资金。

Cloud Dataflow 也可以处理来自 Cloud Storage 的数据的 Google Cloud 服务。Cloud Dataflow 是一个 Apache Beam 数据处理框架的全托管执行环境，可以根据需要处理的数据量来自动调整作业所需的计算资源。可以把 Apache Beam 看作 Apache Spark 的替代品，并且，与 Spark 一样，它也是一个用于分布式数据处理的开源框架。

Beam（Cloud Dataflow）和 Spark（Dataproc）之间的主要区别是，Beam 为批量和实时数据处理提供了相同的编程模型。另一方面，Spark 是一种更加成熟的技术，已经在多个生产环境中得到了验证。

实时数据处理和分析

在 Google Cloud 上执行实时数据处理或分析的主要云原生方法是将 Cloud Pub/Sub 与运行在 Google Cloud Dataflow 服务上的 Apache Beam 作业结合使用。Beam 为实时管道提供了强大的支持，包括窗口、触发器、处理延迟到达的消息等。Cloud Dataflow 目前支持

Java 和 Python Beam 作业。目前还不支持 SQL，但预计会添加到将来的版本中。

Cloud Dataflow 与 Apache Beam 实时处理和分析的替代方案是运行在 Dataproc 集群上的 Spark Streaming。用于实时数据处理的 Spark Streaming 方法通常被称为微批量。Spark Streaming 不会一次只处理一条消息，相反，它将传入的消息组合成小组（通常只有几秒钟长），并一次性处理这些微批量消息。在 Google Cloud 上选择 Apache Beam 还是 Spark Streaming 作为实时数据处理引擎通常取决于你是否已经对 Apache Spark 进行了投资。这可能包括你的团队所拥有的技能或现有的代码库。Google 正在对其 Cloud Dataflow + Beam 组合进行重大投资，因此从长远来看，对于新的开发，这可能是一个更好的选择。此外，当涉及实时数据处理时，Beam 提供了更丰富的语义。因此，如果你的大多数管道都是或将是实时的，那么 Beam 是一个不错的选择。

云仓库

BigQuery 是 Google 在托管云数据仓库领域提供的产品。它是一个分布式数据仓库，具有几个独特的特性——自动计算能力管理以及对复杂数据类型的强大支持。其他云仓库将需要你预先指定集群中需要多少节点以及节点的类型，而 BigQuery 则自动为你管理计算能力。对于你发出的每个查询，BigQuery 将决定你需要多少处理能力，并只分配所需的资源。BigQuery 提供了一个按查询计费的模型，你只需为每个查询所处理的数据量付费。这对于低容量分析工作负载或特定的数据探索用例非常有效，但它会使 BigQuery 成本难以预测或估计。BigQuery 还对数组和嵌套数据结构等复杂的数据类型提供了强大的支持，如果你的数据源是基于 JSON 的，那么 BigQuery 是一个不错的选择。

直接数据平台访问

目前 Google Cloud 还没有专门的服务可以直接访问数据湖中的数据。BigQuery 支持外部表，允许你创建物理存储在 Google Cloud Storage 上的表，而不必先将数据加载到 BigQuery 中。BigQuery 还允许你创建仅在会话期间存在的临时外部表。临时外部表非常适合在数据湖上进行特定的数据探索。使用 BigQuery 作为数据平台访问机制的限制是目前需要为每个外部表提供一个模式。这对于特定分析来说是一个很大的障碍，因为在这个阶段模式通常是未知的。与在 Google Cloud Storage 中的数据直接打交道的另一种方法是提供一个临时的 Dataproc 集群，并使用 Spark SQL 来查询数据湖中的数据。Spark 可以自动推断大多数流行文件类型的模式，使数据发现更容易。

ETL 覆盖和元数据存储库

Cloud Data Fusion 是 Google Cloud 上提供的一个托管 ETL 服务。Cloud Data Fusion 允许数据工程师使用 UI 编辑器来构建数据处理和分析管道，然后将这些管道转换为在 Google Cloud 上大规模执行的数据处理框架之一。目前，只支持在 Dataproc 上运行的 Apache Spark，未来的版本计划使用 Apache Beam。使用 ETL 覆盖（如 Cloud Data Fusion）的主要好处是，它为人们提供了搜索现有数据集的机制，并能够立即看到哪些管道和转换会影响它们。这允许你执行快速影响分析，以了解如果给定管道发生了变化，哪些数据将会受到影响。Cloud Data Fusion 还跟踪关于管道执行的一些统计信息，如所处理的行数、不同阶段所需的时间，等等。这些信息可用于监控和调试。

编排层

Cloud Composer 是一个用于复杂作业编排的全托管服务。它基于一个流行的 Apache Airflow 项目，可以执行现有的 Airflow 作业而无须任何修改。Airflow 允许你编写包含多个步骤的作业。例如，步骤可以是这样的：从 Google Cloud Storage 读取一个文件，启动一个 Cloud Dataflow 作业来处理它，并在成功或失败时发送一个通知。Airflow 还支持作业之间的依赖关系，并允许你根据需要重新运行单独的步骤或完整的作业。Cloud Composer 使管理 Airflow 环境变得更加容易，因为提供所需的虚拟机、安装和配置软件等都是服务的一部分。

数据消费者

BigQuery 目前还没有对 JDBC/ODBC 驱动程序的原生支持，但是这些驱动程序可以从第三方公司 Simba Technologies 免费获得。BigQuery 原生数据访问都是通过 REST API 完成的，因为 BigQuery 更像是一个全局的 SaaS，而不是一个典型的数据库。Simba 的 JDBC/ODBC 驱动程序充当了 JDBC/ODBC API 和 BigQuery REST API 之间的桥梁。

与协议转换一样，这里存在一些限制，主要围绕响应延迟和总吞吐量。这些驱动程序可能不适合需要低延迟响应或需要从 BigQuery 提取大量（几十 GB）数据的应用程序。幸运的是，许多现有的 BI 和报告工具都在实现原生 BigQuery 支持，不再需要 JDBC/ODBC 驱动程序。

你应该检查计划与 Google Cloud 数据平台一起使用的报告或 BI 工具是否支持 BigQuery。当涉及需要实时数据访问的数据消费者时，Google Cloud 提供了一个名为 Cloud Bigtable 的快速键 – 值存储，其可以用作缓存机制。与 AWS 一样，你需要实现和维护将结果从实时管道加载到 Cloud Bigtable 的应用程序代码，然后要么在 Cloud Bigtable 之上构建一个自定义 API 层，要么在你的应用程序中直接使用 Cloud Bigtable API。

3.3.3 Azure

Azure 是 Microsoft 的一项公有云服务，Microsoft 在实现与其旗舰产品 MS SQL Server RDBMS 相关的数据产品方面有着悠久且非常成功的历史。Azure 提供了一系列基于 MS SQL Server 的服务，但它们也有一套全新的云原生产品，包括 Data Factory、Cosmos DB 等。在本节中，我们将概述 Azure 工具，你可以使用这些工具来实现如图 3.21 所示的云数据平台。

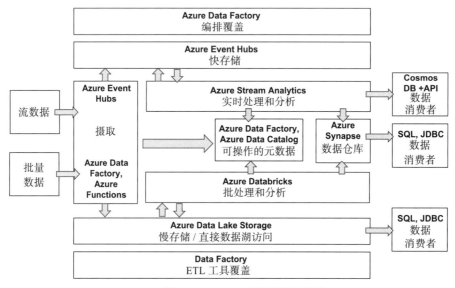

图 3.21　Azure 云数据平台服务

批量数据摄取

Azure Data Factory 是一个支持批量摄取的 ETL 覆盖服务。目前，Data Factory 支持各种 RDBMS 产品，从 FTP、Azure Blob Storage、S3 和 Google Cloud Storage 中摄取平面文件。像 Cassandra 和 MongoDB 等 NoSQL 数据库，以及像 Salesforce 和 Marketo 等越来越多的外部 SaaS 平台连接器。Data Factory 还集成了大多数 Azure 数据产品，如 Cosmos DB、Azure SQL Database 等。与 AWS 和 Google ETL 覆盖相比，Data Factory 提供了最大的连接器库，并以通用 HTTP 连接器的形式支持一些扩展性。你可以使用此连接器来实现自己的

REST API（内部或外部）摄取管道，这些 API 目前可能还没有得到开箱即用的支持。与其他云提供商一样，Azure 支持名为 Azure Functions 的无服务器执行环境，你可以使用目前支持的两种语言之一（Java 和 Python）来实现摄取机制。

流数据摄取

Azure Event Hubs 是一个允许你从流式源发送和接收数据的服务，其在功能上与 AWS Kinesis 和 Google Cloud Pub/Sub 类似。Event Hubs 的一个独特特性是它与 Apache Kafka API 的兼容性。我们将在本章的后面讨论 Kafka，但是 API 兼容性意味着如果你在 Kafka 方面已有投资或技能，那么迁移到 Event Hubs 会很容易。Event Hubs Capture 是对 Event Hubs 的支持服务，其允许你将来自 Events Hubs 的消息保存到各种 Azure 服务中，比如 Azure Blob Storage 或 Azure Synapse。

数据平台存储

与其他主要的云提供商类似，Azure 提供了一种可扩展且经济高效的数据存储服务，称为 Azure Blob Storage。在此服务之上，Azure 实现了一个名为 Azure Data Lake Storage 的新服务。与常规的 Azure Blob Storage 相比，该服务提供了一些改进，特别是在涉及大规模数据处理作业的性能时。

批量数据处理

Azure 不提供 AWS EMR 或 Google Cloud Dataproc 等服务。相反，它们与一家名为 Databricks 的公司合作，提供了一个灵活的环境来执行 Apache Spark 作业。Databricks 是由 Apache Spark 的原创建者创建的，目前在 Azure 和 AWS 上提供托管的 Spark 环境。Azure Databricks 提供了与 Azure 生态系统其余部分的无缝集成。它有连接器来与 Azure Data Lake Storage 中的数据打交道，向 Azure Warehouse 读写数据，等等。

实时数据处理和分析

Azure Stream Analytics 是一个允许你对来自 Event Hubs 的消息执行数据转换和分析的服务。Stream Analytics 使用一种类似 SQL 的语言来实现这一点。你可以将 Stream Analytics 作业的结果保存到多个受支持的目的地。目前，这包括一个新的 Event Hubs 目的地、Azure Data Lake Storage、一个 SQL 数据库，以及 Cosmos DB。由于 Event Hubs 与 Kafka 兼容，因此你也可以实现自己的 Kafka Streams 实时管道或者迁移现有的管道。

云数据仓库

Azure Synapse 是一个可扩展的、云原生仓库服务。它建立在成熟的 MS SQL Server 技术之上，并提供了几个引人注目的特性。首先，Azure Synapse 将存储与计算资源分开。当创建一个新的 Azure Synapse 仓库时，只需指定需要多少计算能力，因为存储会根据你的需要自动调整。这意味着你可以根据需要向上或向下扩展 Azure Synapse 数据仓库的计算资源，同时保持存储中的数据完好无损。例如，你可以在非工作时间或周末切换到较低的计算机层以降低成本。Azure Synapse 模型是 AWS Redshift 和 BigQuery 的混合体，前者的数据必须存储在集群机器上，后者是 Google Cloud 为你管理计算和存储容量。在 Azure Synapse 中，你可以完全控制需要多少计算，并为你管理存储。由于 Azure Synapse 是建立在关系型数据库技术之上的，所以它提供了强大的 SQL 支持，并与所有支持 JDBC/ODBC 驱动程序的工具兼容。Azure Synapse 现在也支持存储和处理 JSON 数据。

直接数据平台访问

访问和处理存储在 Azure Blob Storage 中的数据的推荐方法是使用 Azure Databricks 平台。Databricks 是一家提供基于 Apache Spark 的数据处理平台的第三方公司。Databricks 极大地简化了创建和管理 Spark 集群的工作，并专注于为多个团队在同一个数据集上工作提供一个协作环境。你可以使用 Spark SQL 发出 SQL 查询来直接处理 Blob Storage 中的数据，也可以使用原生的 Spark API。Databricks 允许你轻松创建多个独立的集群，这些集群可以访问相同的数据集。这简化了资源管理，并允许对处理集群进行微调，以适应特定的任务。

Azure Databricks 服务的独特之处在于，它原生地集成到 Azure 平台中，看起来和感觉上就像另一个 Azure 服务。Azure API 允许你创建和管理 Databricks 工作空间，并且 Azure 提供了与其他数据服务（如 Data Factory、Azure Synapse 等）的开箱即用的集成。

ETL 覆盖和元数据存储库

Azure Data Factory 是一个 ETL 服务，你可以使用它从源中摄取数据、处理数据，然后将数据保存到各个目的地。Data Factory 提供了一个 UI，你可以用来构造、执行和监控管道，但它也有非常强大的 API 支持，这使得自动化管道的创建和部署成为可能。这是一个重要的特性，它允许你的 ETL 管道成为持续集成 / 持续部署（CI/CD）过程的一部分。

Data Factory 目前对开箱即用的数据转换的支持有限——主要是将文件从一种格式转换为另一种格式。为了允许用户执行更复杂的转换，Data Factory 提供了到 Azure Databricks 的钩子（hook）。通过这种方式，你可以使用 Data Factory 从源中摄取数据，然后使用

Azure Databricks 钩子执行复杂的 Spark 转换作业。当涉及特定于管道的元数据时，Azure Data Factory 捕获并允许你监控管道成功 / 失败、持续时间等指标。目前，能用的指标的数量非常有限，并且不允许你捕获模式变化、数据量变化等事件。

Google Cloud Data Catalog 是一个单独的服务，更侧重于业务元数据（向其他数据添加业务上下文的数据，提供由业务人员编写或使用的信息）和数据发现功能。它与各种 Azure 和外部源集成，允许你创建现有数据资产的可搜索目录。此外，它还可以为支持 SQL 访问的源执行基本数据分析（总行数、每列中的不同值或空值的数量等）。

编排层

Azure Data Factory 提供了管道调度功能，还支持复杂的管道依赖关系。例如，你可以创建一个管道链，当一个管道成功完成时，它会触发另一个管道，以此类推。

数据消费者

Azure Synapse 提供了对 SQL 消费者的全面支持，包括 JDBC/ODBC 驱动程序。这意味着你可以轻松地将喜欢的报表客户端、BI 或 SQL 与其连接。Azure Databricks 还为报告工具提供了 JDBC/ODBC 连接，但是要使用它，你必须确保有一个 Azure Databricks 集群能够处理始终打开的传入查询。这种方法可能代价昂贵。对于需要实时直接访问数据平台的应用程序消费者，Azure 提供了一个快速的面向文档的数据库，称为 Cosmos DB。你可以将实时分析的结果保存在那里，然后使用客户端库将应用程序直接连接到 Cosmos DB，或者围绕它构建一个 API 层来实现更可控的数据访问。

3.4　开源和商业替代方案

在某些情况下，公有云提供商提供的服务无法满足你的特定需求。多年来，我们已经看到了以下情况，即云原生服务可能不适合：

❑ **功能限制**——云原生服务发展迅速，但其中一些确实很新，可能没有你需要的所有特性。

❑ **成本**——取决于数据量，云提供商的计价模型可能导致成本对你的用例不合理。

❑ **可移植性**——越来越多的组织需要实现多云解决方案，以避免提供商锁定或利用每个提供商提供的最佳服务。

在本节中，我们将概述一些开源或商业软件替代方案。并非云数据平台的所有层都有一个有效的开源或商业软件替代方案。例如，在云中部署和管理分布式仓库往往要么成本过高，要么性能不够（或两者兼而有之），即使存在像 Apache Druid 这样的开源解决方案。

3.4.1　批量数据摄取

数据摄取是任何数据平台的主要组成部分，无论是云数据平台还是传统的内部仓库。这就是为什么有很多工具可以扮演这个角色，包括开源和第三方商业产品。

Apache NiFi 是流行的开源解决方案之一，其允许你连接到各种数据源，并将数据引入云数据平台。NiFi 使用了一个可插拔的架构，允许你使用 Java 创建新的连接器，但也提供了一个大型的现有连接器库。Talend 是另一个流行的 ETL 解决方案，你可以使用它来实现数据摄取层。Talend 使用开放核心模型，其中基本功能是免费和开源的，但是企业级功能需要商业许可证。Talend 不仅仅是一个摄取工具，而且使用它的整个解决方案生态系统（包括数据分析、调度等）更有意义。

还有许多现有的第三方 SaaS 解决方案，它们专门用于将来自不同源的数据引入云环境。Alooma（2019 年被 Google 收购）和 Fivetran 就是这类服务的两个例子。这些 SaaS 服务通常提供一组非常丰富的连接器和其他特性，如监控或轻量级的数据转换。使用 SaaS 提供商进行数据摄取的局限性包括必须通过第三方发送数据，从安全的角度来看，这可能并不总是可以接受的。此外，这些工具专门用于将数据直接写入数据仓库，因此很难将它们集成到灵活的数据平台架构中。

3.4.2　流数据摄取和实时分析

我们经常看到使用开源解决方案而不是云原生服务来实现快速消息存储、流数据摄取和实时数据处理。这是因为 Apache Kafka 是这一领域领先的开源解决方案。Kafka 为你的流数据源提供了一个快速的消息总线，但也有一个 Kafka Connect 组件，允许你轻松地将来自不同源的数据摄取到 Kafka。它还支持 Kafka Streams——一种实现实时数据处理或分析的应用程序的方法。选择 Kafka 而不是云原生解决方案的原因是性能、特性集丰富以及现有的专业知识。如果你对 Kafka 已有投资或者有非常具体的性能要求，则可以考虑使用这种技术在云中实现流解决方案。与任何开源解决方案一样，它的缺点是需要在管理 Kafka 集群方面进行投资。

3.4.3　编排层

Apache Airflow 是一个流行的开源作业编排工具，允许你构造复杂的作业依赖关系，并提供日志记录、报警和重试机制。Google Cloud Composer 编排服务是基于 Apache Airflow 技术的。在云服务上使用 Airflow 的好处是灵活性，因为 Airflow 作业配置是使用 Python 编程语言创建的，其允许你创建动态的作业定义。例如，你可以创建一个 Airflow 作业，该作业可以根据外部配置改变其行为，或者借助外部服务来获取配置参数。

总结

- ❏ 一个好的现代数据平台架构将有 6 个层 [数据摄取层、数据处理层、元数据层、服务层，以及两个覆盖层（编排层和 ETL 层）]，它们协调跨多个层的工作。

- ❏ 数据平台架构中的每一层都扮演着非常具体的角色，从架构的角度来看，把这些层变为"松耦合的"或把通过定义良好的接口进行通信的层分开，以及不依赖于特定层的内部实现是一个好主意。这将允许你更轻松地混合和匹配不同的云服务或工具，以实现你的目标，并对可用服务的变化做出响应，同时最小化对数据平台的影响。

- ❏ 当数据处理领域正在转向数据流和实时解决方案时，构建数据摄取层以支持将批量和流摄取作为主流是一种很好的架构思维。通过这种方式，你将始终能够摄取任何数据源，无论它们来自何处。

- ❏ 数据摄取层应该能够安全地连接到各种数据源，以流或批量模式将数据从源传输到数据平台，而无须对数据本身或其格式进行重大修改，以及在元数据存储库中注册统计信息和摄取状态。重点确保你的数据摄取层具有可插拔的架构、可伸缩性、高可用性和可观察性。

- ❏ 数据平台中的存储层必须存储长期和短期的数据，并以批量或流的方式使数据用于消费。专注于将你的存储层设计成可靠的、可扩展的、高性能及经济高效的。

- ❏ 处理层是数据平台实现的核心，应该能够以批量或流的方式从存储中读取数据，可以应用各种类型的业务逻辑，并为数据分析师和数据科学家提供一种以交互方式处理数据平台中的数据的方法。

- ❏ 设计你的数据处理层以提供直接的数据平台访问。考虑使用分布式 SQL 引擎（它可以直接处理数据平台中的文件）、分布式数据处理引擎 API，或者直接从数据湖读取文件。

❑ 数据平台元数据存储保存了关于不同数据平台层活动状态的信息，并为层提供一个接口来获取、添加和更新存储中的元数据。这对于自动化、监控和报警以及开发人员的生产效率都非常重要。它还允许我们将不同的层彼此解耦，减少了与相互依赖相关的复杂性。

❑ 数据平台中的技术元数据管理是一个相对较新的课题。现有的解决方案很少能够完成所需的所有任务，因此就目前的情况而言，你可能需要不同的工具和服务的组合来实现一个功能齐全的技术元数据层。

❑ 服务层将分析处理的结果交付给各种数据消费者。业务用户通常使用基于 SQL 的工具通过数据仓库来访问数据。编程式数据消费者需要一个专门的 API 来消费来自数据湖的数据，通常是实时的。

❑ 编排层根据依赖关系图协调多个数据处理作业，并处理作业失败和重试。它应该是可伸缩的、高可用的、可维护的和透明的。

❑ ETL 覆盖层是一种或一套产品，其主要目的是使云数据管道的实现和维护更加容易。这些产品吸收了各种数据平台架构层的一些职责，并提供了一种简化的机制来开发和管理特定的实现。

❑ ETL 覆盖工具跨多个层工作，因为它们负责添加和配置来自多个源的数据摄取（摄取层），创建数据处理管道（处理层），存储关于管道的一些元数据（元数据层），以及协调多个作业（编排层）。

❑ 云数据平台实现的现实情况是，你很可能需要混合和匹配多个工具，而在分层架构中使用 PaaS 服务将以最小的维护成本为你带来敏捷性和灵活性之间的平衡。选择使用哪些工具需要你根据特性、易用性、可伸缩性等来评估你的特定需求。

❑ 在 AWS 云中，可以考虑使用 Glue、DMS、Kinesis、Kinesis Firehose、Lambda、Google Cloud Data Catalog、Step Functions、S3、EMR、Kinesis Data Analytics、Redshift、Athena 和 DynamoDB。

❑ 在 Google 云中，可以考虑使用 Cloud Pub/Sub、Cloud Dataflow、Cloud Data Fusion、Cloud Functions、BigQuery、BigQuery Data Transfer Service、Cloud Composer、Dataproc、Cloud Catalog 和 Cloud Storage。

❑ 在 Azure 云中，可以考虑使用 Data Factory、Event Hubs、Azure Functions、Databricks、Data Catalog、Stream Analytics、Data Lake Analytics、Data Lake Storage、Azure Synapse 和 Cosmos DB。

3.5 练习答案

练习 3.1：

3. 一些数据源不支持实时摄取。

练习 3.2：

2. 支持批量和实时处理。

练习 3.3：

1. 支持不同需要和需求的消费者。

练习 3.4：

3. 管理不同数据处理作业之间的依赖关系。

Chapter 4 | 第 4 章

将数据导入平台

本章主题：

❏ 理解数据库、文件、API 和流。

❏ 使用 SQL 从 RDBMS 摄取数据与变更数据捕获。

❏ 解析和摄取来自各种文件格式的数据。

❏ 开发应对源模式变化的策略。

❏ 设计摄取管道来应对数据流的挑战。

❏ 为 SaaS 数据构建摄取管道。

❏ 在你的摄取管道中实施质量控制和监控。

❏ 讨论云数据摄取在网络和安全方面的考虑。

现在你应该能够构建一个良好的、分层的数据湖。是时候开始深入研究其中的几个层了。

在本章中，我们将重点关注摄取层。在开始使用云数据平台通过传统或高级分析或报告生成结果之前，你需要用数据来填充它。数据平台的关键特征之一是能够以其原有格式摄取和存储所有类型的数据。这种多样性确实带来了挑战，因此我们将介绍最流行的数据类型——RDBM、文件、API 和流——并帮助你从摄取的角度来理解它们的不同。我们还将讨论网络和安全方面的考虑因素，不管要摄取的数据源是什么，这些因素都适用。

在本章结束时，你将能够为各种类型的数据源和用例选择最合适的摄取方法，并为每种数据源和用例设计一个健壮且合适的摄取过程。你还将能够指导开发人员识别和处理常见的摄取挑战，包括映射数据类型、自动化和数据波动性。最后，你将能够预测并解决摄取数据时最常见的问题。

4.1　数据库、文件、API 和流

建立可靠的数据摄取管道的重要性和复杂性常常被忽视。

复杂性来自这样一个事实：现代数据平台必须支持从各种不同的数据源（还记得第 1 章中的三个 V 吗？）摄取数据，而且通常是以高速和一致的方式来摄取。在本章中，我们将对常见的数据源类型做一个概述，并就如何为每种数据源建立一个健壮的摄取过程提供一些指导。我们将特别关注数据库（关系型数据库和 NoSQL）、文件、API 和流。

> **注意**　如果你有使用传统数据仓库的经验，那么本章可能会涵盖你已经知道的内容，但是由于数据平台越来越多地由不一定来自传统的数据仓库领域的数据工程师所设计，所以我们觉得，为了他们的利益，包含这一细节非常重要。

每种源类型都有自己的特征。例如，关系型数据库总是具有与每个列相关联的数据类型，并被组织成表。平面的 CSV 文件也有类似表的格式，但是没有附加到列的数据类型信息，因此你需要弄清楚如何在平台中处理这一问题。图 4.1 说明了对每种数据源类型最常见的考虑。

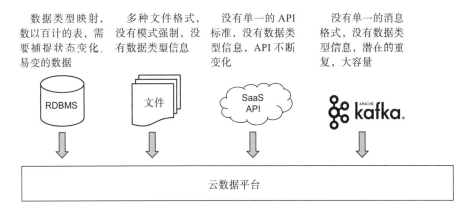

图 4.1　常用的数据源类型

下一节将介绍这些数据源，探讨每个数据源的属性，这些属性将对你将它们摄取到数

据平台的能力产生重大影响，而且在准备从这些数据源摄取数据时需要记住一些关键事项。接下来，我们将深入研究每种数据源类型，并概述关于如何为每种数据源在设计和实现数据平台摄入层方面的具体指导原则和技巧。

4.1.1 关系型数据库

关系型数据库（称为 RDBMS）是集成到数据平台中的最常见的数据源之一。如今，RDBMS 为大多数负责业务运营的应用程序提供了动力，并包含有关支付、订单、预订等核心业务交易的有价值的信息。RDBMS 中的数据被组织成表，每个表包含一个或多个列。列具有与其相关联的明确的数据类型（如字符串型、整型、日期型等），RDBMS 负责确保不会将错误类型的数据插入数据库中。关系型数据库中的数据通常是高度规范化的，这意味着数据实体被拆分为多个表，这些表可以在查询时使用一个公共键连接起来。因此，在数据库中有成百上千个不同的表并不罕见。最后，由于这些数据库的可操作性质，这些数据库中的数据一直在变化：新订单到来、修改、取消或交付。

当涉及将数据摄取过程实现到公共数据平台时，这些 RDBMS 属性意味着什么？以下是一些最重要的考虑因素：

❑ **映射数据类型**——源数据库中的列数据类型必须映射到目标云仓库。不幸的是，每个 RDBMS 和云提供商都有自己的一组受支持的数据类型。虽然有许多类型是重叠的，比如字符串型、整型和日期型，但总有一些数据类型对于特定的供应商来说是唯一的，或者在不同的数据库中行为不同。例如，TIMESTAMP 类型可以有不同的精度（微秒、纳秒等），而 DATE 类型可以期望日期被格式化成某种形式，等等。

❑ **自动化**——由于 RDBMS 通常由数百个不同的表组成，因此你的摄取过程必须是高度可配置和可自动化的。没有人有时间为 600 个不同的表手动配置摄取。即使你有时间手动去做，也很可能在此过程中犯错误，最终导致一个脆弱且不可复制的摄取过程。

❑ **波动性**——RDBMS 中的数据通常是高度波动性的——业务从来不是静态的，而且很多业务操作都被捕获在数据库中。例如，如果你正在处理一个大型电子商务网站，将看到每秒有数百或数千个订单正在被下、被处理、被编辑或被取消。这又会导致影响几十个表的数据变化。你的摄取过程必须能够处理不断变化的数据，在给定的时间点捕获数据状态，并将其交付到数据平台，在那里数据可以被进一步处理和分析。

4.1.2　文件

文件是数据平台另一个常见的数据源。它们通常是文本或二进制文件，通过 FTP 协议发送到目标系统，或放在 Google Cloud Storage（GCS）、S3 或 Azure Blob Storage 等云存储中，摄取过程会在这些云存储中获取它们。值得一提的是，我们已经看到了一些将数据传递到数据平台的更奇特的方式，例如将文件作为附件发送到专用的电子邮件地址。出于安全性和可靠性的考虑，我们强烈建议不要采用这种方法。

尽管文件很简单，但从摄取的角度来看，处理它们确实很棘手。首先，它们有许多不同的格式。最流行的文本格式是 CSV、JSON 和 XML。二进制格式稍微不太常见，可能包括 Avro 或协议缓冲区（protobuf）。文本文件格式不包括任何列类型信息，并且通常不对数据或文件结构本身施加任何约束。这意味着，即使对于相同的源，也不能保证你所接收到的文件将遵循一致的结构。因此，你的摄取过程必须非常适应变化，必须能够处理许多不同的边缘情况。

以下是构建基于文件的摄取过程时的一些考虑：

❑ **解析不同的文件格式**——你需要解析不同的文件格式：CSV、JSON、XML、Avro 等。对于文本文件格式，可能无法保证生成文件的人会遵循与解析器所期望的相同约定。

❑ **处理模式变化**——与 RDBMS 不同，对于数据生产者来说，向 CSV 文件添加一个新列或向 JSON 文档添加一个新属性是很容易的，因此经验表明，模式变化的情况在基于文件的数据源中是非常常见的。你的摄取过程需要能够处理这种情况。

❑ **快照和多个文件**——与高度易变的 RDBMS 数据不同，文件通常代表某些数据集在某一时间上的快照。基于文件的数据源的典型流程是：从其他系统提取数据，将其保存为文本文件，然后传递到目的地。单个文件既可以表示源系统的完整快照（例如，所有订单），也可以表示数据增量（例如，自昨天以来的新订单）。任何给定的摄取批量也可以作为单个文件或多个文件来传递。你的摄取过程必须考虑所有这些选项。

4.1.3　通过 API 的 SaaS 数据

几乎不可能找到一个不依赖 SaaS 产品进行业务运营的企业。SaaS 产品（如 Salesforce 或 Marketo）承载着一些业务上最重要的数据集。将客户数据（Salesforce）和营销活动数据（Marketo）与有关业务交易的信息（RDBMS）相结合是统一数据平台的共同期望的结果。大多数 SaaS 公司允许你使用 REST API 提取数据。通常这是一个 HTTP 请求，它以 JSON 格式返回一些数据。你还可以选择将数据下载为平面 CSV 文件，但是由于 API 在访问或过滤数据方面提供了更大的灵活性，因此它们是从 SaaS 系统提取数据的首选方式。

使用 SaaS API 有多种挑战。每个 SaaS 提供商都开发自己独特的方式向外部数据消费者公开数据。例如，一个提供商可能只有一个单一的 API 端点，来为你提供系统中所有的数据。另一个提供商可能对其系统中的每个对象（客户、合同、供应商等）都有一个 API 端点。有些提供商允许你在指定的时间段内获取数据，而其他提供商可能为你提供完整的数据快照，或者只提供最近几天的数据。这样的例子不胜枚举。由于数据访问缺乏标准化以及由此产生的各种 API 访问方法，使得将数据从 SaaS 摄取到数据平台是一项具有挑战性的任务。在为 SaaS 设计摄取流程时，需要考虑：

❏ 如果你的组织使用多个 SaaS 解决方案，那么你需要为每个解决方案实现不同的数据摄取管道，并不断更新它们，以跟上提供商引入的修改。

❏ SaaS 提供商 API 很少有任何可用的数据类型信息。从数据类型的角度来看，从 API 摄取数据类似于处理 JSON 文件——由数据管道实现来执行必要的数据类型和模式验证。

❏ 对于 SaaS API，也没有全数据负载和增量数据负载的标准。你需要为每个提供商调整管道。

4.1.4　流

数据平台架构师必须考虑最新添加到数据源类型列表中的流。数据流通常表示在给定时间点发生的事件。例如，Web 应用程序的一个流行的数据流是点击流数据，当访问者每次点击网页上的一个对象时，这个动作就会被捕获为一个具有各种不同属性（用户 IP 地址、浏览器类型等）的事件。一系列这些动作与事件发生的时间相结合就形成一个点击流，它可以表示许多不同的活动和业务操作。在电子商务网站的购物车中放置和删除物品可以表示为一系列相应的事件——或表示为流——就像在银行账户中存取资金一样。而 RDBMS 表示系统的当前状态——例如，结账时购物车中的商品或某个时间点上当前银行账户的余额——事件流表示在到达当前状态之前所发生的动作序列。这些信息对于分析来说非常有价值，因为它可以提供对用户动机、系统优化机会等的洞察力。

事件流的概念并不新鲜，但是现在的一些技术进步使捕获和存储事件变得可伸缩、可

靠和经济高效。Apache Kafka（一个开源的流处理软件平台，由 LinkedIn 开发，捐赠给了
Apache 软件基金会，是用 Scala 和 Java 编写的）是专门为此而创建的最流行的开源项目。
AWS（Kinesis）、Google Cloud Pub/Sub 和 Azure（Event Hubs）提供了云原生流服务，用于
集成来自云原生应用程序的流数据。在开源和云服务选项中，摄取管道设计的考虑因素是
相同的，包括：

- 在数据流系统中，存在消息格式的限制。所有消息都作为字节数组来存储，并可以
将数据编码为 JSON 文档、Avro 消息或任何其他格式。你的摄取管道必须能够将消
息解码回可消费的格式。
- 为了可靠和大规模地传递数据，流数据系统允许多次消费相同的消息。这意味着数
据摄取管道必须能够有效地处理重复的数据。
- 流数据系统中的消息是不变的。一旦生产者写入，它们就不能被更改，但是同一消
息的新版本可以稍后交付，因此你的数据平台需要能够解析同一消息的多个版本。
- 流数据通常是大容量数据。你的摄取管道必须能够相应地伸缩。

接下来，我们将深入研究每种数据源类型，并概述关于如何为每种数据源设计和实现
数据平台摄取层的具体指导原则和技巧。

4.2 从关系型数据库中摄取数据

在本节中，我们将讨论从 RDBMS 摄取数据的不同方法。有两种主要的方法可以从
数据库建立一个持续的摄取过程：使用 SQL 接口以及使用变更数据捕获（Change Data
Capture，CDC）技术。我们将从使用 SQL 接口开始（因为它是摄取数据的更常见的方法），
讨论使用 SQL 接口摄取数据的两种方法：全表摄取和增量表摄取。

4.2.1 使用 SQL 接口从 RDBMS 摄取数据

所有的关系型数据库都支持 SQL。从数据库中提取数据的最基本方法是运行类似如下
的 SQL 查询：

```
SELECT * FROM some_table;
```

这个查询将为你提供给定表中所有的列和所有的行。然后，你可以将这些结果保存到
一个平面文件（CSV 或 Avro）中，例如，保存在你数据平台的着陆区中，这样你就有了一
个基本的 RDBMS 摄取过程。

当然，要使这个摄取过程始终如一且很好地工作，还需要更多的努力。为了解释这一点，让我们看一看图 4.2。

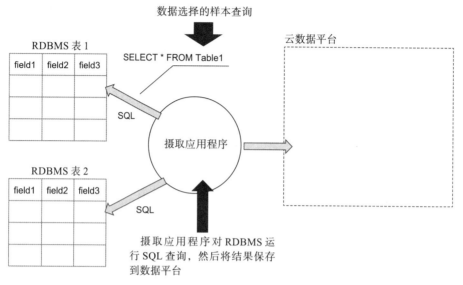

图 4.2　RDBMS 摄取过程

在实施以上摄取过程之前，有几件重要的事情需要弄清楚。首先，我们需要某种类型的应用程序来实际运行那些针对 RDBMS 的 SQL 查询，然后将结果保存到数据平台。在第3 章中，我们提供了一些可用于摄取的不同的云原生或开源工具的例子。对于这个特定的用例，即从 RDBMS 摄取数据，工具能够做到以下几点非常重要：

❑ 对不同类型的 RDBMS 执行 SQL 语句。

❑ 将结果以一种或多种格式保存到云存储中。

❑ 允许为 SQL 查询指定过滤条件和其他参数。

如果我们从另一个角度来看这个列表，会看到一些事情。首先，我们需要某种连接器，其允许应用程序从 RDBMS 读取数据。幸运的是，RDBMS 已经存在几十年了，几乎每个RDBMS 供应商都提供数据库连接器（或驱动程序），它们可以与大多数流行的编程语言一起使用。

接下来，如果仔细查看图 4.3，你将看到在 RDBMS 摄取过程中，数据将需要通过至少三个不同的级别。

在第 1 级，数据使用原生 RDBMS 类型来存储。然后，当摄取应用程序执行 SQL 查询时，这些原生 RDBMS 数据类型将被转换为特定编程语言所支持的数据类型，摄取应用程序用该编程语言来实现（第 2 级）。最后，当摄取应用程序将数据保存到云数据平台的着陆区时，数据类型必须再次转换为你选择的文件格式所支持的数据类型（第 3 级）。由于数据类型的映射并不总是一对一的，并且在从 RDBMS 摄取的过程中，数据类型至少会改变两次，数据类型的映射很重要。我们将在本章后面详细讨论这一点。

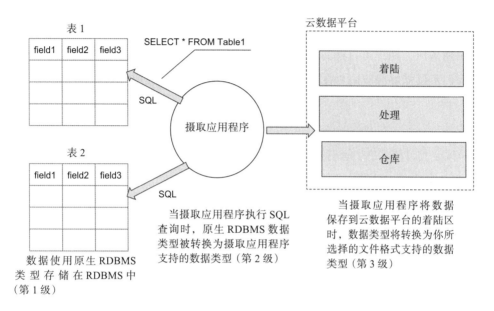

图 4.3　摄取过程的不同级别

最后，如果你的摄取应用程序所能做的只是执行 SELECT * FROM some_table，那么你只能做全表摄取。在许多场景中，这是不够的，需要更复杂的方法来识别和摄取新数据或更改后的数据。

4.2.2　全表摄取

通常，RDBMS 推动的应用程序负责业务云运营，RDBMS 中的数据一直在变化：添加新行、更新现有行、删除行。通常很少看到一个应用程序主要使用静态数据。当我们为云数据平台设计数据摄取管道时，需要决定如何处理这些不断变化的数据。

注意　哪些数据在运营数据库中是重要的，哪些数据在分析数据平台中是重要的，这两者之间是有区别的。运营数据库通常关心的问题是"某些东西的当前状态是什么？"可能是现在购物车中有哪些商品，用户的账户余额是多少，或者玩家在当前游戏中收集了多少绿色宝石。分析数据平台通常关心这样的问题："一个给定的东西是如何随着时间的推移而变化的？"客户按什么顺序将商品添加到购物车中？他们是否添加了一些后来被删除的商品？为了能够回答这些问题，分析数据平台需要以不同于运营数据库的方式存储数据。

想象一下，我们在为某种在线服务构建一个云数据平台。该服务允许用户注册试用账户，试用期满后，用户可以购买高级订阅或取消账户。我们面临的挑战是设计一个管道，其允许我们不仅能够捕获用户在某一时间点的状态，而且能够捕获它如何随着时间的推移而发展。

一起探讨一下。在我们的场景中，服务使用关系型数据库作为后端。随着新用户注册，现有用户改变其订阅状态，运营数据库中的数据可能类似于图 4.4。

USER_ID	STATUS	JOINED_DATE	
1	PREMIUM	2018-03-27	A. 我们从两个用户开始，一个是高级订阅用户，另一个是最近加入试用的用户
2	TRIAL	2019-05-01	

USER_ID	STATUS	JOINED_DATE	
1	PREMIUM	2018-03-27	B. 一个新用户注册试用，user_id=3 的行添加到我们的表中
2	TRIAL	2019-05-01	
3	TRIAL	2019-05-04	⟸ 新行被添加

USER_ID	STATUS	JOINED_DATE	
1	PREMIUM	2018-03-27	C. user_id=2 的用户决定切换到高级订阅，行被更新
2	PREMIUM	2019-05-01	⟸ 行被更新
3	TRIAL	2019-05-04	

USER_ID	STATUS	JOINED_DATE	
1	PREMIUM	2018-03-27	D. 用户决定取消他们的账户，他们的记录从表中删除
2	PREMIUM	2019-05-01	⟸ 行被删除

图 4.4 运营数据库中的数据总是在不断变化

我们从两个用户开始，一个是高级订阅用户，另一个是最近加入试用的用户（A）。一段时间后，一个新用户注册试用，user_id = 3 的行被添加到表（B）中。接下来，user_id = 2 的用户决定切换到高级订阅（C）。最后，由于我们还没有建立一个分析数据平台，因此无法确定为新的试用用户提供哪些激励措施，并向他们推销这些激励措施。因此，这个用户决定取消他们的账户，并从表（D）中删除他们的记录。

这些事件可以在任何时间范围内发生。所有这些变化都可以在几分钟、几小时或几天内发生。重要的是，我们从一个有两行的表开始，到最后只有两行，但这两行中的数据现在不同了，中间发生了一些重要的事情。例如，出于分析目的，他们取消了账户这一事实很重要，但在 RDBMS 中，当从表中删除记录时，该数据将丢失。为了确保我们拥有进行分析所需要的所有数据，我们需要设计一个进入数据平台的摄取管道，让我们不仅能够捕捉在某个时间点的数据，而且能够捕获数据是如何随时间演变的。

解决这个问题的一个方法是创建一个摄取管道，其从 RDBMS 执行定期的全表摄取——这是最简单但有限制的方法。基本上，一个全表摄取管道执行以下步骤：

1. 按照给定的时间表启动管道；

2. 对源数据库执行 SQL 查询——SELECT * FROM some_table;

3. 将结果保存到云数据平台存储中；

4. 将数据加载到云仓库中。

使用这个全表摄取策略，每次管道运行时，我们都会读取整个表。假设每天运行管道一次，连续运行 4 天。使用前面包含用户订阅状态的例子，我们最终将在云数据平台存储中得到表的 4 个不同快照，如图 4.5 所示。

图 4.5　云存储和仓库中的全表快照

我们每天从源数据库中提取所有行，并将这个快照放到云数据平台存储的一个文件夹中。我们将在第 5 章中详细讨论如何在云存储中组织数据，但是现在假设只是将快照保存在文件夹中，该文件夹使用摄取日期作为名称。现在我们有 4 个快照保存在存储的不同文件夹中。在云仓库中，我们有两个选择。我们可以将这些快照一个一个堆叠在一起，如图 4.5 所示，从而得到一个长表。或者我们只在仓库中保留最新的快照。如前所述，对于分析用例来说，只保留数据的最新状态通常是不可接受的，因为你将丢失关于数据如何到达此状态的大量细节。

在我们的例子中，如果只在仓库中保存最新的快照，那么数据分析人员在查看仓库中的用户订阅数据时，将只会看到如图 4.6 所示的内容。

	USER_ID	STATUS	JOINED_DATE
D	1	PREMIUM	2018-03-27
	2	PREMIUM	2019-05-01

图 4.6　最新的用户订阅表快照

通过查看这些数据，我们无法看到其背后的全部情况：用户加入、切换到高级订阅或中途放弃，等等。这丢失了很多有用的信息。首选的方法是在数据仓库中一个接一个地添加快照，如图 4.7 所示。

	USER_ID	STATUS	JOINED_DATE	INGEST_DATE
A	1	PREMIUM	2018-03-27	2019-05-01
	2	TRIAL	2019-05-01	2019-05-01
B	1	PREMIUM	2018-03-27	2019-05-04
	2	TRIAL	2019-05-01	2019-05-04
	3	TRIAL	2019-05-04	2019-05-04
C	1	PREMIUM	2018-03-27	2019-05-05
	2	PREMIUM	2019-05-01	2019-05-05
	3	TRIAL	2019-05-04	2019-05-05
D	1	PREMIUM	2018-03-27	2019-05-06
	2	PREMIUM	2019-05-01	2019-05-06

图 4.7　追加到单个仓库表中的全表快照

因此，基本上，我们最终得到一个仓库表，其中包含每个快照的所有行。注意，我们还在仓库中添加了一个源数据中不存在的新列：INGEST_DATE。这使我们能够区分不同的快照，因为每个快照都有自己的摄取日期。我们建议将其他一些系统列添加到云数据平台中的每个摄取表中，我们将在第 5 章中详细讨论这些列。

除了保存最新的快照外，这个表还提供了更多关于数据如何随时间变化的信息，但是这个数据模型也有其缺陷。例如，很容易编写一个 SQL 查询，它将显示随着时间的推移对特定用户的所有变化，在本例中，user_id = 2：

```
SELECT * FROM subscriptions WHERE user_id = 2
```

这将提供用户最初作为试用用户注册，然后切换到高级订阅的历史记录。但如果你对 user_id = 3 重复同样的查询，那么看起来他们注册了试用用户，并继续试用订阅，而实际上他们取消了试用，并删除了自己的账户。这种设计的一个缺陷是它不会以任何方式跟踪被删除的行。这些行只是从最后一个全表快照中消失了。

下一个要处理的问题是数据的重复。假设你想计算有多少高级订阅用户。如果你运行如下查询：

```
SELECT COUNT(*) FROM subscriptions WHERE status="PREMIUM"
```

则答案可能是错误的，因为你将计算每个快照中的行数。然而，你需要始终记住将此类查询限定在一个特定的摄取日期，这样就可以得到高级订阅用户在某天的数量。任何在数据仓库中使用这个表的人都必须记住，这个表是在不同日期所拍摄的全源表快照的堆栈，然后必须相应地调整对它们的查询。

通过在处理层构建新的数据集，提供所需的数据表示，可以轻松地解决所有问题。图 4.7 所示的表结构非常适合数据摄取目的。它保留了数据变化历史记录，并且易于实现，因为我们总是做一个全表快照。你可以使用云数据平台的处理层或通过在仓库中创建视图来实现此数据的各种表示，具体取决于数据的大小和转换的复杂性。以下是基于原始源数据实现的派生数据集的一些例子：

❑ **每行的最新版本**——这类似于只存储最后一个快照。一些数据使用者可能只对最近摄取的数据感兴趣。你可以将其实现为仓库中的视图，并且仍然保留所有的变化历史记录。

❑ **通过将最近一个快照与上一个快照进行比较来标识已删除的行**——你可以创建一个转换，该转换将标识 user_id=3 存在于快照 C 中，但不在快照 D 中，并将其标记为已删除的行。这样的派生数据集对于分析来说非常有用。

❏ **紧凑的原始数据集**——你可以创建一个派生数据集，其保留了数据变化的历史记录，但清除了全部的重复数据。例如，user_id=1 在快照 A 之后就没有改变过，所以只能为该用户存储一行。user_id=2 在快照 A 和 B 中有相同的数据，在快照 C 中升级到 PREMIUM 后，它在快照 D 中没有变化。这意味着你只需要为这个用户存储两行。

现在，你可以看到数据平台层设计如何允许你以方便的方式存储原始数据，并尽可能多地保留有关数据变化的详细信息，同时使用转换层实现多个派生数据集。前面的所有例子对于描述某个实体如何随时间变化的任何业务用例来说都是非常典型的。所有这些都可以用 SQL 来实现，我们将其作为练习留给读者。

如果源表很大，那么全表摄取很容易实现（只需定期对所需的表执行一个全 SELECT 语句），但是这个过程会变得效率低下。对一个大表（几十 GB 或更多）进行全表提取会给源数据库服务器增加额外的负载。如果源数据库位于内部，那么，根据数据中心和特定云区域之间的网络带宽，将大量数据传输到云将花费时间——有时需要很长的时间。其次，虽然云为存储提供了几乎无限的可伸缩性，但它也有成本。如果源表有几百 GB，并且每天都要做一次全快照，那么一年之内，仅这个表就大约有 36TB 的数据。要解决这些问题，可以将摄取管道设计为只摄取新数据或上次摄取后发生变化的数据。这一过程称为增量摄取，我们接下来会研究它。

练习 4.1

执行全表摄取有两个主要问题。它们是什么？

1. 它实现起来比其他摄取方法更复杂。

2. 很难识别被删除的行。

3. 不可能看到给定的行是如何随时间变化的。

4. 这会导致太多的重复数据存储在平台中。

4.2.3 增量表摄取

从较高的层次上讲，增量摄取背后的思想很简单——只提取新行和自上次摄取以来发生变化的行，而不是每次摄取都提取整个表。这可以显著减少存储需求和数据传输时间。

不过，这种方法有几个挑战。首先，我们如何知道哪些行是新的，哪些行在源端发生了变化？其次，我们如何可靠地跟踪哪些数据已经摄取到数据平台？下面揭示这个秘密。

确定在 RDBMS 中添加或更新了哪些行的常见方法是在每个表中使用一个专用列，其包含行最后更改的时间戳。对于新行，该列将包含插入该行的日期和时间；对于更新的行，它将包含最后一次修改该列的时间。图 4.8 展示了在我们的订阅示例中的样子。

	USER_ID	STATUS	JOINED_DATE	LAST_MODIFIED	
A	1	PREMIUM	2018-03-27	2018-03-27 13:57:03	
	2	TRIAL	2019-05-01	2019-05-01 17:01:00	

	USER_ID	STATUS	JOINED_DATE	LAST_MODIFIED	
B	1	PREMIUM	2018-03-27	2018-03-27 13:57:03	
	2	TRIAL	2019-05-01	2019-05-01 17:01:00	
	3	TRIAL	2019-05-04	2019-05-04 09:05:39	←— 添加新行

	USER_ID	STATUS	JOINED_DATE	LAST_MODIFIED	
C	1	PREMIUM	2018-03-27	2018-03-27 13:57:03	
	2	PREMIUM	2019-05-01	2019-05-05 08:12:00	←— 行更新了
	3	TRIAL	2019-05-04	2019-05-04 09:05:39	

	USER_ID	STATUS	JOINED_DATE	LAST_MODIFIED	
D	1	PREMIUM	2018-03-27	2019-03-27 13:57:03	
	2	PREMIUM	2019-05-01	2019-05-05 08:12:00	
				←— 行删除了

图 4.8　使用 LAST_MODIFIED 列跟踪行变化

在我们的示例中，摄取每天都会发生，因此对于每次摄取，我们必须跟踪 LAST_MODIFIED 列在摄取时的最大值，见图 4.9。

INGESTION	MAX(LAST_MODIFIED)
A	2019-05-01 17:01:00
B	2019-05-04 09:05:39
C	2019-05-05 08:12:00
D	2019-05-05 08:12:00

图 4.9　跟踪 LAST_MODIFIED 的最大值

现在要实现增量摄取过程，必须调整用来从源提取数据的 SQL 查询。它不会拉取所有行，而是拉取源表中 LAST_MODIFIED 时间戳大于数据平台中最后一次记录的 MAX（LAST_MODIFIED）时间戳的行。所以在摄取 B 期间，我们需要运行的查询将是这样的：

```
SELECT * FROM subscriptions WHERE LAST_MODIFIED > "2019-05-01 17:01:00"
```

在摄取 B 时只有一行满足这个条件，并且只有一行将被拉入我们的数据平台。现在你必须记录摄取 B 的 MAX（LAST_MODIFIED）值，并在第二天重复此过程。这将为你提供仓库中每一行变化的完整历史记录，而在实现全表摄取时，无须处理不必要的重复。

这种方法显然需要在每个表中为每个增量摄取过程提供一个 LAST_MODIFIED 列。幸运的是，许多 RDBMS 提供了一个功能，可以将列的默认值指定为当前时间，很容易地自动跟踪每一行修改的时间戳。这样，除了更新表定义外，你不需要对应用程序代码进行任何修改。

注意 我们强烈建议使用 RDBMS 的功能来跟踪最后修改的时间戳（如果这些功能存在的话）。在应用程序端实现类似的过程是可能的，但容易出错。在使用应用程序创建时间戳时，常见的一个问题是有时会导致应用程序出现 bug，其中行的最后修改时间戳早于当前系统时间。从摄取的角度来看，它使该行看起来在过去被修改过，因此不再需要被摄取。最后修改的列值必须总是递增的，并且不能小于该列的当前 MAX 值。

另一个最佳实践是跟踪最后修改的时间戳列的前一个 MAX 值，以便我们可以将其用作摄取 SQL 查询的过滤条件。时间戳列的最新值通常称为 ETL 文献中的最高水位线。在图 4.10 所示的分层云数据平台架构中，我们有一个专门的组件来存储关于管道的技术元数据。对于增量摄取，我们建议在这里存储最后修改时间戳的最大值。

这个元数据存储库的实际实现将取决于你为数据平台选择的云供应商。我们在第 3 章中提到的一些工具（比如 AWS Glue）有一个内置的方法来跟踪此类水位线。通过使用云中托管的 RDBMS 服务（如 Google Cloud 上的 Cloud SQL 或 Azure SQL 数据库）来作为你的元数据存储库，你总是可以实现一个基本的元数据存储库，可以实现为一个简单的表，来跟踪每个源表的最大摄取时间戳，如图 4.11 所示。

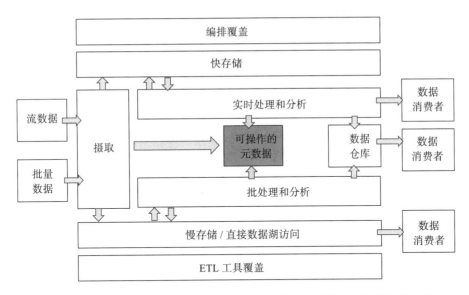

图 4.10　使用云数据平台运营元数据组件来存储最后修改时间戳的最大值

DATABASE	TABLE_NAME	WATERMARK_COLUMN	MAX_INGESTED_VALUE
my_service_db	subscriptions	last_modified	2019-05-05 08:12:00
my_service_db	users	updated_ts	2019-05-04 12:23:13
sales_db	contracts	last_modified	2019-05-01 17:02:45

图 4.11　使用关系表作为元数据存储库来跟踪每个源表的最高水位线

　　使用这个元数据表，摄取过程可以动态地构造 SQL 查询，来为每个表执行正确的增量摄取。处理一个简单的 MySQL 或 PostgreSQL 很容易，但是随着管道数量的增加，以及要跟踪的不同统计信息量的增加（包括高摄取水位线），你可能想在这个元数据存储库上实现一个 API 层，以提供一种一致的方法来处理其中的数据。

　　增量摄取过程有助于解决全表摄取的一些挑战（你只需要引入新的数据和修改的数据），并且可以避免大的数据集传输。然而，增量摄取过程仍然不能解决基于 SQL 的摄取过程的一些基本问题。第一个是我们已经在全表摄取上下文中提到过的。如果只读取源表中当前存在的数据，那么会丢失已删除的行。除非你的应用程序专门设计为不删除行，而是使用一个特殊的列来将它们标记为已删除，否则你只能通过比较以前的快照并查找丢失的行来推断已删除的行。这是你可能希望在处理层中避免的额外的开发工作。

　　第二个问题是，如果你的数据经常发生变化，那么即使是增量加载过程也会受到其能够捕获的摄取之间状态变化次数的限制。假设你每小时递增地摄取数据，如果源表中的行在这一小时内多次变化，那么你将不会得到所有变化的历史记录，而只能在每个摄取周期开始时看到每一行的状态。你可以更频繁地摄取数据，但可能仍然无法捕获每一行的每一次变化，因为在一个繁忙的系统中，行每秒钟可以被插入和更新数千次。基于 SQL 的增量摄取的一个合理的最大频率应该是每隔几分钟，因为每次摄取都必须对源数据库服务器执行查询，从而引入额外的负载。对于一个繁忙的系统，这种额外的摄取负载通常是不可接受的。为了了解如何应对这些挑战，我们将研究另一种从 RDBMS 摄取数据的方法：变更数据捕获。

> **练习 4.2**
> 以下哪一个是实现从 RDBMS 增量摄取的先决条件？
> 1. 你需要将源数据库迁移到云上。
> 2. 你需要数据库管理员来赋予你特定的权限。
> 3. 你需要在数据平台中使用最新版本的 Apache Spark。
> 4. 你需要在每个源表中都有一个 LAST_MODIFIED 列。

4.2.4 变更数据捕获

每个生产 RDBMS 都将行变化写入日志。虽然不同的供应商对其命名不同——redo 日志、事务日志、二进制日志——但变更数据捕获作为一种摄取机制，涉及使用 CDC 应用程序来解析这些日志，并从日志文件向目标存储系统发送一个变更流，如图 4.12 所示。

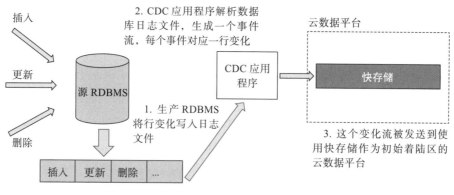

图 4.12　CDC 摄取流

CDC 应用程序解析日志文件，产生一个事件流：每个事件对应一行变化，其被发送到使用快存储作为初始着陆区的云数据平台。CDC 应用程序有时可以从 RDBMS 供应商获得（例如 Oracle GoldenGate），或者作为第三方应用程序来实现（例如开源项目 Debezium）。这些第三方应用程序可以是云数据平台外部的应用程序，也可以作为数据摄取层一部分的云原生服务来运行，例如 AWS Database Migration Service。

与基于 SQL 的摄取不同，CDC 允许你捕获单独的行（包括已删除的行）所发生的所有变化，这使得 CDC 成为一种从 RDBMS 摄取数据的更健壮的方式。与使用基于 SQL 的摄取相比，它还减少了源数据库的负载，并且允许你使用 RDBMS 源来实现实时分析用例。权衡是，这可能会增加 CDC 应用程序的许可成本，而且 CDC 实现起来更复杂，因为它需要一个实时的基础设施。

为什么 CDC 摄取需要一个拥有快存储和流摄取路径的实时基础设施？ RDBMS 通常只在这些日志中保留一定数量的数据。保留期从几天到几个小时不等，具体取决于源数据库所处理的流量。这意味着我们需要将行变更事件转移到云数据平台，在云数据平台上，我们几乎拥有无限的存储空间，并且在从 RDBMS 日志中清除此变更事件之前，可以尽快地保留尽可能多的变化历史。

为了理解如何在云数据平台中表示 CDC 事件流，让我们看一个例子。我们将使用上一节中的订阅表示例，如图 4.13 所示。

在这个表中有三行发生了变化：添加了一个新行，修改了一个现有行，删除了一个现有行。对于基于 SQL 的摄取示例，我们假设数据在几天内只变化一次（请参见 LAST_MODIFIED 列），但是你可以想象一下，对于一个拥有大量用户和流量的系统，像这样的多次变化将发生在几秒钟内。

对于 RDBMS 如何捕获日志中的行变化，并没有标准，不同的 CDC 应用程序解析和格式化数据的方式也不同。我们将演示 CDC 应用程序如何捕获变化以及如何在目标数据平台中表示变化的通用方法。通常，每个变化都由一条消息表示，该消息包含关于行变化前后的状态信息，以及一些额外信息。

图 4.14 是一个新行变化消息的示例。此消息是一个 JSON 文档，这是在不同 CDC 应用程序中表示变化消息数据的常见方法。CDC 背后的关键思想是，你不仅可以获得该行的当前状态，而且还可以获得该行以前的版本。在我们的示例中，这些是由消息的 before 和 after 属性表示的。CDC 消息的另一个重要方面是，它通常包含一种操作类型：INSERT、UPDATE 或 DELETE。在我们的示例中，操作的类型是 INSERT，因此，before 属性是

空的，因为这是一个新行，之前并不存在。after 属性包含新行的所有列及其值。通常，CDC 消息包含许多额外信息，例如数据库服务器的名称、消息写入 RDBMS 日志时的确切时间戳、CDC 应用程序和其他元数据提取消息的时间。为了简洁起见，我们在示例中省略了大部分额外信息。

	USER_ID	STATUS	JOINED_DATE	LAST_MODIFIED
A	1	PREMIUM	2018-03-27	2018-03-27 13:57:03
	2	TRIAL	2019-05-01	2019-05-01 17:01:00

	USER_ID	STATUS	JOINED_DATE	LAST_MODIFIED	
B	1	PREMIUM	2018-03-27	2018-03-27 13:57:03	
	2	TRIAL	2019-05-01	2019-05-01 17:01:00	
	3	TRIAL	2019-05-04	2019-05-04 09:05:39	← 添加新行

	USER_ID	STATUS	JOINED_DATE	LAST_MODIFIED	
C	1	PREMIUM	2018-03-27	2018-03-27 13:57:03	
	2	PREMIUM	2019-05-01	2019-05-05 08:12:00	← 行更新了
	3	TRIAL	2019-05-04	2019-05-04 09:05:39	

	USER_ID	STATUS	JOINED_DATE	LAST_MODIFIED	
D	1	PREMIUM	2018-03-27	2019-03-27 13:57:03	
	2	PREMIUM	2019-05-01	2019-05-05 08:12:00	
					← 行删除了

图 4.13　订阅表变化示例

```
{
message: {
    before: null,
    after: {
            user_id: 3,
            status: "TRIAL",
            joined_date: "2019-05-04",
            last_modified: "2019-05-04 09:05:39"
        },
    operation: "INSERT",
    table_name: "subscriptions"
    }
}
```

图 4.14　新行的 CDC 消息示例

让我们看一下 UPDATE 操作是如何在 CDC 消息中表示的，如图 4.15 所示。

```
{
message: {
    before: {
                    user_id: 2,
                    status: "TRIAL",
                    joined_date: "2019-05-01",
                    last_modified: "2019-05-01 17:01:00"
            },
    after: {
                    user_id: 2,
                    status: "PREMIUM",
                    joined_date: "2019-05-01",
                    last_modified: "2019-05-05 08:12:00"
            },
    operation: "UPDATE",
    table_name: "subscriptions"
    }
}
```

图 4.15　CDC 消息的 UPDATE 操作示例

在本例中，id=2 的用户已经从试用订阅切换到高级订阅，一旦在源 RDBMS 订阅表中更新了该用户的行，CDC 应用程序就会捕获该行变化之前和之后的状态。最后，我们将把对 DELETE 操作构造类似的消息留给读者作为练习。

 注意　INSERT、UPDATE 和 DELETE 操作并不是 CDC 进程可以捕获的唯一操作。许多 RDBMS 在其日志中还包含关于模式变化的信息。这些模式变化（添加新列、删除现有列等）将以类似的 before/after 模式包含在 CDC 消息中，其中 before 表示变化前的表模式，after 表示模式的当前状态。我们将在第 6 章中详细讨论数据平台中的模式管理。

假设，CDC 应用程序已经将数据传递到云数据平台，那么我们需要对这些数据进行什么样的处理，以便能够在仓库中开始使用它们呢？当谈到在仓库中表示 CDC 数据时，我们最终使用了一个类似于增量摄取的模型。在数据仓库中将有一个表，其表示每一行变化的完整历史，但是如果使用基于 SQL 的增量摄取，则不会有任何差别。要使 CDC 数据达到这种状态，可能需要执行一些预处理步骤：

1. 根据你所选择的云平台，你可能需要将 CDC JSON 文档解压缩为一个扁平结构。目前，只有 Google BigQuery 支持嵌套数据类型，这允许你按原样存储 CDC 消息。如果你使用 AWS Redshift 或 Azure Cloud Warehouse，则需要将所有嵌套属性平铺到一个表中。

2. 即使你的仓库支持嵌套数据类型，对于仓库来说，CDC 应用程序构造 CDC 消息的方式也不是最有效和最易于使用的。由于总是将新的 CDC 消息追加到仓库表中，因此我们对行的 before 状态并不真正感兴趣，因为在之前摄取的仓库中已经有了（将 before 属性存储在云存储的原始数据存档中仍然很有用）。我们通常也不需要与仓库中的 CDC 消息相关联的任何额外元数据。这意味着你需要在将一些属性加载到仓库之前先过滤掉它们。

3. 与增量摄取场景类似，你可能希望在数据仓库中有一个表版本，其只包含每行的最新版本，而不是拥有每行变化的完整历史记录。我们建议将其实现为仓库本身的一个视图，或压缩了多个版本的新转换，并将它们写入单独的专用表中。

> **练习 4.3**
> 与使用基于 SQL 的数据摄取相比，使用 CDC 的主要好处是什么？
> 1. CDC 更容易实现。
> 2. CDC 是专门为云设计的。
> 3. CDC 包括给定行的所有变化。
> 4. CDC 使设计数据仓库表更简单。

4.2.5 CDC 供应商概述

如前所述，不同的 RDBMS 供应商实现 CDC 进程的方式不同，并且提供了不同的 CDC 应用程序。在本节中，我们将提供一个针对流行的 RDBMS 的 CDC 特定选项的简要概述：Oracle、MySQL、MS SQL Server 和 PostgreSQL。

Oracle

Oracle RDBMS 在其 redo 日志中捕获行的变化。这些日志用于确保数据库中数据的可靠性。Oracle 还提供了一个名为 Oracle GoldenGate 的解决方案，其可以从 redo 流中提取变化，并将其复制到目标系统中。GoldenGate 能够起到 CDC 应用程序的作用，也可以通过 GoldenGate Big Data Adapters 将 CDC 消息以流的方式传输到各种大数据平台。GoldenGate 是专有软件，需要购买额外的软件许可证。

对于 Oracle CDC，使用 GoldenGate 的另一种方法是 Debezium，它是一个开源项目，充当 CDC 应用程序，并将消息发布到 Kafka。虽然 Debezium 本身是免费且开源的，但它确实需要 Oracle XStream API，这需要购买 GoldenGate 许可证。需要注意的是，Kafka 并不执行事务一致性，因为它本质上是一个消息队列系统。

Oracle 还捆绑了一个名为 LogMiner 的工具，其可以用来从 redo 日志中提取数据。虽然 LogMiner 主要是为数据探索和调试而设计的，但对于 DBA 来说，有许多第三方应用程序将 LogMiner 用于 CDC。例如，AWS Database Migration Service 就使用 LogMiner。LogMiner 通常并不是一个传递 CDC 流的 100% 可靠的方法，由于事务提交，其很难保持数据的一致性，更重要的是，在捕获 DML 之后可能会发生回滚，这必须考虑到。

另一个低成本的复制产品是来自 Quest 的 SharePlex（https://www.quest.com/products/shareplex/）。该工具的使用方式类似于 Oracle GoldenGate，提供 CDC 操作。

MySQL

MySQL 是一个开源的 RDBMS。MySQL 使用所谓的"二进制日志"来记录所有的行变化。二进制日志主要用于复制目的。你可以配置第二个 MySQL 服务器，通过二进制日志来持续地从主服务器复制变化。现有的 MySQL 的 CDC 工具利用此功能来捕获行变更事件，并将其发送到其他系统。

MySQL 并没有任何内置工具或 CDC 应用程序，但由于它是一个开源数据库，因此有许多第三方 CDC 应用程序可以使用它。Debezium 是其中之一，但也有 MySQL CDC 插件可用于 ETL 工具，如 Apache NiFi。

MS SQL Server

自 2016 年的版本以来，Microsoft SQL Server 已经内置了 CDC 功能。与所有其他 RDBMS 一样，SQL Server 也有一个日志，称为事务日志，出于可靠性考虑，其中记录了所有行的变化。MS SQL Server 有一个内置的功能，可以从这个日志中提取变更事件并填充到一个特殊的"变更表"中。变更表是数据库中的一个常规表，包含特定表的行变化历史。然后 CDC 应用程序可以使用标准的 SQL 接口来访问这个变更表并提取变化。

由于 SQL Server 将其变更事件公开为可以使用 SQL 访问的常规数据库表，因此实现 CDC 应用程序成为一项相对简单的任务。许多现有的第三方应用程序和云应用程序都支持 SQL Server CDC，如 AWS Database Migration Service、Debezium 和 Apache NiFi。

在 SQL Server 中使用 CDC 有一个缺点。如果你有数百个表用于捕获变更事件，那么 SQL Server 将需要为每个表创建和维护一个变更捕获表。根据主数据库的繁忙程度，它可能会对已经过载的机器引入额外的负载。你始终可以选择合并那些需要 CDC 摄取的表（需要有完整的变更历史记录的表），以及可以使用基于 SQL 的全表摄取或增量摄取来实现的表。

PostgreSQL

PostgreSQL 是另一个非常流行的开源 RDBMS。从 9.4 版开始，PostgreSQL 就支持"输出插件"，其可以解码 PostgreSQL 事务日志中的行变化消息，并将它们发布为 Protobuf 或 JSON 消息。这种方法类似于 MySQL 方法，但是 PostgreSQL 通过使用输出插件来读取和解析日志，从而简化了 CDC 应用程序。Debezium 和 AWS Database Migration Service 都支持消费该插件的输出，并将变更事件以流的方式传输到目标目的地。

4.2.6 数据类型转换

让我们再来看看 RDBMS 摄取图，其显示了三个级别，每一级是一个不同的软件系统：关系型数据库引擎、从 RDBMS 读取数据的摄取应用程序，以及云数据平台中的目标仓库。每个系统都以不同的方式存储和表示数据类型。在设计 RDBMS 摄取管道时，必须考虑这三个级别的数据类型将如何相互映射，如图 4.16 所示。

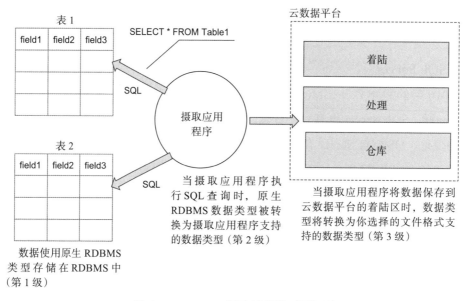

图 4.16 RDBMS 摄取过程的不同级别

首先，你应该审核源数据库中存在哪些数据类型。然后分析目标云仓库支持的数据类型，以及你的源数据库中是否存在目标仓库不支持的类型，或者某些类型是否在源和目标中具有不同的特征（如 TIMESTAMP 精度）。

你很可能会发现一些不一致的地方。通常，关系型数据库提供了更广泛的数据类型支持，而它们在云数据仓库中可能不可用。例如，MySQL 支持 5 种不同类型的整型值：TINYINT、SMALLINT、MEDIUMINT、INT 和 BIGINT。所有这些类型都在数据库存储中用不同的字节数表示，因此可以存储到一定大小的数。

如果我们检查在 Google BigQuery 中支持哪些整数类型（作为一个例子），将看到只有一种类型——INT64——就可以存储整型值的大小而言，它相当于 MySQL 中的 BIGINT。造成这种差异的原因是 RDBMS 数据类型需要针对存储和性能进行优化。如果你期望的值的范围适合小型数据类型，那么最好使用小型数据类型，这能够节省磁盘空间并提高查询的性能。另一方面，仓库为扫描大量数据进行了优化，并不太关心细粒度数据类型的支持。

在进行数据类型分析时，要记住的重要一点是，源系统中是否有一种数据类型可以存储比目标仓库更大范围的值。如果是，那么就有可能在摄取过程中丢失数据——源数据库中的一些值对于仓库中相应的数据类型来说可能太大了。相反的情况不是问题。例如，BigQuery 不支持 SMALLINT 数据类型，但所有 MySQL SMALLINT 值（最大到 64 535）将适合 INT64　BigQuery 数据类型（最大到 9 223 372 036 854 775 807）。

> 📷 注意　云提供商不断发布服务的新版本，包括云仓库产品。当有新版本出现时，请检查发布说明，看看是否添加了新的数据类型支持。

如果添加了新的数据类型支持，并且你的数据类型在云仓库中没有直接等价的数据类型，那么你需要使用一些变通方法。通常，你可以在数据仓库中使用 TEXT 或 BYTES 数据类型来存储源数据库类型的某种表示形式，并在数据平台处理层中执行所需的计算。例如，坐标为（12，23）的点可以使用原生的地理空间类型存储在 MySQL 数据库中，但是如果目标仓库是 AWS Redshift，那么可以将该信息存储为 TEXT 类型，看起来像这样：POINT(12, 23)。这允许你保存信息，但你需要在数据平台处理层中编写定制的数据处理代码来对该数据执行计算，例如检查某个点是否位于矩形区域内。但是 MySQL 原生类型到文本表示的转换发生在哪里呢？答案是在摄取应用程序中（见图 4.16 中的第 2 级）。

摄取应用程序是位于源数据库和目标仓库之间的软件。根据它们是使用哪种编程语言来实现的，以及它们使用什么类型的 RDBMS 驱动程序来访问源数据库，摄取应用程序将拥有一组自己的数据类型，用于将源类型映射到目标类型。

如果你正在使用一个现成的 ETL 工具来摄取数据，那么将受到它所支持的所有数据类型的限制。在这种情况下，除了对源和目标所支持的数据类型进行比较之外，还需要分析你的摄取应用程序支持哪些数据类型。

下面是你需要执行的一系列步骤，来从数据类型支持的角度评估你的 RDBMS 摄取管道：

1. 准备一个源 RDBMS 支持的数据类型列表。这可能会诱惑你将分析限制在当前使用的数据类型的子集中。我们建议对所有支持的数据类型进行全面分析，以避免应用程序开发团队在将来决定使用新类型时出现问题。

2. 准备一个你的云数据仓库支持的数据类型列表。找出两者之间的区别。

3. 找出在目标仓库中没有直接等价、但不会导致数据丢失的数据类型。例如，不同大小的整型数据类型总是能够适合大多数仓库所提供的更大的整型数据类型。

4. 找出没有等价、但可能导致数据在摄取时丢失的类型。例如，地理空间类型、JSON 数据类型等。对于每种类型，找出是否有变通方法。例如，将不支持的数据类型的某些表示形式存储为文本，并编写定制的数据处理代码来执行分析。

5. 如果找不到变通方法，或者你的主要分析用例围绕这些不受支持的数据类型，那么你可以考虑选择一个不同的云仓库供应商，其具有你需要的数据类型。例如，如果你的主要分析用例使用地理空间数据，那么 AWS Redshift 将不是最适合你的。

6. 如果你正在使用现成的 ETL 工具或云服务来摄取数据，那么分析一下都支持哪些数据类型。我们总是建议做几次概念验证（Proof Of Concept，POC）来了解如何支持不同的数据类型，因为这些工具的文档可能并不总是很清晰。

7. 如果你自己正在开发摄取应用程序，请列出你计划使用的数据库驱动程序所支持的数据类型。一个流行的选择是使用 JDBC 驱动程序，其拥有一组自己的数据类型。对于 JDBC 驱动程序，请查看 RDBMS 供应商文档来了解源数据库类型是如何映射到 JDBC 类型的。

4.2.7 从 NoSQL 数据库摄取数据

RDBMS 仍然是当今大多数应用程序最流行的数据库后端。在过去的几年里，我们也看到了 NoSQL 数据库的普及率显著上升。NoSQL 数据库是一个通用术语，作为其设计原则之一，它选择牺牲一些 RDBMS 的属性（事务、持久性等属性）以便能够支持大量的操作，通过创建机器集群可以轻松地扩展，或者使用更灵活的、面向文档的数据模型。

为 NoSQL 数据库构建摄取管道的挑战是，对于如何从中提取数据以及以何种格式呈现给摄取应用程序，并没有统一的标准。NoSQL 这个名字意味着通常不支持 SQL 作为数据访问语言，每个 NoSQL 数据库供应商都有一组自己的 API 来访问数据。

我们仍然可以概述一些最常见的方法，来将 NoSQL 数据库中的数据摄取到云数据平台：

❑ 使用现有的商业或 SaaS 产品来从 NoSQL 数据库中摄取数据。如果使用这样的产品符合你的技术前景和预算，那么这是阻力最小的方法。销售数据摄取工具的供应商通常有一组丰富的 NoSQL 数据库连接器。

❑ 为你的 NoSQL 供应商实现一个专用的摄取应用程序。你需要开发一个摄取应用程序，其使用特定于 NoSQL 数据库的客户端库。这种方法提供了最大的灵活性，因为你可以使用数据库的所有特性。你也可以使用本章前面描述的指南来实现全表摄取或增量表摄取。

❑ 使用变更数据捕获插件（如果有的话）。一些流行的 NoSQL 供应商提供了变更数据捕获插件。例如，MongoDB 有一个 Debezium 连接器，其捕获对数据库所做的所有修改，并将它们作为流写入 Kafka。

❑ 使用 NoSQL 数据库提供的导出工具。大多数数据库都配有工具，允许用户将数据导出为文本格式（通常是 CSV 或 JSON），以便备份或迁移。你可以安排这些工具定期运行，然后构建摄取管道，从而只处理生成的文本文件。这种方法将简化摄取管道，但如果 NoSQL 数据库不支持增量数据提取，那么可能仅限于执行全导出。

让我们看看目前市场上最流行的一些 NoSQL 数据库有哪些摄取选项。

MongoDB

MongoDB 是一个面向文档的 NoSQL 数据库。面向文档意味着 MongoDB 以一种非常类似于 JSON 的格式存储数据，而不是使用包含行和列的表概念。每个文档都可以有嵌套的属性，这使得在单个文档中表达不同实体（例如用户和他们的订单）间的依赖关系成为可能，而不是有两个以后需要连接在一起的关系表。

MongoDB 拥有所有流行编程语言的客户端库，你可以使用它们来实现自己的摄取应用程序。还有一个称为 mongoexport 的数据导出工具（https://docs.mongodb.com/manual/reference/program/mongoexport/），其允许你将 MongoDB 中的数据导出为 CSV 或 JSON 文件。mongoexport 支持定制查询来提取数据，这意味着如果你有 MongoDB 集合中文档最后一次修改的时间戳，那么可以实现增量导出过程。

还有一个 CDC 插件用于开源项目 Debezium，它将把所有的变化（比如添加、更新和删除一个新文档）捕获成消息流，并将其发布到 Kafka（https://debezium.io/docs/connectors/mongodb/）。

Cassandra

Apache Cassandra 是一个开源的、高度可伸缩的数据库，它使用键 – 值和列数据模型的混合。与键 – 值存储类似，Cassandra 中的列没有特定的类型，但可以将它们组织成列族，以加快对经常需要一起访问的列的数据访问。

Cassandra 支持 Cassandra 查询语言（Cassandra Query Language，CQL）来访问数据。你可以使用 CQL 命令或各种编程语言的客户端库来实现专用的摄取应用程序。CQL 还有一个 COPY 命令，允许你将表导出为 CSV 文件。其只支持全表导出。

Cassandra 有一个内置的 CDC 功能，其将所有变化的日志保存到磁盘上的一个专用目录中。虽然这个日志的格式是开源和文档化的，但是目前广泛使用的 CDC 应用程序还不能读取这个日志并将变更事件消息发布到 Kafka 或其他系统。

4.2.8　为 RDBMS 或 NoSQL 摄取管道捕获重要的元数据

在生产环境中，数据摄取管道很少只执行一次。它们通常会持续地摄取数据，以保持数据平台中的数据是最新的。为了确保你的数据摄取管道能够正常工作并传递准确的结果，你将需要实现大量的数据质量检查和监控警报，以便知道什么时候事情没有按照预期进行。我们将在后面的章节中更多地讨论数据质量和监控，但在本节中，我们将概述一些重要的统计数据，你应该可以在摄取管道中捕获到这些数据，这样就可以稍后实现质量控制和监控。正如我们在第 3 章中所描述的，这些指标的目标是云数据平台中的元数据存储库，如图 4.17 所示。

你希望为每个数据库摄取管道捕获一些基本信息，包括：

❑ 源数据库服务器名称（和 IP 地址，如果可能的话）

❑ 数据库名称（或模式名称，取决于数据库供应商）

❑ 源表名

如果你需要从多个 RDBMS 和 NoSQL 数据库中摄取数据，那么最好也存储数据库的类型。这些信息将帮助你执行一些基本的数据沿袭操作，并且在调试和排查摄取问题时非常有用。

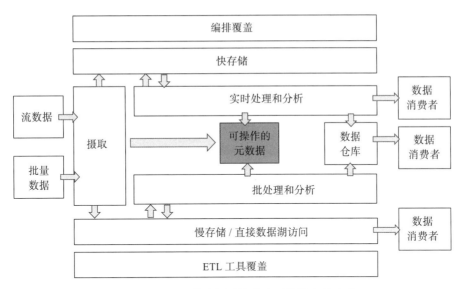

图 4.17　运营指标被捕获在元数据存储库中

当涉及从数据库（RDBMS 或 NoSQL）批量摄取数据时，要捕获的最重要的指标之一是每个表每次被摄取时的行数。这个指标既适用于全表摄取，也适用于增量表摄取，但是你应该在指标捕获过程中区分这两种情况。这个指标非常重要，因为它允许你稍后实现两个关键的监控检查：

❑ 一种检查，用来验证所有摄取的数据是否都进入了目标仓库或其他目标系统。

❑ 在摄取过程中检测异常的一种检查。例如，摄取行数的突然增加或减少可能表示数据源或管道本身存在问题。

批量摄取的另一个重要指标是每次摄取的持续时间。如果你捕获了每次摄取的开始时间戳和结束时间戳，那么就可以实现服务水平协议（Service Level Agreement，SLA）类型的监控。SLA 监控允许你知道整个管道或部分管道的持续时间何时超过指定的值或超过平均持续时间。通过这种方式，你可以在管道（或源系统）出现问题时检测它们。

如果你正在使用现有的 ETL 工具或服务来从数据库中摄取数据，那么需要仔细评估你的工具捕获了哪些指标，以及这些指标以后是否可以被外部监控工具所使用。如果你正在实现自己的管道元数据存储库，如本章前面所述，其本身可以是一个简单的数据库，那么图 4.18 是用于批量摄取的摄取统计表的示例。

在本例中，我们存储了源系统的一些基本信息：从中摄取的数据库名和表名、操作类型（全或增量）、摄取的行数、此特定摄取的开始/结束时间戳，以及摄取的持续时间（以秒为单位）。请注意，我们通常会为统计表推荐使用更具描述性的列名，比如 duration_seconds 而不是 duration，但是我们必须注意这里的页面宽度。

server	IP	db_type	database	table	op_type	rows	start_ts	end_ts	duration
prod1	10.12.13.4	MySQL	users_db	users	full	50432	2019-05-02 12:03:15	2019-05-02 12:15:01	706
prod1	10.12.13.4	MySQL	users_db	subscrib	incr	642	2019-05-02 08:27:43	2019-05-02 08:28:00	17
prod2	10.12.23.4	MongoDB	marketing	campaign	full	429	2019-05-02 09:48:00	2019-05-02 09:48:53	53

图 4.18　数据库批量摄取管道的管道指标示例

对于流，CDC 摄取的指标略有不同。关于源服务器和表名的基本信息是相同的，但是由于数据是持续到达的，因此我们不再存储关于特定摄取批次的指标。相反，为了流化 CDC 摄取管道，我们需要存储特定时间窗口的统计信息。例如，我们可以计算每 5 分钟摄取了多少行。窗口本身的持续时间将取决于你的报警和监控需求。你对管道中问题的反应速度越快，观察窗口就应该越小。

除了 CDC 管道中摄取的行数外，最好分别存储插入、更新和删除的行数。CDC 通常提供开箱即用的信息，拥有这些指标将允许你构造更精确的数据质量和管道监控检查。图 4.19 展示了元数据存储库中的指标表如何查找 CDC 管道。注意，为了简洁起见，我们省略了 server 和 IP 等常用字段。

op_type	start_ts	end_ts	duration	inserts	updates	deletes
cdc	2019-05-02 12:00:00	2019-05-02 12:01:00	60	10	129	2
cdc	2019-05-02 12:01:00	2019-05-02 12:02:00	60	7	100	1

图 4.19　数据库 CDC 摄取管道的管道指标示例

这里，我们将单行的计数指标拆分为插入、更新和删除操作的独立指标。此外，start_ts、end_ts 和 duration 不再表示摄取这些行所花费的时间。相反，它们确认了我们用来计算这些指标的观察窗口的边界和持续时间。

最后，摄取管道的另一个重要指标是在给定的摄取批次或流的观察窗口中是否存在任何模式的变化。知道源模式发生了变化，可以允许我们为解决由于模式变化可能导致的一些问题而构建各种报警和自动化。我们将在第 6 章中详细讨论模式管理。

4.3 从文件中摄取数据

使用文件传递数据可能是最古老的 ETL 管道类型之一。各种系统都支持将数据导出到 CSV 或 JSON 等文本文件中，这使得这种类型的数据交换相对容易实现。文件也是与第三方交换数据的一种流行方式，因为它们在源系统和目标系统之间提供了很好的分离。你可以将源数据保存到一个文件中，然后将该文件加载到许多不同的系统中，而无须在这两者之间建立直接的连接，从而最大限度地降低安全风险和减少对性能的负面影响。

虽然看起来文件是交换数据的最简单方式，但实现一个健壮的基于文件的数据摄取管道并不简单。像 CSV 这样的文本文件格式缺乏格式强制——生成文件的系统可能与消费数据的系统使用一组不同的规则来格式化 CSV 文件。像 JSON 这样的文件格式具有更严格的格式，但仍然缺乏强制模式或数据类型的方法。

> **注意** 所有 CSV 工具都应该遵循一个正式的规范（https://tools.ietf.org/html/rfc4180），但我们的经验表明，上游数据生产者通常选择实现他们自己的编写 CSV 文件的方式，而不总是遵循标准。你需要用一种防御方式来建立你的摄取管道，以应对这种可能性。

我们将在本章中讨论不同文件格式的差异，在云数据平台设计中，将文件解析为数据元素并不是摄取层的职责。相反，它是在处理层完成的，我们将在第 5 章中详细讨论。

将文件传递到云数据平台有两种主要方式。第一种是使用标准的文件传输协议（File Transfer Protocol，FTP）或 SFTP（SFTP 是 FTP 的一种更安全的版本）。FTP 是一个许多 ETL 工具都支持的流行协议。它需要一个专用服务器来保存文件，并允许各种客户端使用用户名和密码作为身份验证选项来与其进行连接。

如图 4.20 所示，FTP 服务器通常放在内部，而摄取应用程序（无论是现有的 ETL 工具还是云 ETL 服务）连接到 FTP 服务器，并从中拉取所需的文件，将它们存放到数据平台上的云存储中。

这种方法有几个限制。首先，你需要在 FTP 服务器和云数据平台之间建立安全的网络连接。其次，FTP 服务器通常依赖于本地存储来存储文件。这意味着如果你计划摄取大量的数据，那么需要相应地规划 FTP 存储。

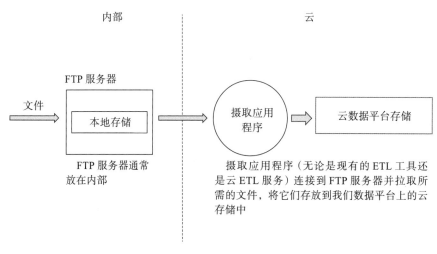

图 4.20 从内部 FTP 服务器上摄取文件

另一种逐渐取代传统 FTP 文件交换的方法是使用云存储。如图 4.21 所示。

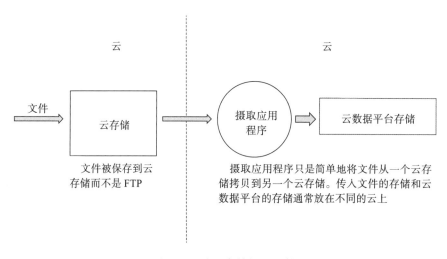

图 4.21 从云存储摄取文件

在这里，文件被保存到云存储中，而摄取应用程序只是将文件从一个云存储拷贝到另一个云存储。云存储相对于 FTP 的好处是弹性存储，可以使用云供应商提供的、使网络配置更简单的安全文件传输机制、网络安全选项（如在一段时间后过期的临时访问密钥），以及数据访问审计功能。

传入文件的存储和云数据平台的存储通常放在不同的云上。请记住，在云提供商之间传输数据是有成本的——所有的云供应商都会对将数据拷贝到其环境收取费用。云存储的好处是你可以获得弹性存储，而不必担心存储的大小。此外，使用云供应商提供的文件传输安全机制可以使网络配置更加简单。通常这涉及某种安全访问密钥。云存储还提供了其他安全选项（比如创建一个临时访问密钥，该密钥在一段时间后过期），以及数据访问审计功能。

4.3.1　跟踪已摄取的文件

与从 RDBMS 摄取数据不同，使用文件，我们不太关心是在处理全表摄取还是增量表摄取。FTP 或云存储上的文件是不可变的数据集——一旦源系统完成了对它的写入，它就不会再改变。这意味着你的摄取管道不应该关注跟踪文件的哪些特定内容已经被摄取，哪些没有被摄取。但需要仔细跟踪哪些文件已经被摄取到云数据平台，哪些还没有。

跟踪哪些文件已被摄取的方法之一是在 FTP 或云存储上构建文件夹，其中有"incoming"（传入的）和"processed"（已处理的）文件夹，如图 4.22 所示。

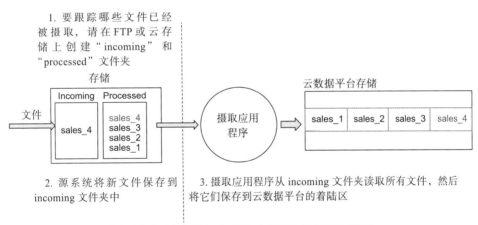

图 4.22　使用 incoming 和 processed 文件夹来跟踪已摄取的文件

在这种方法中，你将在源 FTP 或云存储系统上创建两个文件夹：incoming 和 processed。源系统将新文件保存到 incoming 文件夹中。摄取应用程序从 incoming 文件夹中读取所有文件，然后将它们保存到云数据平台的着陆区。文件成功保存到数据平台后，摄取应用程序将其拷贝到源系统上 processed 文件夹中，并将其从 incoming 文件夹中删除。你不需要将文件长期保存在 processed 文件夹中，但我们发现将文件在这里保存几天（取决于你的摄取计划）是很有用的，因为这有助于调试可能存在的摄取问题。你可以安排一个定期清理 processed 文件夹内容的进程。

虽然这看起来是一系列复杂的步骤，但这种方法有几个主要的好处。首先，你的摄取应用程序不需要实际跟踪哪些文件已经被处理了，哪些还没有。它可以从 incoming 文件夹中读取所有文件，知道此文件夹中只会存在新文件。其次，只需将某些文件从 processed 文件夹拷贝到 incoming 文件夹，并让摄取应用程序遵循常规的顺序，就可以很容易地重复摄取某些文件。请注意，要使此方法正确工作，确保摄取应用程序能够正确地处理任何相关异常非常重要。例如，如果由于某种原因，将文件拷贝到云数据平台的着陆区失败，那么文件就不应该拷贝到 processed 文件夹中，而应留在 incoming 文件夹中，以便下次重新使用。

通常，对于任何基于文件的摄取管道，我们都会推荐这种双文件夹的方法。不幸的是，有些情况下这是不可能的。例如，如果源系统已经在 FTP 或云存储上使用了某个文件夹来组织文件，或者如果你没有权限来将文件从源系统上的一个文件夹移动到另一个文件夹（从第三方摄取文件时很常见），那么就需要使用一个不同的方法。

这里有一种可能的不同方法。存储在 FTP 或云存储上的每个文件都存储了一组元数据。文件的一个属性是最后一次修改文件的时间戳。我们可以使用这个时间戳来识别特定时间之后添加的新文件。我们在这里使用的方法与 RDBMS 的增量表摄取非常相似。我们的想法是跟踪到目前为止看到的所有文件的最后修改的时间戳的最大值，并且只摄取时间戳大于此高水位线的文件。摄取应用程序需要与数据平台元数据库一起存储和获取高水位线值，如图 4.23 所示。

因为与 RDBMS 不同，FTP 和云存储都不支持查询语言，所以该过程的第一步是列出源存储中的所有可用文件，以及每个文件最后修改的时间戳的值（1）。接下来，摄取应用程序需要从元数据存储库（2）中获取当前的高水位线值。然后，它可以使用这个值来过滤文件列表，只过滤最后修改的时间戳大于当前水位线的文件（3）。最后，摄取应用程序需要找到剩余文件中的最大时间戳，并将其作为新的水位线保存回元数据存储库中（4）。

这种方法通常比两个文件夹的方法更复杂。值得一提的是，许多现有的 ETL 工具可以实现图 4.23 所示的过程，因此你不必担心所有步骤是否都正确。例如，Apache NiFi 有 ListS3、ListAzureBlobStorage、ListGCSBucket 和 ListSFTP 处理器来处理高水位线和文件过滤过程。在这种情况下，ETL 工具的问题是，它们通常将高水位线存储在某种内部存储库中，这种存储库不够灵活，无法满足所有管道元数据的需要。你还需要确保定期备份

ETL 工具存储库，因为丢失有关高水位线的信息意味着你不能再分辨出哪些文件已经被摄取。这种方法的另一个缺点是，如果你要处理数千个文件，那么只列出源系统中的所有文件并过滤它们的操作就会变得非常慢。对于云存储来说尤其如此。

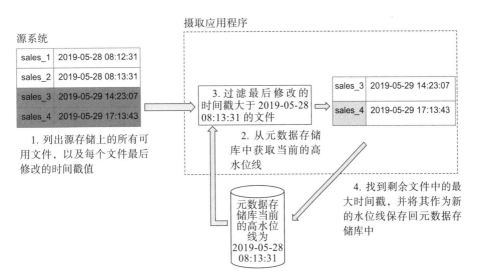

图 4.23　跟踪文件最后修改的时间戳

与前面跟踪摄取文件的方法略有不同的是，使用表示给定文件上传的日期和时间的名称来组织 FTP 或云存储上的文件夹。例如：

```
/ftp/inventory_data/incoming/2019/05/28/sales_1_081232
```

在这里，我们可以看到 FTP 上的目录结构包含上传文件的年、月和日，时间戳包含在文件名里。使用这样的目录结构可以将列出所有文件的范围缩小到只列出表示最近日期的文件夹中的文件。例如，如果你的摄取应用程序是在 2019-05-28 运行的，那么它只能列出相应目录中的文件。当源系统上的文件数量显著增加时，这有助于提高性能。

值得注意的是，使用时间戳跟踪方法会使重新执行某个或多个文件的摄取变得更加复杂。你需要调整元数据存储库中的水位线值，以强制进程再次摄取特定的文件，如果多个文件具有相同的时间戳值，那么可能无法重新处理单个文件。

注意　如果你将云存储作为文件的源系统来处理，那么有必要检查你的特定云供应商提供了哪些文件拷贝工具。例如，你可以使用 Google Cloud 上的 gsutil rsync 工具来同步两个 Google Cloud Storage 目标之间的文件，或者 Google Cloud Storage 与本地

文件系统之间的文件，甚至 Google Cloud Storage 与 S3 之间的文件。这个工具可以跟踪哪些文件被添加到目的地，并且只为你拷贝新文件。其他云供应商也有类似的工具，比如 Azure 上的 blobxfer（https://github.com/Azure/blobxfer）和 AWS 上的 s3 sync。如果你要向云数据平台传输大量的初始数据，那么使用这些工具是很方便的。

请记住，这些工具实际上并没有存储关于哪些文件已被摄取，哪些文件未被摄取的任何信息，而是比较源和目标上文件的列表和校验和，从而识别新的或已修改的文件。这意味着你不能轻松地重置高水位线来重新执行某些文件的摄取。

> **练习 4.4**
> 什么时候你会选择跟踪元数据层中已摄取的文件，而不是使用"incoming"和"processed"文件夹结构？
> 1. 当源系统已经具有预定义的文件夹结构时
> 2. 当你处理大量的小文件时
> 3. 当你处理大量的大文件时
> 4. 当你关注管道性能时

4.3.2 捕获文件摄取元数据

与 RDBMS 摄取过程一样，重要的是要捕获有关基于文件的摄取管道的统计信息和其他元数据。不过，与 RDBMS 不同的是，在摄取过程中，我们不会捕获每个文件中的行数。行数对于文件和数据库都非常重要，但是我们需要在处理过程中执行，而不是在摄取过程中执行。

在处理过程中这样做的主要原因是可伸缩性。当从 RDBMS 读取数据时，你通常可以"免费"获得从表中获取的行数，这意味着该信息可以通过客户端库获得，或者你可以发送一个 SQL 查询从数据库获取该行数。客户端（你的摄取应用程序）不需要做任何额外的处理来获取行数。

对于文件，情况就不同了。如果你需要计算文件中的行数，首先需要确切地知道要处理的文件格式。然后在摄取应用程序中实现特定的解析功能。最后，将文件分成行并在摄取应用程序代码中计算行数。这种方法无法扩展到大文件，因为摄取应用程序通常在本质上不是分布式的，这意味着它们运行在单个虚拟机上，不能将大文件拆分成较小的块，并在单独的 VM 上处理每个块。我们已经看到 ETL 工具在试图解析一个几十 GB 大小的 CSV 文件时遇到了问题。

因此，我们将把捕获文件行数的工作交给处理层，使用分布式数据处理引擎可以轻松地扩展到任何文件大小。我们将在第 5 章中对此进行更多的讨论。

我们建议为文件摄取管道捕获的一些统计信息和元数据与我们前面讨论的 RDBMS 的情况类似。为源系统起个名字很重要，这可以帮助你识别文件的出处。例如，你可以为 FTP 服务器或源云存储起一些描述性的名字，如 "inventory_ftp" 或 "demographics_s3"。了解并存储这个特定源的文件类型也很有用，因为以后处理层可以使用它来知道使用哪个解析库从这个源读取数据。文件的大小和摄取的持续时间也是有用的指标，你以后可以利用这些指标来检测文件大小或摄取时间 SLA 方面的任何异常。

最后，正如我们前面提到的，有时文件名本身编码了一些有用的信息。可以是生成文件的具体时间、生成文件的源系统的名称等。我们还看到了一些其他信息，比如文件名中包含了州或省的名称，这表明我们应该只检查文件中该地理位置的数据。在元数据存储库中保留完整的文件名有助于追踪数据问题。实际上，我们建议将文件的完整路径存储在源系统上，因为有时目录结构也包含有用的信息。

图 4.24 总结了对于文件摄取管道方面应该考虑的常见元数据。

source_name	file_type	start_ts	end_ts	duration	file_name	full_path	file_size
inventory_ftp	CSV	2019-05-02 07:00:00	2019-05-02 07:12:00	720	inventory_CA.csv	data/incoming/inventory/2019/05/01/	268435456
demographics_s3	JSON	2019-05-05 12:00:00	2019-05-05 12:02:00	120	dem_full.json	s3://share/demographics/latest	524288000

图 4.24　文件摄取管道的元数据示例

4.4　从流中摄取数据

流正在成为在多个软件系统之间交换数据的一种越来越流行的方式，Apache Kafka 成为消息传递系统事实上的标准。这意味着作为数据平台设计者，我们需要考虑将 Kafka 或类似的系统作为可能的数据源之一。本节将主要关注 Kafka，但还有其他的消息传递系统，你可以将其视为平台的数据源。所有主要的云供应商都有自己的具有类似属性的服务：Google Cloud Pub/Sub、Azure Event Hubs 和 AWS Kinesis。我们在本节中描述的挑战和解决方案适用于所有此类系统。

当涉及从流中摄取数据时，我们通常会看到两种主要场景。第一种场景是流或实时摄取。在此场景中，从最终用户的角度来看，重要的是要尽可能快地将数据摄取到云数据平台（包括仓库），但随后这些数据将以特定的（不一定是实时的）方式用于分析。

第二种场景是，除了实时摄取数据外，当数据进来的时候，还需要执行一些重要的计算和分析。这称为实时分析，而不是实时摄取。本章将重点关注实时摄取场景，而实时分析将在第 6 章中详细介绍。

从流系统中摄取数据与从 RDBMS 或文件中批量摄取数据有很大的不同。主要的区别在于，当上游应用程序编写消息时，我们从消息总线一个接一个地接收消息，而不是同时接收多个数据元素（RDBMS 中的行、文件中的 JSON 文档等）。一个例外是 CDC 摄取管道，它实际上是一个流摄取管道。

如果我们一个接一个地接收消息，就不能再将它们作为文件保存到云存储着陆区——这意味着为每条消息创建一个文件！流系统通常以非常高的速率接收消息，因此从性能的角度来看，将消息直接保存到云存储中是行不通的。这就是数据平台架构中的快存储发挥作用的地方。

想象一下，你的应用程序开发团队已经在使用 Kafka 作为他们的微服务的消息交换平台。这个 Kafka 集群要么部署在内部，要么部署在云上（不一定与你的数据平台在同一个云上）。图 4.25 显示了你的数据平台是如何被构建成使用 Kafka 进行流摄取的。

将数据写入 Kafka 的应用程序通常被称为生产者（1）。我们需要一个摄取应用程序，其能够从 Kafka 读取消息流，并将其发布到数据平台的快存储中（2）。流摄取过程的这一步可以用几种不同的方式来实现。Kafka 本身带有一个称为 Kafka Connect（https://kafka.apache.org/documentation/#connect）的组件，其允许你从不同的源读取数据并发布到 Kafka（源），也可以从 Kafka 读取数据并发布到目的地（接收器）。你可以把 Kafka Connect 与 Google Cloud Pub/Sub、AWS Kinesis 或 Azure Event Hubs 一起使用来作为接收器，这样就可以建立从源 Kafka 到云数据平台消息总线（3）的消息复制。这个选项是最容易实现的，但它需要对 Kafka 配置本身进行修改。在某些情况下，你可能不能这样做，因为负责现有 Kafka 集群的人可能正忙于其他工作，当前的数据中心可能存在硬件限制，等等。

另一种方法是创建一个专门的应用程序，从 Kafka 读取消息，并将其发布到云数据平台。这是相对容易实现的，因为对于大多数流行的编程语言，Kafka 都拥有库。我们建议找到一个开箱即用的解决方案，将数据从 Kafka 复制到云数据平台的快存储中，因为，虽然实现一个简单的 Kafka 消费者应用程序很容易，但你仍然需要进行错误处理、合适的日志策略，如果要处理大量的数据，则需要将应用程序扩展到多台机器。一些现有的 ETL 工具支持 Kafka 作为源，所以有必要检查一下有哪些可以为你所用。在 Google Cloud Platform 上，你也可以使用 Cloud Dataflow 来在摄取过程中实现这一步。使用 Cloud Dataflow，你可以在完全控制实现细节的同时获得开箱即用的可伸缩性、日志记录和错误处理。

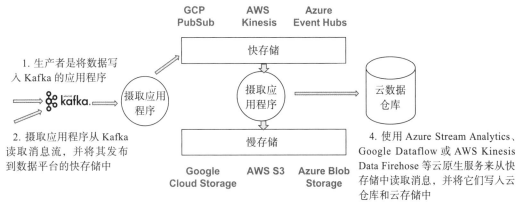

3. Kafka Connect 允许你从不同的源读取数据并发布到 Kafka（源），也可以从 Kafka 读取数据并发布到目的地（接收器）。将 Kafka Connect 与 Cloud Pub/Sub、AWS Kinesis 或 Azure Event Hubs 一起使用来作为接收器，将消息从源 Kafka 复制到云数据平台消息总线

1. 生产者是将数据写入 Kafka 的应用程序

2. 摄取应用程序从 Kafka 读取消息流，并将其发布到数据平台的快存储中

4. 使用 Azure Stream Analytics、Google Dataflow 或 AWS Kinesis Data Firehose 等云原生服务来从快存储中读取消息，并将它们写入云仓库和云存储中

图 4.25　将流数据摄取到数据平台

一旦云数据平台的快存储中有了数据，我们就需要将其传递到云数据仓库以及用于归档和其他目的的慢存储（4）。为此，我们需要另一个应用程序，其将从快存储中读取消息，并将它们写入云仓库和云存储中。幸运的是，这可以主要由云原生服务来处理。例如，在 Azure 上，你可以使用 Azure Stream Analytics，它可以从 Azure Event Hubs 读取消息，并将它们写入 Azure SQL Warehouse 中。在 Google Cloud Platform 上，你可以使用 Cloud Dataflow 来从 Cloud Pub/Sub 中读取消息，并将它们写入 BigQuery 中。在 AWS 上，类似的功能可以通过 Kinesis Data Firehose 来实现。Kinesis Data Firehose 将从 AWS Kinesis 读取消息，并将它们写入 Redshift 仓库中。虽然可以使用现有的库实现类似的应用程序，但我们强烈建议使用这些原生服务——它们提供了与相应的消息总线系统和各种云目的地的更好的集成。

> 📷 注意　目前只有 Google BigQuery 支持云仓库的实时摄取。虽然 AWS Redshift 和 Azure SQL Warehouse 都支持逐行插入，但它们仍然需要对多个插入进行批量处理以获得合理的性能。这种批量处理通常是可配置的，并且很容易使用前面提到的一种服务进行调整。我们将在第 9 章中更多地讨论不同仓库之间的差异。

一些云服务（Azure Stream Analytics、Google cloud Dataflow 和 AWS Kinesis Data Firehose）可以用来将消息保存到常规的云存储中。我们需要记住，云存储并不是为处理大量小文件而优化的，所以如果我们将每条消息作为一个单独的文件来写的话，那么管道的性能将非常糟糕。相反，一种常见的方法是将消息批量组织在一起，并将它们作为单个的大文件写入存储。我们建议将文件的大小保持在几百兆左右。如果你的摄取流的量很小，这不太可能实现。你需要在生成的文件大小和积累这些消息所需的时间之间找到一个平衡点。

> 📷 注意　如前所述，AWS 和 Azure Cloud Warehouse 在将消息插入表之前必须将它们批量组织在一起。批量的大小不必与将文件写入云存储的批量大小一样。通常，你希望将仓库的批量大小尽可能保持在性能所允许的范围内，以便用户能够近乎实时地获得最新的数据。云存储的批量大小将更大，以获得更大的结果文件。

在某些情况下，你将没有一个现成的 Kafka 服务来实时读取消息。例如，假设你的开发团队正在实现一个全新的应用程序，他们希望能够将消息推送到云数据平台以进行进一步的分析和归档。在这种情况下，我们可以将云数据平台的快存储提供给这个应用程序。

这个过程与我们之前所描述的非常相似，除了不需要一个 ETL 工具或者一个专门的摄取应用程序来简单地将消息从 Kafka 传输到云数据平台。图 4.26 展示了涉及的步骤。

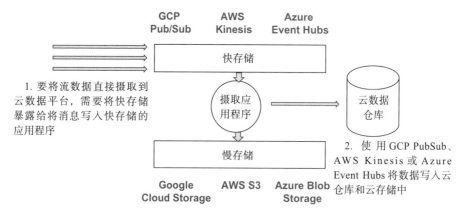

图 4.26　将流数据直接摄取到云数据平台

我们将向需要发布消息的应用程序暴露我们的快存储（1），而不是使用 ETL 工具或专门的摄取应用程序来将消息从 Kafka 传输到云数据平台。这些应用程序需要实现定制代码，该代码将使用云供应商提供的客户端库将消息写入快存储。

一旦数据被发布到快存储中，过程是一样的——使用一个云服务来将数据写入云仓库和云存储中（2）。

4.4.1　批量摄取和流摄取的区别

有些事情在流摄取管道中比在批量摄取管道中更简单，反之亦然。我们将在本节中概述一些主要的区别。

在流摄取中，你不需要担心跟踪哪些数据已经被摄取并处理了，以及哪些数据是新的。这种跟踪对于 RDBMS 和文件摄取是至关重要的。对于流管道，这就不那么令人担忧了。对于消息总线系统（如 Kafka 或任何类似的流式云服务）来说，跟踪哪些消息已经被消费了，哪些消息还没有被消费是一个常见的功能。我们的摄取应用程序将在消息传入时一直读取它们，并定期检查最后处理回 Kafka 本身的偏移量。偏移量是每条消息的序列号。这允许摄取应用程序能够轻松地从崩溃或计划的停机中恢复——它将从 Kafka 中读取最新处理的偏移量，并继续从该偏移量向前读取消息。类似的功能也存在于 Google Cloud Pub/Sub、Azure EventHubs 和 AWS Kinesis 等云服务中。

这种偏移跟踪方法有一个副作用。对于每条已处理的消息，如果摄取应用程序需要将最新处理的偏移量写回 Kafka，那么将显著地影响管道的性能，因为我们现在需要为每个读操作执行一个写操作。在实际的应用中，偏移量通常以可配置的时间间隔定期保存。这意味着如果你的摄取应用程序崩溃了，或者如果 Kafka 本身有问题，那么当摄取应用程序重新上线时，它将会读取一些它已经处理过的消息。这种情况在生产系统中发生的频率比你想象的要高。

📝注意　有关 Kafka 的更多信息，包括实现细节以及使用 Kafka 实现应用程序的各种策略，建议参考 https://www.manning.com/books/kafka-in-action。

因此，流摄取管道需要能够处理重复的消息。一些流数据处理系统（如 Google Cloud Dataflow）就有内置的功能，允许你清除传入数据中重复的内容。在其他情况下，你需要在云数据平台的处理层中实现特定的步骤，从而清除传入数据中重复的内容。这通常是通过

在每条消息中包含一个唯一的标识符来实现的。我们将在第 5 章中更多地讨论重复数据的清除。要记住的一点是，要实现有效的重复数据清除策略，每条消息都应该具有某种唯一的标识符。

构建流管道的另一个重要考虑因素是潜在的大量传入消息。如果你正在使用现成的 ETL 工具或定制的应用程序来实现流摄取管道的第一步，其将消息从 Kafka 移到数据平台的快存储，那么你需要评估这种方法的可伸缩性。如果你的解决方案只能在单个虚拟机上处理传入的流消息，那么你很可能会遇到可伸缩性方面的限制。为了确保管道中的第一步不会成为瓶颈，你需要使用一个分布式消息处理系统，比如 Kafka Connect、Spark Streaming 或者 Apache Beam。

与文件或数据库等批量源（数据通常长期保存在消息总线系统中）不同，消息通常会被定期清除。这样做的原因通常与传入消息的数量有关。一个可靠的消息总线需要将消息复制到多台机器上，因此需要大量的存储和计算资源来长期存储这些消息。在 Kafka 中，消息的有效期为一周或更短的情况并不少见。当然，这是可配置的，取决于消息的规模和集群的大小。在云系统（比如 Cloud Pub/Sub）中，一旦用户应用程序确认接收到了消息，那么就可以自动把这些消息清除。

这些过期策略使得重新处理流数据比重新处理来自批量源的数据更加复杂。为了实现一个健壮的重新处理管道，我们需要利用保存到云存储中的存档数据来作为摄取管道的一个步骤。但是由于我们的下游转换期望的是流而不是文件，因此我们需要实现一个步骤，该步骤读取文件，将其分解为单独的消息，并再次将这些消息推送到流管道。这样，新传入的消息和重新处理的消息将被同等对待。

4.4.2 捕获流管道元数据

正如你现在可能已经意识到的，在云数据平台设计中，流数据有两种表示。第一个是实时流，由我们的平台消息一次处理一个，用于实时摄取到仓库、实时分析或两者兼而有之。当涉及为流捕获管道元数据时，需要区别对待这两种表示。

流管道的重要元数据类似于我们在本章前面的 CDC 部分中讨论的内容。为了能够快速评估管道的健康状况，我们需要测量在固定的时间段内处理了多少消息。这个时间窗口将取决于你的特定场景，可以是几分钟到几个小时。请考虑你的总体消息量来决定指标收集的最佳时间窗口。如果你每分钟只收到几条消息，那么更大的指标窗口（比如一个小时）将为你提供更好的基线，你可以用来实现监控。对于规模较大的流，你需要使用一个较小的窗口，以确保你不会错过任何可能指示管道问题或上游应用程序问题的突然增加或减少。事实上，我们在现实的云数据平台中已经看到过这样的例子：对流管道中消息量的监控检查，在应用程序本身检测到之前，就已经检测到了上游应用程序的中断——管道观察到消息量下降到低于基线，就会立即触发警报。

在图 4.27 中，我们有两个流源：一个是来自 Web 应用程序的点击流，另一个是某种物联网传感器。正如你所看到的，不同的源可以使用不同的时间窗口来捕获消息吞吐量。

source_name	start_ts	end_ts	duration	messages
web_events	2019-05-02 12:00:00	2019-05-02 12:05:00	300	1038
sensor1	2019-05-02 12:00:00	2019-05-02 12:01:00	60	7800

图 4.27 流管道的元数据

如前所述，流管道还将定期将成批的消息刷新到常规云存储中。这个操作的时间窗口通常会比用于捕获流管道统计信息的时间窗口要大——我们需要以这样的方式来选择它，以免最终产生大量的小文件。

在图 4.28 中，我们正在将成批消息写入 Google Cloud Storage（GCS）中，并假设消息是以 JSON 格式到达。我们对规模较小的流使用较大的时间窗口，对吞吐量较高的流使用较小的窗口。我们还假设消息足够大，可以产生至少 100 兆的文件。

source_name	path	start_ts	end_ts	duration	messages
web_events	gs://archive/web_events/2019/06/08/webevents_01.json	2019-05-02 12:00:00	2019-05-02 12:15:00	900	35231
sensor1	gs://archive/sensors/sensor1/2019/06/08/sensor1_05.json	2019-05-02 12:00:00	2019-05-02 12:05:00	300	32265

图 4.28 云存储上流管道归档的元数据

请注意，我们将文件保存到 Google Cloud Storage 上的专用归档桶中，并使用以日期分区的文件夹结构。我们将在第 5 章中详细讨论云存储上的数据组织。

4.5 从 SaaS 应用程序摄取数据

SaaS 应用程序对于所有类型的分析应用程序来说是越来越流行的数据源。如今很难找

到一家不使用 SaaS CRM 或营销管理解决方案的企业。不过，从 SaaS 源中提取数据也有其
独特的挑战。

出于安全性和可伸缩性的考虑，SaaS 应用程序的开发人员永远不会让你直接访问底层
数据库。这给我们留下了两种常用的提取数据的方法：API 和文件导出。现在文件导出越来
越不常见了，因为 API 为消费者提供了更多的灵活性，并为 SaaS 应用程序的所有者提供了
更多的控制。

目前，大多数 SaaS 应用程序都通过 HTTP 提供 REST API。这意味着你作为 API 的
消费者可以对 HTTP 或 HTTPS URL 进行简单的调用，提供此 API 所需的一些参数，并从
SaaS 应用程序获得响应。响应通常以 JSON 格式包装，但有时也使用 XML。

图 4.29 展示了通过 HTTP 的 REST API 摄取数据所涉及的步骤。与本章中所描述的所
有其他摄取场景一样，我们需要某种摄取应用程序来负责与 SaaS 应用程序交互，并将结果
保存回云数据平台。首先，这个摄取应用程序需要以某种方式与 SaaS 端进行身份验证，以
证明它被允许访问 API 背后的数据（1）。不同的 SaaS 提供商使用不同的身份验证方法：用
户名 / 密码组合或身份验证令牌，如今使用 OAuth 协议对 Web 应用程序来说是越来越流行
的身份验证机制（https://oauth.net）。你需要与 SaaS 提供商所使用的任何方法打交道。

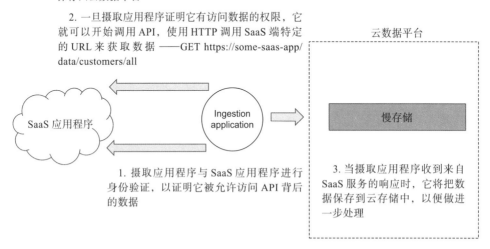

图 4.29 一个请求 SaaS 应用程序的 API 示例

一旦摄取应用程序证明它有访问数据的权限，那么它就可以开始调用 API 来获取数据
（2）。这些调用是对 SaaS 端特定 URL 的 HTTP 调用，有时带有指定要获取哪些特定对象的

参数，等等。在图 4.29 中，我们从一些假设的 SaaS 服务中获取完整的客户数据。URL（或 API 端点）的设计是特定于每个 SaaS 提供商的，因此你需要研究 API 文档来了解存在哪些端点、它们公开哪些数据以及它们接受哪些参数。

最后，当摄取应用程序收到来自 SaaS 服务的响应时，它需要将数据保存到云存储中以便进做一步处理（3）。通常，Web API 会以 JSON 文档或文档集合的形式返回数据。

看起来为 SaaS 应用程序构建摄取管道很简单。毕竟，我们只需要进行一系列 HTTP 调用，并将生成的文档保存到云存储中。所有编程语言都有用于进行参数化 HTTP 调用的库，许多云或第三方 ETL 工具都有完成相同任务的组件。在现实中，实现健壮的 SaaS 摄取管道面临许多挑战。

4.5.1　没有标准的 API 设计方法

目前还没有关于如何设计 SaaS API 的标准。每个提供商都会提供一套自己的端点和所需的参数。例如，在一个 SaaS 应用程序中，你可以获取现有客户的完整列表，以及每个客户的所有详细信息。另一个提供商可能决定不允许完整的数据导出（以防止系统负载），但将为你提供两个端点：一个仅用于获取客户唯一标识符，另一个用于获取给定客户标识符的详细信息。这为按照 SaaS 开发人员所决定的设计而量身定做的特定 SaaS 应用程序提供了一个摄取管道。如果需要处理多个 SaaS 源，那么你需要构建一个能够理解几十个 API 端点的摄取管道。

4.5.2　没有标准的方法来处理全数据导出和增量数据导出

与从数据库中摄取数据不同，没有从 SaaS 源实现全数据导出或增量数据导出的通用方法。同样，你的命运掌握在 SaaS API 开发人员手里。我们使用的一些 SaaS 系统没有提供增量摄取功能，因为没有 API 来告诉我们 SaaS 中哪些对象发生了变化。其他的可能只提供增量数据导出 API。成熟的平台（比如 Salesforce）通常会给你两个选项。一个是 API 端点，用来获取给定对象的所有唯一标识符的列表，然后第二个 API 使用标识符作为输入参数来获取特定对象的详细信息。第二个选项是专用 API，它使用开始时间戳和停止时间戳作为输入参数，仅为新的和更新的对象获取标识符。然后使用这些 id 来调用 "Fetch Details"（获取详细信息）端点，并实现一个增量摄取管道。

4.5.3　结果数据通常是高度嵌套的 JSON

JSON 是一种流行的 Web 应用程序数据交换格式，因此大多数 SaaS API 返回 JSON 数据也就不足为奇了。当执行分析任务，特别是将 SaaS 数据加载到云数据仓库时，需要考虑几件事。首先，并不是所有的云仓库都支持存储和查询嵌套数据。目前，只有 Google BigQuery 和 Azure Cloud Warehouse 支持 JSON 类数据。如果你计划使用 Redshift，那么将需要实现一个额外的转换过程，该过程将把 JSON 文档解套成单独的表。即使你的仓库支持嵌套数据结构，可能也需要实现这样的过程。根据经验，许多分析人员发现很难浏览具有多层嵌套的复杂 JSON 文档，他们更喜欢将这些文档分解成多个"平面表"，以便人们更容易进行推理。计算机程序容易生成的东西对于人类来说并不总是容易处理的。

考虑到这些挑战，在为 SaaS 应用程序实现摄取过程时，我们的建议是仔细评估需要进行的开发（和未来的维护）量。如果你只处理一个 SaaS 应用程序（这在当今是很少见的），并且该应用程序的 API 相对成熟，那么你可以决定实现自己的摄取应用程序。

另一方面，如果你正在与多个 SaaS 数据源打交道，并且预计这些数据源的数量会随着时间的推移而增加，那么我们建议你寻找可以帮助你将 SaaS 数据集成到云数据平台的现成产品和服务。有许多 SaaS 服务可以提供从其他应用程序提取数据并将它们保存到你选择的目的地。Fivetran（https://fivetran.com/）就是一个很好的服务，其支持市场上大多数流行的 SaaS 应用程序，并可以将提取的数据保存到你所选择的云平台中。对于一些 SaaS 服务，它还可以将嵌套的 JSON 结构分解成一组关系表，数据分析人员和 BI 工具可以很容易地查询这些表。

当涉及为 SaaS 数据摄取管道捕获元数据和统计信息时，适用于与 RDBMS 和文件类似的规则。当今，大多数 SaaS 应用程序只提供以批量模式访问数据。这意味着你至少要捕获以下元数据项：

- ❑ SaaS 源的名称
- ❑ 此源（客户、合同等）中特定对象的名称
- ❑ 摄取的开始时间和结束时间
- ❑ 获取的对象数

4.6　将数据摄取到云中需要考虑的网络和安全问题

在为云数据平台实现数据摄取管道时，你需要规划数据平台将如何实际连接到数据源。

你可能有位于内部网络的源，也可能有部署在不同云上的源。虽然深入云网络的细节超出了本书的范围，但我们将概述几个在实际平台中的常见场景。

将其他网络连接到你的云数据平台

一个常见的场景是将源部署在内部或另一个云上。"另一个云"在这里指的是一个不同于你用于数据平台的云提供商，或者是同一个云提供商的不同项目。要使摄取管道正常工作，必须有某种方法使摄取应用程序能够连接到这些数据源。你不太可能有一个可以直接访问互联网的数据库。这意味着必须在云和内部资源之间建立某种安全连接。三大云提供商都为你提供了一种将云资源部署到通常称为虚拟私有云（Virtual Private Cloud，VPC）的方法。Azure 将其称为虚拟网络，但是为了简单起见，我们将使用 VPC 这个术语。

VPC 允许用户通过虚拟网络结构来限制对云资源的访问。如果你将云数据平台组件部署到 VPC 中，那么只有 VPC 内部的资源才可以相互通信。你可以将你的 VPC 划分为不同的子网，从而进一步限制你的数据平台中哪些资源可以相互通信。例如，将摄取层隔离到它自己的子网就是一个很好的实践，因为摄取层总是需要与外部资源打交道。当然，这过于简单了，因为云网络配置方面的内容比我们在本书中描述的要多得多。出于本节的目的，让我们假设你的云数据平台部署在自己的 VPC 中，并且有一个专门的子网用于摄取组件，如图 4.30 所示。

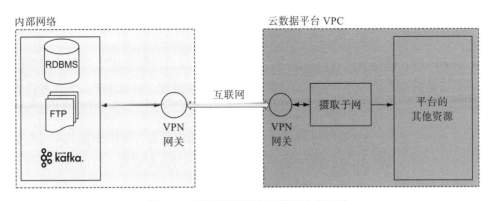

图 4.30　将云数据平台连接到内部网络

当数据源和数据平台本身部署在两个不同的网络上时，在两者之间建立连接的方法之一是使用 VPN 网关。所有云厂商都有一些版本的 VPN 网关服务，可以部署在你的 VPC 中，并与内部或云上的网关相连。使用 VPN 连接可以在互联网上安全地传输数据，因为所有数据都是实时加密的。

注意 如果你计划将大量数据从内部传输到云，那么是否可以使用直连是值得探讨的。所有的云提供商都提供了一种服务，允许在某些连接和云之间使用专用连接，如 AWS Direct Connect、Azure ExpressRoute 和 Google Cloud Interconnect。

如果你正在使用一些云提供商的 PaaS 解决方案（如 Azure Event hub 或 Google Cloud Storage）作为数据源，那么需要了解这些数据源是如何部署的。通常，这些服务被部署为全局服务，意思是它们不属于你的 VPC。在这种情况下，你需要依靠云提供商的身份验证和加密功能来在源和数据平台之间建立安全连接。今天，我们看到一种趋势，即云供应商将这些服务部署到客户 VPC 中，以提供额外的控制和安全。例如，Azure Blob Storage 访问可以被限制在特定的虚拟网络中。如果你需要使用这样的服务作为数据源，那么我们所讨论的同样的模式也是适用的——你需要在两个网络之间建立 VPN 连接。

如果你正在与 SaaS 源打交道，那么将通过互联网建立连接。如今，所有主要的 SaaS 提供商都通过 HTTPS 提供 API，这意味着 SaaS 应用程序和你的摄取应用程序之间的通信将被加密。由于 SaaS 应用程序是全球可用的，因此不需要建立专门的网络连接。

总结

❑ 摄取数据较为复杂，因为现代数据平台必须支持从各种不同的数据源（通常是 RDBMS、文件以及通过 API 的 SaaS 和流）摄取数据，通常可以跨不同的源数据类型，以高速、一致、统一的方式摄取数据。

❑ 从 RDBMS 摄取数据时，主要考虑因素包括需要将源数据库中的列数据类型映射到云数据仓库支持的数据类型，需要自动化摄取过程，以减少手工工作并提高准确性，以及需要处理不断变化的源数据。

❑ 有两种主要的方法来对数据库建立一个持续的摄取过程：使用 SQL 接口（全表摄取可能很慢而且昂贵，增量表摄取可能性能更好并且成本高效，但可能仍然没有所要求的那么及时）；使用变更数据捕获技术（这更加复杂，可能会增加成本，但解决了大量与性能相关的挑战）。作为开源的，并且越来越多地作为云服务，CDC 解决方案可以从所有主要的 RDBMS 供应商处获得。

❑ 当从文件摄取时，关键的考虑因素包括需要解析不同的文件格式，如 CSV、JSON、XML、Avro 等；需要处理源模式变更，这在文件中是很常见的；需要处理快照或数据增量，它们可以作为单个文件或多个文件交付。你的摄取过程必须对变化具有弹性，必须能够处理许多不同的边缘情况。

❑ 大多数 SaaS 数据可以使用 REST API 来访问，但对数据的访问缺乏标准化以及由此产生的各种 API 访问方法，在构建对 SaaS 数据的摄取管道时需要考虑以下关键因素：需要为每个源实现和管理不同的管道；需要进行数据类型验证，因为大多数 SaaS API 只有很少的可用数据类型信息，并且需要根据每个提供商支持的内容来调整管道，以适应增量数据负载和全数据负载。

❑ 对于数据流，你的摄取管道必须能够将消息解码为可消费的格式；有效地处理重复数据，因为流数据系统允许同样的消息被多次消费；解决同一消息的多个版本；能够扩展以适应大规模的数据。

❑ 要实现摄取管道的质量控制和监控，你至少需要在元数据层中捕获以下重要的统计信息：源数据库服务器的名称（如果可能的话，还有 IP 地址）；数据库的名称（或模式名称，这取决于数据库供应商）以及源表的名称；对于每次摄取（如果是从数据库批量摄取），每个表摄取的行数；每次摄取的持续时间（开始时间戳和结束时间戳）；在固定时间段内处理了多少消息（如果是流数据）。

4.7　练习答案

练习 4.1：

2. 很难识别已删除的行。

4. 这会导致太多的重复数据存储在平台中。

练习 4.2：

4. 你需要在每个源表中有一个 last_modified 列。

练习 4.3：

3. CDC 包含对给定行的所有修改。

练习 4.4：

1. 当源系统已经有一个预定义的文件夹结构时。

Chapter 5 | 第 5 章

组织和处理数据

本章主题:

❑ 组织和处理云数据平台中的数据。

❑ 了解数据处理的不同阶段。

❑ 讨论存储与计算分离的基本原理。

❑ 在云存储中组织数据并设计数据流。

❑ 实现通用的数据处理模式。

❑ 为归档、暂存和生产选择正确的文件格式。

❑ 使用通用数据转换创建单个参数驱动的管道。

我们将介绍一些概念,例如通用的数据处理步骤(如文件格式转换、重复数据清除和模式管理)与定制业务逻辑(如每个公司选择应用于特定用例的数据转换的规则)之间的区别。

我们将介绍如何在存储中组织数据,通过着陆、归档、暂存和生产区域的数据旅程。我们将解释使用批量标识符的重要性,以便使通过存储区域和仓库跟踪数据的过程更简单,并使调试和沿袭跟踪更容易。

我们将讨论对不同的存储区域使用不同的文件格式,以及在用于压缩、性能和通用模式等暂存和生产环境中二进制格式标准化的重要性。

最后,我们将解释如何通过使用编排设计灵活且可配置的管道来扩展常见的数据处理。

如第 3 章所述，图 5.1 中突出显示的处理层是数据平台实现的核心。这里是应用所有必需的业务逻辑，以及进行所有数据验证和数据转换的地方。处理层在提供对数据平台中数据的特殊访问方面也起着重要的作用。

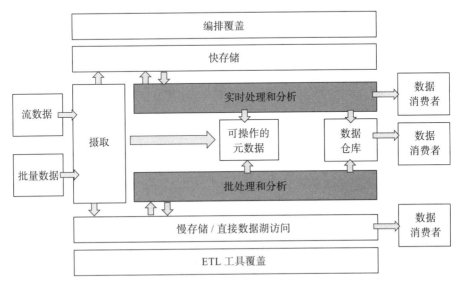

图 5.1　处理层将业务逻辑应用于数据转换和数据验证

图 5.1 中所示的处理层负责从存储中读取数据，对其进行转换，然后将其保存回存储以供进一步使用。转换可以包括通用的数据清理步骤的实现（例如确保所有日期字段都遵循相同的格式）或特定业务逻辑的实现（如将两个数据集连接在一起以生成特定报告所需的数据）。这一层应该能够与慢数据存储和快数据存储一起工作。这意味着我们选择在这一层实现的服务或框架应该既支持对保存在慢存储中的文件的批量处理，也支持“一次一条消息”或来自快存储的流处理。本章将描述可以应用于批量和流数据的处理原理，但主要集中在批量处理上。我们将在第 6 章中深入研究流数据。

处理层应该能够执行以下任务：以批量或流模式从存储中读取数据，应用各种类型的业务逻辑，并为数据分析师和数据科学家提供一种以交互方式处理数据平台中的数据的方法。

5.1　在数据平台中作为单独的层进行处理

我们已经详细谈论了在数据平台架构中将存储与计算分离的好处，因此不再赘述，但我们将触及一个反复看到的争论——你应该在数据平台的数据湖中还是在数据仓库中做计算。虽然在数据仓库中使用 SQL 来应用业务逻辑的支持者欣然同意这个违反了分层设计的原则，但他们指出了为什么他们认为这是一个好主意。我们觉得值得分享他们的观点，因为当你提出分层设计时，很可能会遇到这种情况。

将存储与计算分离是分层云数据平台设计的一个关键原则。它带来了可伸缩性、节约成本、灵活性和可维护性等优点。但是，现有的操作方式变化缓慢——传统的数据仓库架构师可能提倡在数据仓库中进行处理，而现代云平台设计要求处理应该在数据仓库之外进行。

表 5.1 总结了在各个方面使用 SQL 在数据仓库中进行处理与使用 Spark 等框架在数据湖中进行处理的优缺点。

 注意 Spark 是所有三大公有云供应商提供的一个托管服务。在 Microsoft Azure 中，它是 Azure Databricks；在 Google Cloud 中，它是 Dataproc；在 AWS 中，它是 EMR（Elastic MapReduce）。

表 5.1　在仓库和湖中处理数据

	在数据湖（Spark）中处理数据	在数据仓库（SQL）中处理数据
灵活性	在数据湖中完成的处理带来了额外的灵活性，因为输出不仅可以用于数据仓库中所提供的数据，还可以用于交付给其他用户或系统，或供其他用户和系统使用	数据处理的输出通常仅限于在数据仓库中使用
开发人员效率	经过培训后，开发人员将会非常欣赏 Spark 的强大功能和灵活性，以及其复杂的测试框架和库，可加速代码交付	虽然 SQL 不是作为一种编程语言设计的，但它的流行意味着找到了解它的人相对容易，因此使用 SQL 而不是学习 Spark 可能意味着实现价值的时间会更短
数据治理	尽可能靠近源来处理数据可以支持跨不同接收器来更一致地使用转换后的数据，降低了多人在接收器中转换数据并以不同方式定义数据的风险	在数据仓库中处理数据可以支持数据治理程序，但如果在数据湖中也进行处理，可能会出现数据定义上的冲突
跨平台可移植性	Spark 生成独立于云供应商的完全可移植的代码。如果不需要改变转换，那么从一个数据仓库改变到另一个数据仓库会更容易。不涉及迁移和最少的测试	所有主要云提供商的数据仓库产品都支持在 ANSI-SQL 中进行转换，并且是可移植的，前提是没有添加额外的特定于云供应商的附加组件。工作将涉及迁移和测试代码
性能	当在数据仓库之外进行处理时，任何处理都不会影响数据仓库用户	大多数现代云数据仓库都提供了开箱即用的出色性能，但有些仓库可能会随着处理负载的增加而受到影响
处理速度	实时分析总是可能的	在一些云数据仓库中，实时分析是可能的，但涉及多个步骤和产品

（续）

	在数据湖（Spark）中处理数据	在数据仓库（SQL）中处理数据
成本	当云数据仓库供应商收取处理费用时，在湖中进行处理要便宜得多	根据所选的数据仓库和与之相关的商业条款，在数据仓库中进行处理可能很昂贵
可重用性	可重用的功能和模块在 Spark 中随时可用。所有的处理作业都是可用的，不仅可以将数据传递到云数据仓库，还可以将处理过的数据传递到其他目的地，这是云数据平台越来越流行的用法	当存储过程和函数在云数据仓库中可用时，它们可以提供可重用的代码

创建一个现代数据平台对于任何组织来说都是一个重大的改变，有时候需要尽量使改变最小，例如，使用更流行的 SQL 来处理可能比使用 Spark 更重要。SQL 人才随处可见，但是随着平台的扩展，在数据仓库中使用 SQL 进行处理的挑战将持续增加。

根据我们的经验，在数据仓库中进行处理是"当时看起来还不错"的事情之一。它可能会让你很快找到解决方案，对于小型平台解决方案来说，它可能适合中长期使用，但如果你想充分利用云数据平台的灵活性，这不是最好的解决方案。出于上述原因，你将希望在数据仓库之外进行处理。

我们已经看到了混合的解决方案。例如，当数据平台的第一个用例是替换传统的数据仓库时，重新调整现有的 SQL 代码可能比在 Spark 中重新进行转换更快。一旦迁移了数据仓库，转换作业就可以迁移到数据湖中。

就本章而言，我们假设你正在设计一个存储和计算明确分离的云数据平台。

5.2　数据处理阶段

考虑在云数据平台中处理数据时，最好将流经几个阶段的数据可视化。在每个阶段，我们应用一些数据转换和验证逻辑。这增加了数据的"可用性"，因为数据从来自数据源的原始且未经提炼的数据转换为定义良好且经过验证的数据产品，这些产品可用于分析或提供给其他数据消费者。

图 5.2 中的每个阶段都包含两部分：一个存储组件，用于长期存储该阶段的数据〔（原始数据区、暂存区和生产区）〕和一个数据处理组件（用于从存储器中读取数据，应用一些处理规则，并将数据保存到下一个存储区）。该数据处理组件是采用分布式数据处理框架（如 Spark）来作为作业实现的。在我们的数据平台中，不同的作业通过一个编排层协同工作。

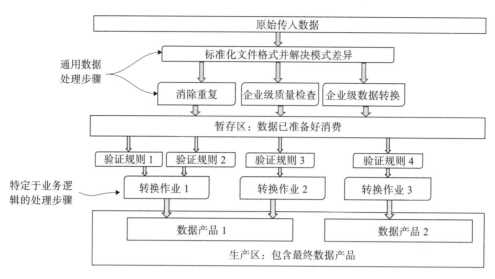

图 5.2　数据在平台中流经不同的阶段，并将处理应用于不同的步骤

　　数据处理任务通常可以分为两大类：通用数据处理步骤和特定于业务逻辑的步骤。通用数据处理步骤是应用于所有数据源的所有数据的步骤。例如，将文件格式转换为单一的、统一的标准，并确保解决传入数据和现有数据之间的模式差异。通用数据处理步骤也可以是重复数据消除和应用标准质量检查的作业。例子：确保包含邮政编码的所有字段都是有效的，或者所有日期都使用相同的模式进行了格式化。

　　除了通用处理步骤之外，每个分析用例还需要它自己的一组特定于用例的转换和验证。例如，如果你正在为营销活动效率报告准备一个数据集，可能希望只包含产生一定影响的活动。云数据平台的一大好处是，你可以为数百个潜在的报告实现和执行这些定制的验证和转换，每个报告都运行在独立的环境中。在这个环境中不必担心共享计算或存储资源。

　　在本节中，我们将重点讨论如何规划和设计这两个通用的转换步骤：文件格式转换和重复数据清除。我们将在第 8 章中详细讨论模式管理。但首先，我们将从描述如何组织云存储和实现一个数据流开始，以支持经过多个阶段的数据旅程。本章主要关注批量数据处理，但我们将在第 6 章中探讨实时处理和分析，以及它们与批量处理方法的区别。

5.3　组织你的云存储

　　这听起来可能并不重要，但拥有一套一致的、清晰的关于如何组织云存储中数据的原则是非常重要的。它将允许你构建标准化的管道，这些管道遵循相同的设计，以确定从何处读取数据和向何处写入数据。这种标准化将使你更容易大规模地管理管道。它还将帮助你的数据用户在存储中搜索数据，并准确地了解在哪里可以找到需要的数据。

在为各行各业的公司实现多个云数据平台的过程中，我们已经找到了满足大多数用例的存储组织模式。图 5.3 将介绍这一过程。

　　1. 来自摄取层的数据被保存到着陆区，所有传入的原始数据都停留在这里，直到被处理。请注意，摄取层是唯一可以写入着陆区的层。
　　2. 接下来，原始数据经过一组通用转换，然后保存到暂存区。
　　3. 原始数据从着陆区拷贝到归档区，用于重新处理、调试管道和测试任何新的管道代码。

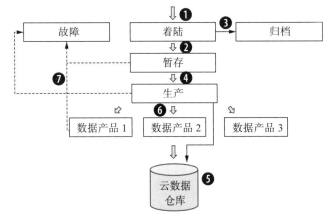

　　4. 数据转换作业从暂存区读取数据，应用必要的业务、逻辑，并将数据保存到生产区。
　　5. 一个可选的"传递"作业将数据从暂存区拷贝到生产区，然后作为与传入的原始数据完全一样的副本拷贝到云仓库，以帮助使用其他作业的业务逻辑来调试问题。
　　6. 不同的作业从暂存区读取数据，并生成用于报告或其他分析目的的数据集。这些派生的数据集保存在生产区中专用的位置，并加载到云仓库中。
　　7. 流中的每个步骤都必须处理失败，将数据保存到存储中的一个故障区，并允许数据工程师调试问题。一旦问题得到解决，就可以将数据拷贝回着陆区进行重新处理。

图 5.3　在存储上以最佳方式组织数据需要许多步骤

　　1. 着陆区——当数据从摄取层到达后，它被保存到着陆区，所有传入的原始数据都停留在这里，直到被处理。这个着陆区是一个过渡区，数据不会长期保存在这里。

　　2. 暂存区——接下来，原始数据要经过一组通用的转换，确保它符合该数据源的现有模式，将其转换为通用的 Avro 二进制格式，并应用任何组织级的数据质量检查。一旦成功应用了这些步骤，数据就会保存到暂存区。对于最终用户和数据处理作业来说，暂存区中的数据满足基本的质量要求，没有重大的问题，可以随时使用。

　　3. 归档区——在数据被处理并保存到暂存区之后，应该将来自着陆区的原始数据拷贝到归档区。这是重要的一步，因为它将允许我们重新处理任何给定的一批数据，只需将其从归档区拷贝回着陆区，并让管道完成它们的工作。归档区中的数据还可以用于调试管道问题和测试新的管道代码。只有成功地将数据拷贝到暂存区后，才会将其拷贝到存档区。在这个流程中有一个单独且重要的步骤来处理任何类型的故障。

4. 生产区——数据转换作业从暂存区读取数据，应用所需的业务逻辑，并将转换后的数据保存到生产区。此时，我们还将数据从 Avro 格式转换为更适合分析用例的 Parquet 格式。我们将在本章后面详细讨论关于文件格式及其区别的内容。

5. 传递作业——通常视为一种特殊情况，"传递"作业将数据（以 Parquet 格式）从暂存区拷贝到生产区，然后拷贝到云数据仓库，而不需要应用任何业务逻辑。此作业是可选的，但是在数据仓库和生产区中有一个数据集，该数据集是与传入的原始数据完全一样的副本，这在使用其他作业的业务逻辑调试问题时非常有用。

6. 云数据仓库和生产区——你通常会有许多不同的作业，这些作业从暂存区读取数据，并生成用于报告或其他分析目的的数据集。这些派生的数据集应该保存在生产区中的专用位置，并加载到云仓库中。

7. 故障区——构建一个健壮的数据管道意味着你需要能够处理各种错误和失败。管道代码中可能有 bug，云资源可能失败，传入的数据可能不满足通用的数据质量规则。在将数据保存到着陆区之后，流程的每个步骤都必须通过将数据保存到故障存储区来处理失败。这将允许数据工程师更容易调试问题并找到导致问题的数据。一旦问题得到解决（假设这是代码问题而不是数据问题），那么可以通过将数据从故障区拷贝到着陆区来重新处理数据。

云存储容器和文件夹

在前面描述的数据流中，我们将流的不同阶段称为"区"。你需要理解容器和文件夹的概念，以便更好地组织数据并在云存储中实现这些区。不同的云供应商对此使用了不同的名称。AWS 和 Google Cloud 将容器称为"桶"，而 Azure 使用了实际的容器名称。术语"文件夹"在这三个提供商中普遍使用。

从层次结构的角度来看，你创建了一个云存储容器，然后将文件上传到该容器中的特定文件夹中。每个容器可以拥有多个文件夹。容器具有可以配置的不同属性。虽然不同的供应商具有不同的配置选项，但你需要为你的云容器设置的两个最常见的属性是：

❑ **访问和安全性**——大多数供应商允许你控制谁可以访问存储上的文件，以及允许他们在容器层面上执行具体操作。

❑ **容器存储层**——云供应商提供不同的具有不同性价比特征的存储层。我们将它们称为热存储层、冷存储层和归档存储层。热存储层提供了最快的读 / 写操作,但长期保存数据的成本也最高。冷存储层和归档存储层速度较慢,但成本低得多。

在我们的数据流中,每个区(着陆区、暂存区、归档区、生产区和故障区)都是作为云存储中的一个单独的容器来实现的。容器访问安全性和存储层可按表 5.2 所示进行配置。

表 5.2　配置容器访问安全性和存储层

容　器	权　　限	存储层
着陆区	只有摄取层应用程序才允许写入此容器。定时管道可以读取数据,支持平台的数据工程师具有读 / 写权限。数据消费者没有访问权限	热存储层。读写经常发生
暂存区	定时管道可以读 / 写数据,支持平台的数据工程师具有读 / 写权限。所选的数据消费者具有只读权限	热存储层。读写经常发生
生产区	定时管道可以读 / 写数据,支持平台的数据工程师具有读 / 写权限。Parquet 格式数据的消费者将有只读权限	热存储层。读写经常发生
归档区	定时管道可以写数据,支持平台的数据工程师具有读 / 写权限。专用的数据再处理管道具有只读权限。只有极少数选定的数据消费者具有只读权限	冷存储层或归档存储层。根据数据量的不同,你可以将较新的数据存储在冷归档容器中,将较旧的数据存储在归档容器中
故障区	定时管道可以写数据,支持平台的数据工程师具有读 / 写权限。专用的数据再处理管道具有只读权限。数据消费者没有访问权限	热存储层。读写经常发生

文件夹命名约定

使用文件夹来将容器中的数据进一步组织成逻辑结构。在我们的数据平台中,不同的容器有不同的文件夹结构,在描述它们之前,我们先介绍一些通用的元素,这些元素将允许你以逻辑的方式组织平台中的数据和数据管道:

❏ 命名空间——层次结构中的最高级别,命名空间用于将多个管道逻辑分组在一起。在处理数百个管道的大型组织中,可以使用部门名或具体倡议作为命名空间。例如,对于与销售相关的报告中所使用的数据和管道,你可以有一个 Sales 命名空间,或者有一个 ProductX 命名空间,该命名空间将包含与特定产品相关的所有数据和管道。在较小的组织中,我们发现一个包含组织名称的命名空间就足够了。值得注意的是,如果你想为不同的用户组提供对不同命名空间中数据的访问权限,那么为每个命名空间创建单独的存储容器是一个更好的选择,因为为容器分配权限更容易。

❏ 管道名称——每个数据管道都应该有一个反映其用途的名称,并且在管道日志以及管道创建的存储文件夹中可见。你将拥有一些通用管道——对平台中的所有数据进行操作的管道。例如,你将拥有一个从着陆区获取数据、应用通用处理步骤并将数据保存到暂存区的管道。你还将拥有一个用于归档数据的管道。对这些管道进行命名，以便你可以轻松地识别它们的功能。

❏ **数据源名称**——如前一章所述，摄取层将为你引入平台的每个数据源分配一个名称。此数据源名称将保存在元数据存储库中，但也应该包含在云存储文件夹名称中，以便用户和管道能够轻松地识别此数据来自何处。

❏ BatchId——这是保存到着陆区的任何一批数据的唯一标识符。由于唯一允许向着陆区写入数据的层是摄取层，因此生成这个标识符是摄取应用程序的职责。这种类型的标识符的常见选择是通用唯一标识符（Universally Unique Identifier，UUID）。许多现有的 ETL 工具允许你生成一个 UUID，然后可以在摄取管道中使用。BatchId 的另一个很好的选择是通用唯一的词典排序标识符（Universally Unique Lexicographically Sortable Identifier，ULID；https://github.com/ulid/spec）。ULID 比 UUID 短，并且具有很好的可排序性。如果你使用 ULID 作为 BatchId，那么较新的批次将始终位于排序列表的顶部，并且你总是可以通过比较两个 ULID 来判断哪个批次比较旧。

现在我们已经识别了数据管道的所有通用元素，下面看看如何在云存储容器中构造文件夹。

着陆容器

着陆容器将具有以下文件夹结构：

landing/**NAMESPACE/PIPELINE/SOURCE_NAME/BATCH_ID/**

这里的"landing"是容器名称，路径的其余部分是文件夹结构。粗体显示的部分是将由摄取层设置的变量。PIPELINE 和 SOURCE_NAME 之间的区别是单个摄取管道可以处理多个源。例如，当从 RDBMS 中的单个数据库摄取多个表时，PIPELINE 可能类似于 my_database_ingest_pipeline，而 SOURCE 可能只是表的名称。我们将假设摄取层使用 ULID 作为批标识符，并且使用单个公司范围的命名空间。为了简洁起见，我们将这个命名空间称为 ETL。

下面展示了着陆容器中的文件夹如何查找两个摄取管道：

```
/landing/ETL/sales_oracle_ingest/customers/01DFTQ028FX89YDFAXREPJTR94
/landing/ETL/sales_oracle_ingest/contracts/01DFTQB596HG2R2CN2QS6EJGBQ
/landing/ETL/marketing_ftp_ingest/campaigns/01DFTQCWAYDPW141VYNMCHSE3
```

每个容器都有一个反映其命名空间、管道和源的文件夹结构。ULID 用作批标识符。

这里我们可以看到有两个管道。一个管道从 Oracle 销售数据库摄取数据并引入两个表：customers 和 contracts。另一个管道从 FTP 服务器引入市场数据。让管道名称简短但具有描述性是一个好主意，这样便于人们理解数据来自何处，而无须参考文档或元数据存储库。在本例中，管道文件夹中的每个数据源都有一批数据。BatchId 本身是一个文件夹，可以包含多个文件，这些文件是摄取应用程序为一次摄取而生成的：表的完整副本或表的增量部分，这取决于你所使用的摄取类型。着陆区通常只包含最近的批次，因为我们前面描述的数据流将把数据移到暂存区，以便做进一步处理。如果你看到多个批次堆积在着陆区，这可能表明你的下游处理不工作或进展缓慢。

暂存容器

暂存容器文件夹结构类似于着陆容器文件夹结构，但由于我们计划长期在暂存区保存数据，因此数据应该按时间来组织。按时间组织的一种常见方法称为基于摄取时间的分区，在这种方法中，我们将把批次放入文件夹中，对每批被摄取的时间进行编码。

下面的例子展示了如何使用时间分区来按摄取时间组织暂存容器中的数据：

```
/staging/ETL/sales_oracle_ingest/customers/year=2019/month=07/day=03/01DFT
➡ Q028FX89YDFAXREPJTR94
/staging/ETL/sales_oracle_ingest/contracts/year=2019/month=07/day=03/01DFT
➡ QB596HG2R2CN2QS6EJGBQ
/staging/ETL/marketing_ftp_ingest/campaigns/year=2019/month=06/day=01/01D
➡ FTQCWAYDPW141VYNMCHSE3
```

对于每个管道和源文件夹，我们将引入三个额外的文件夹：year、month 和 day。如果一天内有多个批次到达，它们将被放在同一个文件夹中。如果你像前面的示例中那样使用 ULID，那么可以对文件夹进行排序，较新的批次总是位于云门户 Web UI 或用于访问存储中数据的任何其他程序的列表顶部。命名约定"year=YYYY/month=MM/day=DD"来源于 Hadoop，并被包括 Spark 在内的许多分布式处理引擎所支持。如果你读取整个 /staging/ETL/sales_oracle_ingest/customers/ 文件夹，Spark 将能够识别出时间分区结构，并自动在数据集中添加 year、month、day 列。通过这种方式，你可以轻松地筛选所需的数据。

> **注意** 如果你频繁地摄取数据，那么可能需要添加另一个 hour=hh 的文件夹层，以便在你只对最近的批次感兴趣的情况下尽量减少作业需要读取的批数。

归档容器和故障容器遵循与暂存容器相同的文件夹结构。

生产容器的结构与暂存容器的结构相同，但可能会引入新的管道。例如，如果你有一个作业，其将来自 contract 数据源和 campaign 数据源的数据结合起来以生成营销报告。下面的例子展示了生产容器中的一些数据集可以是数据转换的结果，例如将两个数据集连接在一起：

```
/production/ETL/sales_oracle_ingest/customers/year=2019/month=07/day=03/01
    ➡ DFTQ028FX89YDFAXREPJTR94
/production/ETL/sales_oracle_ingest/contracts/year=2019/month=07/day=03/01
    ➡ DFTQB596HG2R2CN2QS6EJGBQ
/production/ETL/marketing_ftp_ingest/campaigns/year=2019/month=06/day=01/
    ➡ 01DFTQCWAYDPW141VYNMCHSE3
/production/ETL/marketing_report_job/marketing_report/year=2019/month=7/
    ➡ day=3/01DFXA98BGBACGSTH5J63B3ZCZ
```

在这里，我们可以看到一个名为 marketing_report_job 的新管道。以反映其来源的方式来命名作业是个好主意。在本例中，我们可以看到管道不是摄取管道，而是数据转换管道。对于数据转换管道来说，很少有单一的数据源。通常，这些类型的管道从多个源读取数据并生成一个新的数据集。将数据转换管道所需的所有源的名称编码到一个文件夹名字中是不合理的，因为可能有几十个源。相反，推荐的方法是创建一个新的"派生的"源。在我们的例子中称之为 marketing_report。然后你在元数据存储库中注册有关该派生数据源的信息，可以在其中展开创建该派生数据集所需的数据源。在我们的例子中就是 contracts 和 campaigns。另外，请注意，这里的时间分区不是摄取时间，而是执行这个特定转换作业的时间。

组织流数据

在数据平台架构中，流数据位于两个不同的地方。对于需要实时响应的处理，我们有快存储；对于归档和再处理，我们有常规的云存储。在快存储中组织数据与我们之前讨论的不同。在面向消息的系统（如 Kafka、Cloud Pub/Sub 等）中，数据通常是按照表示单个消息集合的主题来组织的，没有容器、文件夹或存储层的概念。我们将在第 6 章中详细讨论如何在快存储中组织数据。

当涉及将流数据保存到常规存储以进行归档时，我们可以应用与上一节中用于批量数据相同的存储组织模式。想象一下，我们有一个点击流管道，用来实时摄取到云仓库中。我们已经执行了初步的数据评估，知道每分钟接收大约 100MB 的数据。我们还知道常规云存储针对大文件进行了优化，所以决定每隔 15 分钟将点击流数据从快存储刷新到慢存储。这个刷新过程将会把数据保存到云存储的着陆区，并且遵循同样的文件夹命名约定。下面的例子展示了如何通过将数据从实时层刷新到着陆容器中，来将流数据归档到云存储中。

为每次刷新都分配一个唯一的批 id：

```
/landing/ETL/clickstream_ingest/clicks/01DH3XE2MHJBG6ZF4QKK6RF2Q9
/landing/ETL/clickstream_ingest/clicks/01DH3XFWJVCSK5TDYWATXNDHJ1
/landing/ETL/clickstream_ingest/clicks/01DH3XG81SKYD30YV8EBP82M0K
```

这里，我们也使用 ULID 作为唯一的批标识符，你可以看到有三个不同的批次，它们从快存储刷新到常规存储中。

流数据通过不同存储区的剩余旅程与批量数据完全相同：数据将被转换为统一的文件格式，必要时进行清理，并保存到暂存区；原始数据将被保存到归档区。之后，数据将被转换为 Parquet 格式，并保存到生产区，在那里，它可以用于其他批量数据处理作业或特殊分析。在这种情况下，流数据和批量数据的唯一区别是，我们不会将这些批量数据加载到云仓库中，因为为这些数据应该已经被实时管道加载了。

> **练习 5.1**
> 为什么需要对云存储文件夹遵循一个命名约定？
> 1. 这是云提供商希望你命名资源的方式。
> 2. 这可以保持管道代码的一致性。
> 3. 这是 Apache Spark 的一个限制。
> 4. 这提高了管道的性能。

5.4　通用数据处理步骤

平台中的数据处理管道分为通用数据处理管道和定制业务逻辑管道。在本节中，我们将讨论哪些数据转换通常作为通用处理步骤来实现。我们将特别关注：

- ❑ 文件格式转换
- ❑ 重复数据清除
- ❑ 数据质量检查

5.4.1　文件格式转换

如第 4 章所述，根据源的不同，数据可以以不同的格式到达平台，包括 CSV、JSON、XML 文件，或定制的二进制格式。数据湖的核心属性之一是它能够以不同的格式存储和访问数据，因此你可能想知道为什么我们不能像存储层那样来存储数据——传统的数据湖方法。

让我们考虑一下，在传统的数据湖中，我们的数据转换和分析管道会是什么样子。在数据湖中，我们将把处理不同数据格式的责任分别推给各个管道。例如，如果你正在构建一个管道来生成某个报告，那么管道中的第一步将是读取一个文件，找出它是哪种格式，它包含哪些列和数据类型，然后只应用所需的业务逻辑。如果你只有一个或两个管道，这可能是合理的，但是一旦管道数量增加了，这种方法将无法扩展，因为你需要在每个单独的管道中复制文件解析逻辑。如果文件格式改变或添加了新列，你需要更新和测试大量代码。保持原始文件格式不变也会使数据探索变得更加复杂。每个想要访问数据的人都需要先知道如何读取文件。

现代数据平台设计提出了一种更有组织和结构化的方法来解决这个问题。我们仍然保留数据的原始格式，并将其保存到归档区，但是对所有传入的数据执行的第一个转换是将其转换为单一的统一文件格式。实际上，我们将使用两种不同的文件格式，就像在前一节中所描述的。我们将在暂存区使用 Apache Avro（https://avro.apache.org/)，在生产区使用 Apache Parquet（https://parquet.apache.org/）。

Avro 和 Parquet 文件格式

Avro 和 Parquet 都是二进制文件格式。与 CSV、JSON 和 XML 这些文本格式不同，Avro 和 Parquet 不是以人类可读的格式存储的，需要一个特殊的程序来解码和编码实际的数据。现在虽然在数据空间中有许多不同的二进制文件格式在使用，但 Avro 和 Parquet 是其中最流行的两种。

与基于文本的文件格式相比，二进制文件格式有几个优点。首先，由于在数据编码期间可以应用不同的优化，所以二进制格式占用的磁盘空间要少得多。Avro 和 Parquet 都包含了列类型信息，其允许更好的文件压缩。我们已经看到，从基于文本的文件格式变为压缩的二进制格式可以减少将近 10 倍的原始数据。较小的文件不仅降低了云存储成本，而且还显著加快了数据处理管道的速度。

二进制文件格式的第二个优点是，它们强制对所有文件使用某种模式。这意味着在以 Avro 或 Parquet 格式保存任何数据之前，你必须定义数据集中存在哪些列和列类型。在 Avro 文件格式中，该模式实际上嵌入每个单独的文件中，因此任何读取这些文件的程序或数据管道都将能够自动知道所有的列名及其类型。与只按原样保存所有的数据相比，模式和文件格式标准化无疑需要额外的开发和维护工作，但是根据经验，当你需要处理的不仅仅是少量的管道或必须将平台中的数据暴露给不同的数据消费者时，这种努力本身会得到很多倍的回报。我们将在第 8 章中更详细地讨论模式管理。

　　为什么我们需要 Avro 和 Parquet 两种格式呢？要回答这个问题，我们需要讨论面向行和面向列的文件格式之间的区别。大多数人都使用过面向行的文件格式，其中单个数据行的所有信息都保存在一个连续的文件块中。CSV 格式是面向行的文件格式的最简单的例子：行被一行行地保存，用换行符分隔，如图 5.4 所示。

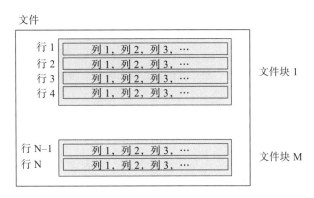

图 5.4　在面向行的文件格式布局中，单个数据行的信息被保存到一个连续的文件块中

　　当计算机程序从存储中读取文件时，它们实际上并不是一个字节一个字节地读取。出于性能方面的考虑，它们一次读取整个块。块大小取决于存储和文件系统参数。在面向行的文件格式中，属于每行的列的值会被依次写入，如图 5.4 所示。要从文件中读取整个块，我们需要读取多行数据。要读取整个文件，你只需要执行 M 个读操作，假设你的文件由 M 个块组成。如果你的目标是从文件中读取所有行的所有列，那么这是非常有效的。当你的目标是读取文件中所有行的所有列并对它们执行一些操作时，面向行的文件是非常有用的。

　　对于典型的分析工作负载，许多查询都是在具有不同分组和过滤条件的特定列上的各种聚合。例如，如果我们想计算上个月有多少状态为 "premium" 的用户加入，只需要来自用户状态的列和用户加入日期的列的数据即可。如果在你假设的数据集中有几十个列，读取所有列而只使用其中两个就浪费了资源。这就是面向列或列文件格式发挥作用的地方。如图 5.5 所示，在列文件格式中，每个列的值将依次保存，即使它们属于不同的行。

　　通过读取每个块，你可以获得所有行中每列的所有值。例如，如果你想得到图 5.5 中第 3 列的总和，只需要从文件中读取第 2 块，就可以安全地忽略其他内容。当涉及分析工作负载时，列文件格式提供了更好的性能，因为在分析工作负载时，只需要某些列就可以回答问题。当然，这只是列格式的简化表示。实际上，你的文件中不止有几行，每个列的值将跨越多个块，但关键思想是这些值将被安排在文件中的连续块中。

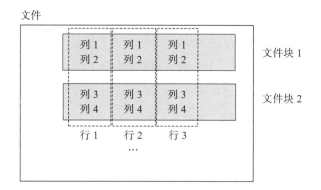

图 5.5　在列文件格式中，每个列的值将依次保存，即使它们属于不同的行

列格式的另一个好处是，由于每个列的值通常是一种类型（数字、字符串、日期等），因此使用列格式可以获得比行格式更好的压缩比，其中不同类型的值混在一个连续的块中。

Avro 是一种面向行的文件格式。它提供对基本数据类型和复杂数据类型的支持，包括嵌套类型。此外，Avro 将模式嵌入每个文件中，这使得使用 Avro 文件的程序可以快速获得所有列的定义及其类型。Avro 还支持模式演化规则，这意味着如果你做了向后兼容的模式修改，那么始终可以使用最新版本的 Avro 模式来读取所有以前的 Avro 文件，即使模式随着时间的推移而改变了。模式演化的最简单例子是向数据集中添加新列。我们将在第 8 章中详细讨论有关模式管理和 Avro 特性的内容。

所有这些属性使 Avro 成为暂存区的一个最佳选择，其主要用作下游转换或特殊数据探索用例的源。作为一种面向行的文件格式，对于分析用例，Avro 的效率不如列文件格式。这就是为什么我们在生产区使用 Parquet 作为文件格式。

Parquet 是一种支持基本数据类型和复杂数据类型的列文件格式。它提供了对数据集中单个列的快速访问，而无须读取整个数据集，这大大提高了分析查询的性能。Parquet 在压缩方面也做得很好，这有助于减少存储空间。三大云仓库（AWS Redshift、Google BigQuery 和 Azure SQL Data Warehouse）都支持 Parquet，这使得可以将数据从生产区无缝地加载到仓库中。

练习 5.2

用 Avro 和 Parquet 格式存储数据有什么好处？

1. 这降低了云计算成本。

2. 这提高了平台的可靠性。

3. 这解决了暂存区和生产区中不同的数据访问模式。

4. 这使得数据在不同的云提供商之间更易于移植。

使用 SPARK 来转换文件格式

我们如何真正实现将文件从原始格式转换为 Avro 和 Parquet？因为我们使用 Apache Spark 作为分布式数据处理框架，所以这个操作非常简单。

要在 Spark 中使用 Avro 文件格式（参见清单 5.1），需要一个外部 Avro 库（https://github.com/databricks/spark-avro）。Google Cloud Dataproc 和 Azure Databricks 服务都提供库的预安装版本，对于 AWS EMR 服务，你需要在创建集群时明确指定外部库。

> 注意　如果你使用的是 Spark 2.4.0 或更高版本，则不需要外部 Avro 库，因为对 Avro 的支持已经添加到 Spark 里。检查云提供商支持哪个版本的 Spark。

> 注意　你需要确保你的 Dataproc 集群具有向相应的 GCS 桶读写数据的权限。

清单 5.1　从着陆区读取 JSON 文件，并以 Avro 格式保存到暂存区

```
import datetime
from pyspark.sql import SparkSession
spark = SparkSession.builder ... # we omit Spark session creation for brevity

namespace = "ETL"
pipeline_name = "click_stream_ingest"
source_name = "clicks"
batch_id = "01DH3XE2MHJBG6ZF4QKK6RF2Q9"
current_date = datetime.datetime.now()
in_path = f"gs://landing/{namespace}/{pipeline_name}/{source_name}/{batch_id}/*"
out_path = f"gs://staging/{namespace}/{pipeline_name}/{source_name}/year=
{current_date.year}/month={current_date.month}/day={current_date.day}/
{batch_id}"

clicks_df = spark.read.json(in_path)
clicks_df = spark.write.format("avro").save(out_path)
```

按照我们喜欢的文件夹结构来输入和输出GCS路径

Spark有读取JSON数据和推断其模式的原生方法

使用上一步推断的模式将数据保存在Avro存储中

为我们的示例管道定义配置变量

> 注意　在本章的 Spark 代码示例中，我们假设数据存储在 Google Cloud Storage 上。如果你使用 AWS S3 或带有 Spark 的 Azure Blob Storage，那么你的路径前缀将是不一样的。

在清单 5.1 中，我们假设希望以 JSON 格式读取传入的点击流批量，并将它们以 Avro 格式保存到暂存区中。首先，我们预先定义了一些变量，这些变量构成了 GCS 到我们着陆区数据的路径。请注意，我们使用 Python datetime 库来获取当前的年、月和日，因此可以将其用作暂存区路径的一部分。实际的 Spark 代码只是这段代码的最后两行。首先，我们从输入路径读取 JSON 文件，然后将 Avro 文件保存到输出路径。

清单 5.1 中有许多过于简化的地方。首先，我们省略了 Spark 会话的创建和销毁细节。我们也没有包括读 / 写操作时一定会发生的任何错误处理。你可以在 Spark 文档中找到这些细节。

关于这个代码示例，有几点需要强调。首先，我们对命名空间、管道名称、源名称和批 id 等内容都写死了。在实际的数据处理应用程序中，你应该将这些值作为管道代码接受的参数。这样，你就可以对许多不同的源重用相同的管道代码。我们将在本章后面讨论如何使管道更加通用。

其次，我们还没有真正提到什么是源 JSON 文件模式，以及 Avro 如何知道它包含哪些列和类型。我们不需要这样做的原因是 Spark 的称为模式推理的特性。Spark 可以理解常见的文件格式，并尝试自动找出哪些列具有哪些类型。这是一个非常有用的特性，简化了大量的数据转换代码。请记住，对于更复杂的用例，仅仅依靠模式推理特性是不够的。我们将在第 8 章中讨论如何使用 Spark 模式推理以及模式演化规则。

5.4.2 重复数据清除

重复数据清除是一个重要的课题。重复数据清除面临以下两个挑战：

❑ 数据集中两条相似的内容是否表示相同的逻辑实体？例如，客户数据中的 John Smith 和 Jonathan Smith 是指向同一个人还是两个不同的人？为了解决这些问题，多年来已经创建了一套单独的技术和工具，通常称为主数据管理（Master Data Management，MDM）工具。

❑ 你如何确保数据集中的某些属性是唯一的。例如，确保在你的支付数据集中没有两个相同的支付 transaction_id 的记录？

讨论 MDM 工具和方法超出了本书的讨论范围，你可以参考其他书籍和资料。在本节中，我们将重点讨论对某些数据强制唯一性的问题，因为这是大多数数据平台实现中需要处理的问题。

如果你熟悉 RDBMS 的工作原理，那么你可能想知道，强制唯一性有什么大不了的？

毕竟，关系型数据库几十年来一直支持主键和唯一键。在云数据平台中，关于唯一性有两个主要问题：

❏ 不可靠的数据源或重新摄取。

❏ 现有的云仓库中缺乏唯一性强制。由于其分布式特性，现有的云仓库不支持唯一索引或外键之类的约束。我们将在第 9 章中详细讨论云仓库的特性。

图 5.6 演示了即使像 RDBMS 这样的源提供了唯一性保证，重复的行也可能最终出现在云仓库中。

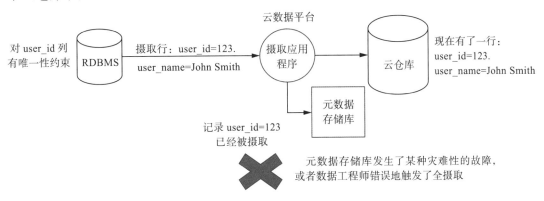

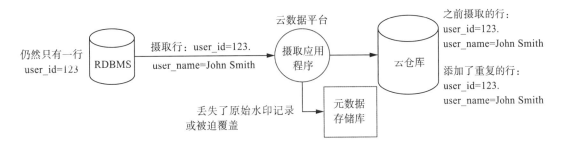

图 5.6　即使是来自可靠的源，故障也可能导致重复

在本例中，我们为源数据库中的 user_id 列定义了一个唯一键。这将确保具有相同 user_id 的行只能有一行。在正常的操作过程中，我们将在数据平台中获得源数据库中数据的一份精确副本，这将确保 user_id 列在云仓库中也具有唯一的值。但正常的操作不应该是我们所计划的那样。使用云或任何复杂的系统意味着要为各种类型的故障做计划——从云资源故障到操作员犯错以及管道代码 bug。如果出现灾难性的元数据存储库故障（灾难性意味着没有备份来恢复数据，诸如此类），或者数据工程师错误地决定重新摄取以前摄取过的数据，则无法防止重复数据进入平台。

> 注意 在第 4 章中，我们描述了几种摄取场景，在这些场景中，捕获单行的“修改历史”将导致故意重复源数据中可能是唯一的列。因为这是故意的结果，所以没有必要在摄取时清除此重复数据。在这种情况下，如果某些报表要求某些列具有唯一的值，那么生成这些报表的作业将负责实现此逻辑。

当从 Kafka 或其他类似的消息总线甚至平面文件摄取数据时，也会发生类似的数据重复问题，但原因不同。当从 Kafka 读取数据时，你需要记住，Kafka 并不保证同一消息只能被摄取应用程序读取一次。Kafka 重新平衡操作、单个节点故障或摄取端故障都可能导致同样的消息被读取多次，从而导致重复。

> 注意 从 Kafka 0.11 开始，可以同时配置产生消息的应用程序和消费消息的应用程序，以避免重复并保证“只处理一次”。这需要在数据传递的双方（生产者和消费者）方面进行修改。在数据平台用例中，这可能并不总是一个选项。为 Kafka 生产数据的应用程序可能由不同的团队或不同的组织共同控制。

基于文件的摄取管道也容易出现数据重复。虽然文件本身通常是不可变的，但是传递文件的一方或数据平台摄取方的故障都可能导致文件被多次传递或多次消费。

清除 Spark 中的重复数据

在本节中，我们将展示如何使用 Apache Spark 来对传入的数据进行重复数据清除，以解决所描述的问题。在查看代码示例之前，让我们先了解全局和“批内”重复数据清除场景之间的区别，如图 5.7 所示。

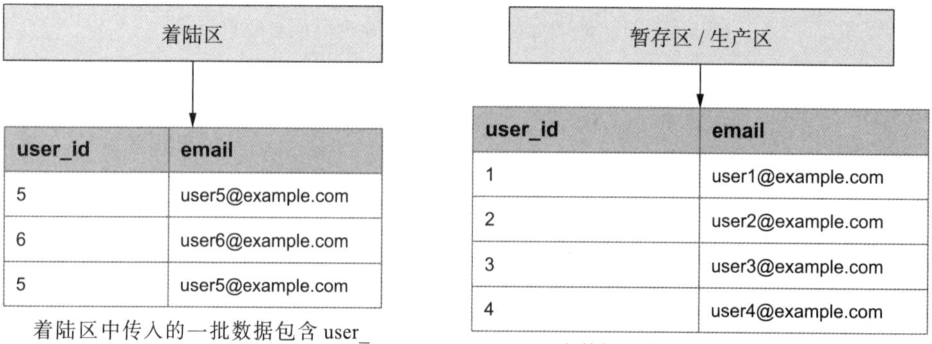

着陆区中传入的一批数据包含 user_id=5 的重复记录

已经在数据平台中存在的数据没有重复

图 5.7　传入的批次重复数据清除的范围假设重复包含在单个批中

在第一个场景中，我们只关注存储在着陆区的单批次传入的重复数据清除。我们假设平台中已经存在的数据，以及存储在暂存区、生产区和数据仓库中的所有数据都是不重复的。当以批量方式从 Kafka 摄取数据或从不可靠的源（通常是第三方或不能提供唯一性保证的应用程序）摄取平面文件时，这种情况很常见。

对于此场景，使用 Spark 实现重复数据清除的代码非常简单。假设在清单 5.2 中，我们正在从不可靠的源摄取包含用户数据的 CSV 文件，这意味着每个传入的文件都可能包含重复的 user_id 值。

清单 5.2　使用 Spark dropDuplicates 来清除 CSV 文件中重复的行

```
from pyspark.sql import SparkSession

spark = SparkSession.builder ... # we omit Spark session creation for brevity

namespace = "ETL"          ◁——┐ 为示例管道定义配置变量
pipeline_name = "users_csv_ingest"
source_name = "users"                              输入和输出GCS路径
batch_id = "01DH3XE2MHJBG6ZF4QKK6RF2Q9"           遵循文件夹结构
in_path = f"gs://landing/{namespace}/{pipeline_name}/{source_name}/{batch_id}/*" ◁

users_df = spark.read.format("csv").load(in_path)        ◁——
users_deduplicate_df = users_df.dropDuplicates(["user_id"])     Spark对读取CSV文
使用dropDuplicates  Spark数据帧                                件有内置的支持
方法来删除user_id值重复的行
```

这个 Python Spark 清单显示了我们可以从着陆区读取 CSV 文件，并使用 drop-Duplicates 函数从 Spark Dataframe 中删除所有 user_id 值重复的行。然后，我们可以继续将清除了重复数据的数据集转换为 Avro/Parquet 或类似的格式。dropDuplicates 函数接受用于清除重复数据的列名列表，因此你可以使用多个列的组合来强制实现唯一性。如果不指定列名，dropDuplicates 将使用所有的列来进行重复数据清除。

在单个传入批次中实现重复数据清除很容易，而且从性能的角度来看是非常有效的，因为它不需要我们连接多个数据集来识别重复的数据。它防止数据平台中出现重复数据的能力也很有限。例如，在当前批次中可能没有重复，但是将该批次添加到现有的生产数据中就可能会产生重复，如图 5.8 所示。

在本例中，传入的批次中没有任何重复数据，因此如果我们只应用传入数据重复清除，就会忽略这样一个事实，即 user_id=3 已经存在于暂存区和生产区。这种情况更难解决，但也是一种比较普遍的情况。前面提到的 RDBMS 摄取失败或操作员犯错，以及可能被错误发送多次的平面文件都属于这一范畴。

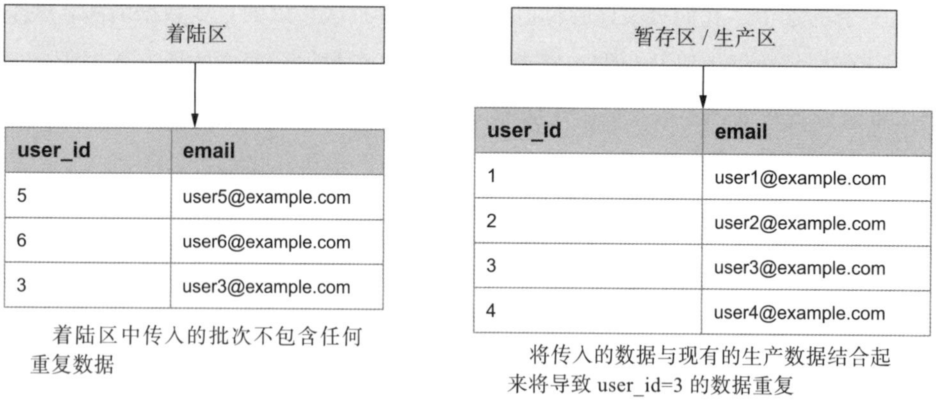

user_id	email
5	user5@example.com
6	user6@example.com
3	user3@example.com

着陆区中传入的批次不包含任何
重复数据

user_id	email
1	user1@example.com
2	user2@example.com
3	user3@example.com
4	user4@example.com

将传入的数据与现有的生产数据结合起
来将导致 user_id=3 的数据重复

图 5.8　全局重复数据清除范围意味着我们需要在传入的批次以及现有的数据中查找重复的数据

如何在全局范围内清除重复数据？如果你熟悉 SQL 和相关操作，那么可能已经找到了解决方案：将传入数据联合（join）到现有数据，并对结果数据集进行重复数据清除。幸运的是，Spark 支持 SQL，因此很容易表达这个逻辑，如清单 5.3 所示。

清单 5.3　通过联合（join）来在全局范围内清除重复数据

```
from pyspark.sql import SparkSession

spark = SparkSession.builder ... # we omit Spark session creation for brevity

namespace = "ETL"
pipeline_name = "users_csv_ingest"                          我们将从暂存区对此
source_name = "users"                                       源读取所有数据
batch_id = "01DH3XE2MHJBG6ZF4QKK6RF2Q9"
in_path = f"gs://landing/{namespace}/{pipeline_name}/{source_name}/{batch_id}/*"

staging_path = f"gs://staging/{namespace}/{pipeline_name}/{source_name}/*"

incoming_users_df = spark.read.format("csv").load(in_path)      读取暂存区中
staging_users_df = spark.read.format("avro").load(staging_path)  传入的数据和
                                                               现有的数据

incoming_users_df.createOrReplaceTempView("incomgin_users")
staging.users_df.createOrReplaceTempView("staging_users")
                                                          为SQL操作注册
                                                          临时表
users_deduplicate_df = \
  spark.sql("SELECT * FROM incoming_users u1 LEFT JOIN staging_users u2 ON
  ➡ u1.user_id =  u2.user_id WHERE u2.user_id IS NULL")
从传入批次中选择所有数据，其中传入批次
中的user_id记录没有出现在现有数据集中
```

在此清单中，我们将从暂存区把传入的批次和现有的 Avro 数据读取到两个单独的 Spark 数据帧中，然后使用 Spark SQL 来生成第三个结果 users_deduplicate_df 数据帧，该数据帧将只包含来自传入数据帧的行，并且这些行在暂存数据帧中不存在。然后，我们的管道就可以接受这个结果数据帧，将其转换为 Avro，并追加到现有的暂存数据中。

那么，什么时候应该使用批次范围的重复数据清除和全局范围的重复数据清除呢？批次范围的重复数据清除只能解决简单的用例，比如传入的平面文件中的重复。如果你想完全避免重复，应该两者都做。挑战在于，随着数据量的增长，全局范围重复数据清除将需要越来越多的计算资源，因为需要加入不断增长的暂存数据集。这可能会出现问题（也可能不会），取决于数据量以及你可以为数据处理集群所承受的云成本。你可以使用一些优化技术来减少全局重复数据清除所需的资源。注意，在清单 5.3 中，我们从暂存区读取所有数据。假设暂存区遵循年 / 月 / 日分区结构，那么你可以将全局重复数据清除的范围限制为当前的年、月或周。这有助于提高性能，但会增加重复的风险：比如你收到一个重复行，该行一年前就已收到过。在能够安全地限制全局重复数据清除范围之前，你需要仔细评估业务逻辑和源数据的性质。

> **练习 5.3**
> 批次范围的重复数据清除和全局的重复数据清除之间的主要权衡是什么？
> 1. 批次范围的重复数据清除比全局重复数据清除快得多，但偶尔会错过批次内的重复数据。
> 2. 批次范围的重复数据清除更容易实现，但其性能不如全局重复数据清除。
> 3. 全局重复数据清除更容易实现，但它不能提供完全的重复数据清除保证。
> 4. 批次范围的重复数据清除速度要快得多，但它不能找到传入批次之外的重复。

5.4.3　数据质量检查

我们从采用标准数据湖方法的组织那里听到的两个最常见的担忧是，他们不能一直相信湖中的数据，而且不同的数据源有非常不同的质量级别。这些担忧很容易理解。由于数据湖设计本身并没有提供对正在摄取的数据的任何级别的控制，因此数据的质量完全取决于数据源。这对于大多数用例来说都不够好。数据用户希望确保数据至少符合一些基本的标准。

有趣的是，这个问题在传统的关系型仓库中并不常见。我们知道，关系型数据库有一个严格的模式，其通常包括对某些列的长度、类型的约束，有时甚至还有其他业务逻辑方面的约束，限制什么样的数据类型可以保存到表中。

在云数据平台设计中，仓库是处理数据的目的地，而不是用于摄取。所以我们不能使用内置的仓库控制。此外，现有的云仓库通常缺乏列级约束，这些列级约束你可能会在传统数据库中找到。

为了解决这个问题，我们可以将所需的质量检查作为数据处理管道中的一个步骤来实现。在前一节中，我们描述了重复数据清除的方法。重复数据清除可以被视为所需的质量检查之一。以下是我们看到的其他一些常见的检查：

- ❏ 某些列的值长度应该在预定义的范围之内。
- ❏ 数值应该在一个合理的范围内。例如，没有负的工资值。
- ❏ 某些列永远不能包含空值。对于不同的列，"空"的定义也可能不同。
- ❏ 值必须符合特定的模式。例如，电子邮件列应该包含有效的电子邮件地址。

这些类型的检查在 Spark 中很容易实现，在数据管道的步骤中也很容易实现。我们可以使用 Spark `filter` 函数来从数据帧中过滤掉不满足需求的行。在本例中，我们省略了初始管道配置代码，因为它与前面清单中的一样：

使用Spark内置的方法读取CSV
文件中的数据

通过过滤掉电子邮件过长或 username字段为空的行，来创建一个新的Spark数据帧对象

```
users_df = spark.read.format("csv").load(in_path)
bad_user_rows = users_df.filter("length(email) > 100 OR username IS NULL")
users_df = users_df.subtract(bad_user_rows)
```

使用Spark `subtract`方法从
原始数据帧中删除有问题的行

在这段代码中，你可以看到如何使用 OR 条件来过滤不满足某些预定义条件的行。在本例中，我们不想要电子邮件地址超过 100 个字符的行以及 username 列为空的行。请注意，我们将这些行保存到 bad_user_rows 数据帧中，这样就可以将它们保存到平台中的一个失败区中，以便随后我们想了解这些行究竟发生了什么。

我们还使用了 Spark subtract 函数从原始数据集中删除有问题的行。然后，管道代码可以像往常一样继续使用 users_df，并有一个单独的功能来处理有问题的行。

注意 删除"有问题的"行以提高数据的整体质量应该谨慎进行。大量数据集来自高度规范化的关系型数据源。例如，你可能有单独的订单、订单记录和客户数据集。如果你因为订单不符合某个数据质量检查而删除了它，那么最终将得到孤立的订单记录，其不再链接到任何订单。在这种情况下，你可以决定只向数据工程师发出有关问题的警告，但让数据流到平台而不做任何修改。你还可以实现一个更为复杂的数据质量检查，其将订单和所有相关内容视为一个单元，允许所有相关内容通过或失败。

虽然这个例子非常简单，但它展示了在 Spark 中实现数据质量检查的总体方法。关于数据质量流，你可能需要考虑以下因素：

❑ **检查危险程度**——从数据用户的角度来看，并非所有的数据质量问题都具有相同的危险级。例如，一个空的 `username` 列可能不会破坏任何现有的业务流程，但它是数据用户可能希望被告知的信息。另一方面，`salary` 列中的负值可能会破坏现有的报表。此类数据不得进入平台。

❑ **对数据质量问题报警**——在出现数据质量问题时，你可能希望向数据工程或选定的数据消费者发送报警。

❑ **删除有问题的行或让整个批次失败**——在某些情况下，如果传入数据集中的某些行没有通过质量检查，那么你可以决定不摄取这批数据，并将其移到失败目录以便做进一步调查。当传入的批次表示某种状态的摘要时，这是一个常见的场景，例如，前一周的库存摘要。处理部分摘要可能要比不处理任何内容更糟糕。

现在我们已经了解了通用数据处理管道中的各个步骤，那么，如何将这种方法扩展到数百个不同的数据源呢？到目前为止，我们所展示的代码示例只适用于单个源。为要处理的每个数据源复制和粘贴代码段显然是行不通的。这就把我们带到了下一节——如何设计一个灵活且可配置的数据管道。

5.5　可配置的管道

如前所述，从"免费"的数据湖模型转到更有组织的数据平台方法允许我们统一数据是如何在存储上组织的，它是如何从一个阶段转到另一个阶段，以及在任何阶段数据消费者通过查看数据应该期望什么。它还允许我们将一些常见的转换步骤标准化为单一的、高度可配置的管道。

我们现在知道，对于摄取到传入区的每个数据源，我们至少需要进行文件格式转换、重复数据清除以及一些基本的数据质量检查。因为我们知道确切的文件夹结构，所以可以创建一个单独的、可以接受参数的管道，比如管道名称和数据源名称，并执行常见的数据转换步骤。这个管道将负责处理所有传入的数据源，但对不同的数据源将使用不同的参数来调用它。图 5.9 演示了如何构建一个这样的管道。

一个通用的数据处理管道将由几个模块组成，它们负责管道的不同方面。你可以通过将模块分成单独的作业，然后使用编排层逐个执行它们来实现这个管道；也可以使用一个具有多个不同功能的处理作业，每个功能负责转换管道中的一个步骤。哪个更好取决于你在使用哪个数据处理引擎，以及你的开发团队的喜好。无论你选择如何实现管道，每个模块都应该能够接受一个配置，告知模块要处理哪个数据源、源在存储上的位置、源模式是什么、用于重复数据清除的列，等等。

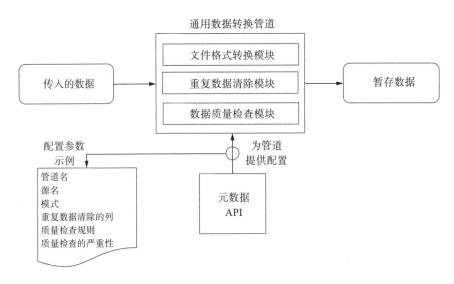

图 5.9　所有通用的数据处理步骤都可以合并到一个管道中，该管道可以接受来自元数据 API 的配置

　　建议将这种配置存储在元数据存储库中。这样，你就有了一个包含所有配置的中心位置，以及一个使用元数据 API 来获取数据源配置的统一机制。如果你只处理少数几个管道，则可以选择将配置存储在云存储中一个专用位置处的文本文件中。

　　此流中唯一缺少的部分是一个组件，其将使用所需的配置来实际启动数据处理作业。该组件是云数据平台架构中的编排层，如图 5.10 所示。

　　编排层是将整个管道连接在一起的黏合剂。它需要监控存储中着陆区的新批次数据。一旦检测到新的批次，它将使用文件夹命名约定来提取管道名称、数据源名称和其他所需的参数。根据所选择的编排机制，你要么需要实现定制代码来定期检查要到达的新数据，然后使用工具（如 Apache Airflow）中现有的触发器；要么使用云提供商内置的通知机制。有了这些信息，编排层将为数据处理作业获取更完整的配置并启动它。图 5.11 逐步地介绍了这个过程。

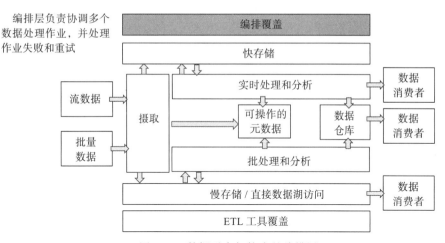

图 5.10　数据平台架构中的编排层

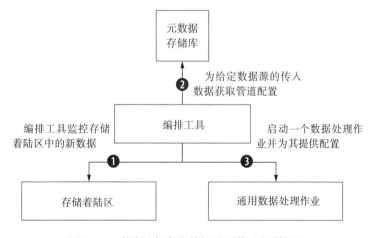

图 5.11　编排层负责为数据处理作业提供配置

因为不同数据源的通用处理步骤通常是相互独立的，因此我们可以并行运行多个通用数据转换作业。这将允许我们能够及时处理数百个不同的数据源。

总结

❏ 处理层是数据平台实现的核心。这是应用所有必需的业务逻辑并进行所有的数据验证和数据转换的地方。

❏ 处理可以在数据仓库中进行，但是如果你的系统对企业至关重要，并且你希望它能够伸缩、可管理并长期可用，那么在湖中进行处理会带来更好的结果。

❏ 在处理步骤中，数据流经过几个阶段，在每个阶段都会应用数据转换和验证逻辑，因此，当来自数据源的原始的和未经提炼的数据转换为定义良好的和经过验证的可用于分析或提供给其他数据消费者的数据产品时，就增加了数据的"可用性"。

❑ 数据处理任务通常可以分为两大类：通用数据处理步骤和特定于业务逻辑的步骤。通用数据处理步骤适用于来自所有数据源的所有数据，以及那些进行数据重复清除并对所有数据应用所需的标准质量检查的作业。除了通用的处理步骤之外，每个分析用例都需要它自己的一套特定于用例的转换和验证。

❑ 对于如何在云存储上组织数据，拥有一套一致的、清晰的原则是非常重要的，因为它将允许你构建遵循同样设计的管道，即从何处读取数据和向何处写入数据。它还将帮助你的数据用户搜索存储中的数据，并准确地了解在哪里可以找到所需的数据。

❑ 一个通用的数据处理管道将由几个负责管道不同方面的模块组成。你可以通过将模块分为单独的作业，然后使用编排层来逐个执行它们以实现这个管道；也可以有一个包含多个不同功能的处理作业，每个功能负责转换管道中的一个步骤。

❑ 将文件格式转换为二进制文件格式（Avro 和 Parquet）与使用基于文本的文件格式相比具有一些优势。首先，二进制格式占用的磁盘空间大大减少，因为在数据编码过程中，它们可以应用不同的优化；其次，它们强制对所有文件使用特定的模式，更有助于实现可伸缩性。

❑ 对于重复数据清除，在数据源通常不可靠的云数据平台或者重新摄取过程中，以及缺乏唯一性实施的现有云仓库中，强制执行唯一性尤其重要。

❑ 由于数据湖设计本身并不对被摄取的数据提供任何级别的控制，而且数据质量完全依赖于数据源，因此一个好的实践是将所需的质量检查作为数据处理管道中的一个步骤来实现。

5.6 练习答案

练习 5.1：

2. 这使管道代码保持一致。

练习 5.2：

3. 这解决了暂存区和生产区中不同的数据访问模式。

练习 5.3：

4. 批次范围的重复数据清除速度要快得多，但它不能找到传入批次之外的重复。

第 6 章 *Chapter 6*

实时数据处理和分析

本章主题：

❑ 定义实时处理和实时分析。

❑ 在快存储中组织数据。

❑ 理解典型的实时数据转换场景。

❑ 为实时使用组织数据。

❑ 将通用数据转换转化为实时处理。

❑ 比较实时处理服务。

在本章中，我们将帮助你更清楚地理解实时数据或流数据——现代数据平台最流行的特性之一。

我们将介绍实时摄取和实时处理之间的区别，并举例说明何时使用它们，并展示不同的数据平台设计。

我们将深入了解流数据是如何与生产者、消费者、消息、分区和偏移量组织在一起的，然后介绍一些典型的实时数据转换用例，特别关注重复数据清除、文件格式转换、实时数据质量检查以及将批量数据与实时数据相结合。

每个云供应商都对实时处理提供一对相关的服务——一个实现实时存储并映射到架构中的快存储层，另一个实现实时处理。我们将了解 AWS Kinesis Data Streams 和 Kinesis Data Analytics、Google Cloud 的 Pub/Sub 和 Cloud Dataflow，以及 Azure Event Hubs 和 Azure Stream Analytics。

6.1　实时摄取与实时处理

正如第 3 章中所讨论的，图 6.1 中突出显示的处理层是数据平台实现的核心。这里是应用所有必需的业务逻辑，以及进行所有数据验证和数据转换的地方。处理层在为数据平台中的数据提供特殊访问方面也起着重要的作用。

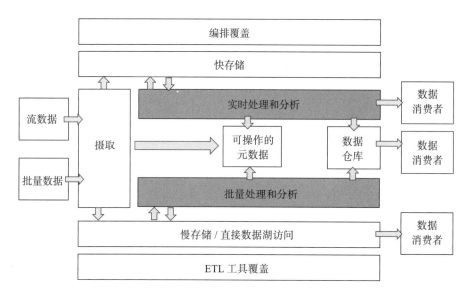

图 6.1　处理层是应用业务逻辑、进行所有数据验证和数据转换的地方，也是提供对数据的特殊访问的地方

到目前为止，我们已经使用了专注于批量数据的数据处理和分析场景。在这些场景中，我们假设可以定期从源系统中提取数据，或者数据以需要处理的文件的形式自然到达。

在云数据平台中，批量并不是数据传递和分析的唯一方式。你可能已经听说过"实时数据处理"这个术语，在本章中，我们将探索这种处理形式及其常见的用例。让我们从一些定义和用例开始。

当人们在数据平台环境中使用"实时"或"流"这两个术语时，对于不同的人有不同的含义，并且它与数据平台的摄取层和处理层相关。

当你有一个管道将数据（一次一条消息）从源流式传递到目的地（如存储或数据仓库或两者）时，就会发生实时摄取或流摄取。虽然实时处理在任何地方都没有明确的定义，但很多可用的产品文档、博客文章和书籍都使用这个术语来指应用于流数据的直接数据转换。这些数据转换的例子包括将日期字段从一种日期格式转换为另一种日期格式，更复杂的数据清理用例有确保所有地址字段都遵循相同的格式。

另一方面，术语"实时数据分析"通常用于对流数据进行复杂计算的应用程序。一个很好的例子是根据以前的事件来计算某个事件发生的概率。虽然在某些情况下，这些差异可能很重要，但以后我们将把所有实时数据处理和实时数据分析用例称作"实时处理"。

实时摄取可以在不使用实时处理的情况下进行，但实时处理通常需要实时摄取。你是需要其中一个还是两者都需要取决于用例。

让我们看下表 6.1 中的两个用例：一个可以通过将数据实时摄取到数据仓库来满足，另一个则需要在单独的系统中进行实时处理。区别在于谁是数据的最终消费者。

表 6.1　比较两个不同用例的"实时"需求

用例	查看仪表盘的分析师	对玩家行为变化做出反应的游戏应用程序
"实时"对他们来说意味着什么	数据在被请求时将刷新，数据反映了"到目前为止"事物的状态	数据以亚秒级的周转速度被处理和传递
他们在数据平台上需要什么	实时摄取到数据仓库	实时摄取和实时处理

在第一个用例中，最终的数据消费者是分析师，他正在查看使用数据仓库中的数据生成的销售仪表盘。他们要求"实时"，但并没有坐在那里不断地刷新仪表盘，并针对每秒的变化采取行动。很可能他们真正想要的是确保仪表盘在想查看时就能够刷新，且在仪表盘上所看到的数据是最新的，并反映了"到目前为止"事物的状态。

为了满足这一"实时"需求，我们可以开发实时向数据仓库传递数据的管道。需要注意的是，即使数据源源不断地到达数据仓库，数据仓库也不会实时处理数据。虽然可以根据用户的需要随时更新仪表盘，但对于一个典型的仪表板来说，刷新可能需要几秒钟以上的时间。数据刷新所需的确切时间可能会有所不同，但通常情况下，当由人类消费者进行分析时，将数据实时地引入云仓库，并让数据仓库以秒或分钟的响应速度执行分析，这通常是性能和数据平台架构复杂性之间一种可接受的折中。

在这个用例中，数据是实时（即，流）的形式传递到云数据仓库的，但它并不是被实时消费的，甚至不是接近实时消费的。对于习惯于看到每天刷新一次数据的用户，每 15 分钟的刷新对他们来说可能就是"实时的"。他们甚至将这称之为实时仪表盘。将数据实时地传递到数据仓库可能完全满足他们的需求，而无须任何实时处理。

当你的业务用户说他们想要"实时"时，花点时间来探究他们的意思。如果实时需求是让当前数据随时可供分析，但是分析本身是以一种特殊的方式进行的——即，作为用户请求的计划报告或仪表盘刷新——这样可以节省一些额外的工作和成本，并实现无须实时处理的实时摄取。

在第二个用例中，没有人参与。以线上游戏为例，从玩家参与度收集的数据将被用于改变游戏行为本身。显然，这必须迅速发生，因为你不能等待几秒钟才对玩家的行为做出反应，然后改变游戏行为。与人不同的是，游戏能够对正在进行的即时变化做出反应，因此实时摄取加上实时处理是有意义的。

因此，如果最终数据消费者是一个需要根据传入数据执行操作的应用程序，那么这是一个很好的指标，说明应该实现摄取和处理，对于这个用例，你需要一个实时数据处理系统。

让我们总结一下。这两个用例描述了两种不同的实时数据处理方式。仪表盘用例是一个没有实时处理的实时数据摄取（有时称为流摄取或仅仅是数据流）的例子。如果对实时的唯一要求是必须尽可能快地提供用于分析的数据，但是分析本身是以一种特殊的方式进行的，那么实时摄取就是你应该去实现的。另一方面，如果需求是让分析本身实时完成，然后传递给另一个系统进行操作，那么就需要实时摄取和实时处理。

请注意，在第一个场景中，在使用实时处理引擎在仓库中提供数据之前，你可能仍然需要执行一些数据准备工作，详见后文。

6.2 实时数据处理用例

在本节中，我们将介绍两个用例，并对每个用例的数据平台设计注意事项进行讨论。

6.2.1 零售用例：实时摄取

在第一个用例中，假设你的公司是一家既经营实体店又经营线上商店的零售商。实体店中的旧销售（Point-Of-Sale，POS）系统每天只能以 CSV 文件的形式交付一次销售数据，而线上商店能够则能够在每次销售交易发生时就交付数据。可以在访问者点击"购买"按钮的几秒钟内对这些交易进行分析。在这个场景中，你将有两个仪表盘：一个用于每天更新一次数据的实体商店，另一个用于全天都更新数据的线上商店。

你们公司的业务用户想在仪表盘上显示每日销售额，但将线下和线上商店的数据组合在一个仪表盘上会造成很多混乱，因为实体店的数据每天到达一次，而线上的数据一直在不断地传递。

在 POS 升级之前，我们有两个不同的管道：一个是批量管道，处理每天从 POS 系统发送来的文件；另一个是实时管道，处理线上销售交易。在云数据平台架构中，这两者都由各自的层支持，服务层是一个云数据仓库，在那里可以通过报表工具来访问数据。

但是，如图 6.2 所示，将具有不同数据刷新频率的两个数据源组合到一个仪表盘上并不能为你的企业提供一个一致的日销售额的总体视图。

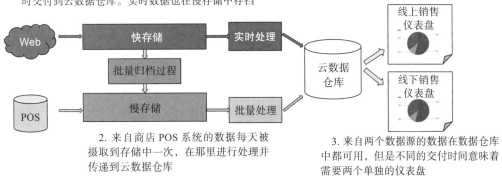

图 6.2 将数据的批量和实时交付结合到数据仓库中是可能的，但在显示数据时可能会受到限制

幸运的是，你们公司决定将旧的 POS 系统升级到支持实时发送销售交易数据的新版本。图 6.3 演示了当 POS 数据变为流数据源时，云数据平台中将会发生什么变化。

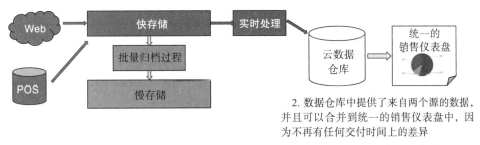

图 6.3 当数据从不同的源流式传输时，它可以被实时地传递到数据仓库，并合并到统一的报表或仪表盘中

POS 升级后，我们可以通过实时层发送 POS 数据和线上数据，消除了交付时间上的差异。现在，我们可以将两个单独的仪表盘合并为一个。请注意，如第 4 章所述，我们仍然将实时数据集归档到慢存储中。

因此，在这个场景中，我们的管道将来自两个数据源的数据实时地传输到数据仓库中。

仪表盘可以根据用户的需要随时更新，但根据定义，典型的仪表盘刷新可能需要几秒钟以上的时间，而不是实时的。因此，数据虽然被实时传输到云数据仓库中，但它没有被实时消费或接近实时地消费，但用户可以确信的是，他们看到的数据是最新的，反映了"到目前为止"的状态。

6.2.2 线上游戏用例：实时摄取和实时处理

现在，让我们看一下另外一个例子。想象一下，在你的零售雇主成功地将 POS 迁移到实时数据处理之后，你收到了一家线上游戏公司的邀请。该公司希望通过添加更多的互动元素，让环境和其他玩家都能够对游戏中所执行的动作做出反应，从而使其旗舰游戏中的一个变得更加复杂。现在，你已经从以前的工作中获得了实时数据处理的经验，你认为可以在这里应用相同的模式。图 6.4 展示了你心目中的架构初稿。

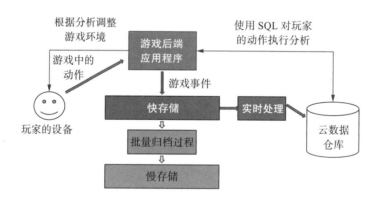

图 6.4　线上游戏用例的实时处理架构初稿

这个架构看起来类似于零售示例，其只有一个数据源——在本例中是游戏应用程序——它不是数据平台的一部分，但确实会实时生成数据。事实上，它扮演着双重角色，既充当数据源，又充当数据消费者。

玩家使用设备（移动设备、游戏机或 PC）与游戏进行交互。这些交互作为游戏事件发送到游戏后端应用程序（实际上通常由许多不同的微服务组成）。这些事件只是包含发生了什么、何时、何地等信息的数据片段。这些事件流入实时层的数据平台，最终流入云数据仓库，而不是连接到仓库的报表工具，我们让游戏后端应用程序运行一些复杂的 SQL 语句来决定如何调整这个特定玩家的游戏环境。例如，你可能需要计算某一特定类型的怪物在给定时间出现在玩家面前的概率。

这个设计在纸上看起来不错，但是如图 6.5 所示，如果你尝试实现它，很快就会发现一个重大的限制。即使你可以实时向云仓库传递数据（特定云仓库的限制将在第 9 章讨论），也无法保证查询产生结果的速度有多快。数据仓库的设计是为了在处理大量数据时提供合理的性能，但它们没有针对快速响应进行优化。在当今的云数据仓库中，即使是相对简单的查询，典型的响应时间也是以秒（有时是以分钟）来计算的。除非你的线上游戏是国际象棋游戏，否则数十秒或几分钟的响应时间是不可接受的，特别是对于交互式游戏。我们需要寻找一个不同的解决方案。

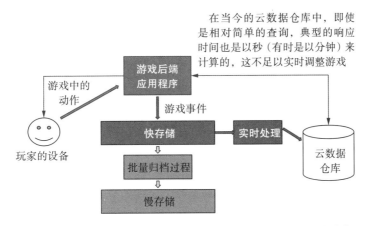

图 6.5　使用数据仓库进行实时处理不能满足亚秒级处理的需求

基于云的现代实时处理系统不仅可以执行基本的数据转换（如修改日期格式或过滤满足特定条件的消息），还可以执行复杂的计算和分析。有些支持 SQL，因此你可以在实时处理系统中执行与云数据仓库中类似的分析类型。在本章的后面，我们将探索不同的云实时处理系统，但是现在，让我们假设最初计划在云数据仓库中进行的计算也可以在实时系统中进行。图 6.6 展示了架构的第二个迭代。

在这种架构中，游戏后端应用程序提交一个或多个实时处理作业，这些作业在实时处理系统中不断运行，并根据快存储中每一条新传入的消息调整计算。提交查询仓库和提交查询实时处理作业的最重要的区别之一是数据仓库仅在从应用程序接收到 SQL 查询之后才开始读取和处理数据，并且每次运行时通常读取大量的数据；而实时作业一直在运行，不需要在每次需要调整计算时读取大量的数据。

还需要注意的是，与数据仓库不同，实时处理系统不是作为数据服务端点而设计的。这意味着你的实时处理作业必须将结果保存到另一个系统，该系统可以提供对数据的低延迟访问。通常，键 – 值 NoSQL 数据库或内存缓存被用于此目的，但我们也看到关系型数据库成功地用于存储实时计算的结果。现在，我们的游戏后端可以在几秒或更短的延迟内获取实时数据分析的结果。

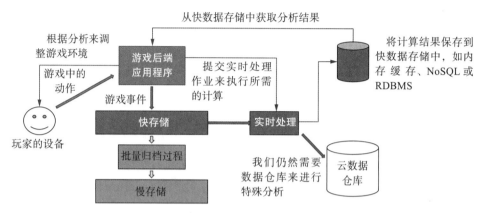

图 6.6　为了减少响应延迟，实时计算应该在具有用于保存结果的快数据存储的实时处理系统中进行

实时处理系统的另一个常见场景是将结果保存回快存储，从而基于传入流创建新的数据流。我们将在本章后面讨论通用实时数据转换时探讨这个场景。

6.2.3　实时摄取与实时处理的总结

让我们重温一下零售和线上游戏在实时处理需求方面的区别。

在零售示例中，分析是由人类消费者完成的，将数据实时地引入云仓库，并让数据仓库以秒或分钟的响应时间执行分析，这是性能和数据平台架构复杂性之间一种可接受的权衡。

在线上游戏场景中，决策是由其他程序做出的，这些决策需要快速做出，我们不能依赖数据仓库的响应时间来进行处理。这个用例是一个完整的端到端、实时的、数据处理实现的例子，其中数据需要实时地被摄取到数据仓库中，但是我们还需要执行一些复杂的数据处理，并使结果可用于使用低延迟数据存储的应用程序。此场景需要额外的基础设施、监控和持续维护。你需要确保低延迟数据存储具有高可用性并提供最佳性能。与在内部实现类似的数据存储相比，各种云服务无疑使这一任务实现起来更加容易，但你仍然需要平衡低延迟数据存储的性能和成本，并妥善计划停机。

6.3　什么时候应该使用实时摄取或实时处理

现在我们知道了实时摄取和实时处理之间的区别，那么我们能实时地做到这一点吗？通常，这个问题与业务想要实现的现有用例或新用例有关。通常会有某种每天运行一次的报告，业务用户希望它是实时的。

数据平台架构师的工作就是理解这里的实际需求并应用正确的实时处理方法。

如果最终用户最关心的是数据的"新鲜度"，那么对所需数据源实现实时摄取过程可能会满足这一需求。一般来说，我们建议尽可能使用实时数据摄取，只对不支持实时的数据源或当数据自然批量产生时保留批量层摄取。实时摄取有多种好处。例如，实时摄取需要较少的编排，如监控是否有新文件到达。对于关系型数据库，实时摄取层使得使用强大的变更数据捕获（CDC）机制成为可能，我们在第 4 章中描述了这一点。CDC 允许你捕获在数据库中发生的所有类型的变化（插入、更新和删除），并以尽可能小的细粒度执行此操作，而不像周期性的批量快照，其会错过"中间"发生的变化。越来越多的源系统将数据以消息流的形式提供，实时也正在成为当今数据传输的标准。我们在第 4 章中描述了实时变更数据捕获过程的一些好处。如今，一旦源系统发生了变化，用户就希望数据"就在那里"，因此，即使你对实时摄取没有正式的需求，你的用户也不会抱怨。请记住，如果你在报表和分析中混合了批量数据和实时数据，可能会产生混淆。如果你的仪表盘有一部分数据几秒就更新一次，而另一部分数据每天只更新一次，那么就会面临一个非常风险：一些数据消费者意识不到这一点，他们会报告系统"坏了"。

> **提示**　在数据新鲜度不同的情况下，最好将报表分开。

> **注意**　对于将实时数据和批量数据相结合，还有其他的用例，例如数据充实，详见后文。

围绕实时摄取实现云数据平台标准化的另一个好处是，目前还没有一个能够有效处理批量数据和实时数据的行业标准系统。Google Cloud Dataflow 服务（使用 Apache Beam API）就是这种系统的一个例子，但它是特定于 Google Cloud 的。Apache Spark 就是一个很好的批量处理系统，它也支持使用 Spark Streaming API 进行实时处理，但它使用了微批量技术来实现。微批量意味着将传入的实时数据缓冲到几秒或更长的间隔，然后一次处理所有缓冲的数据。这种方法可能不适用于需要真正的低延迟响应的用例。缺乏行业标准意味着，如果同时使用批量层和实时层，你很可能需要使用两个完全不同的系统。

根据经验，在绝大多数用例中，最终用户说他们希望实时处理可以通过实时摄取来满足。大多数最终用户只是希望及时地将数据传递到云仓库，以便运行查询，而不必担心数据过时的问题。

当然，有一系列问题无法通过实时摄取来解决。之前的线上游戏场景就是一个很好的例子。但是让我们先看一个简单的用例。假设有一个报表，它每天对数据仓库运行一组查询，然后将结果打包成 PDF 文档，并通过电子邮件发送给最终用户。该报表的用户会询问是否可以"实时"生成此报表。现在，这里需要实时摄取，但这还不够——最终，报表还是按计划每天运行一次。

在许多情况下，我们在实践中看到的是，对于最终用户来说，从每天到每小时的报表交付都是"实时的"。有时是从几小时一次提高到每 15 分钟一次，但想法是一样的。如果数据是实时传递到平台的，则很容易更频繁地运行报表，因为对于云数据仓库你可以获得额外的处理能力，或者将某些报表从数据仓库卸载到数据湖中。记住"谁是消费者"的规则。人类数据消费者很少使用那些几秒钟就刷新的报表。

 提示 在评估业务用户的需求时，不要简单地接受他们所说的"实时"一词。相反，要探索他们真正需要的有关数据及时性方面的需求。

最后，还有一些合法的用例需要额外的实时处理基础设施。如果最终数据消费者是一个应用程序，其需要根据传入的数据执行某些操作，那么这就很好地表明了需要使用实时数据处理系统进行摄取和处理。在不同的行业中有很多这样的例子：各种推荐系统在网站上向用户推荐内容，移动应用需要有低延迟的响应时间；监控和报警系统，检测异常并根据传入的数据采取相应的措施；线上支付系统中的欺诈检测，等等。正如我们将在本章后面所看到的，实时处理带来了一些独特的挑战和限制。我们鼓励你在决定需要什么类型的实时处理之前仔细分析用例。表 6.2 列出了一些可能对你有所帮助的因素。

表 6.2　影响处理决策的因素

用例	摄取	处理
仪表盘	实时	批量
游戏中的动作	实时	实时
推荐引擎	实时	实时
欺诈检测	实时	实时

另一个经常出现的问题是是否容易将过程从批量转换为实时。根据经验，答案是否定

的，因为现在实时批量需要不同的技术，所以转换意味着完全重写代码、引入新的基础设施等。从批量摄取转移到实时摄取比将复杂的批量处理作业转换为实时处理要容易得多。改变摄取类型只会影响架构中的单个层，而且，如果你的源系统既支持批量又支持实时传递，那么你可以利用现有的工具。例如，使用 CDC 工具从 RDBMS 的批量提取切换到实时摄取。我们建议在围绕实时用例的规划上投入更多的时间，并在系统设计的早期选择所需的方法，以避免付出昂贵的代价。

> **练习 6.1**
> 你正在为跑步者创建一款社交移动应用程序，其应该能够通知用户他们的朋友在路线上某个特定部分的表现，并建议他们加快步伐或祝贺他们出色地完成了任务。对于这个用例，你应该选择哪种数据摄取和处理？
> 1. 实时数据摄取和批量处理
> 2. 实时数据摄取和实时处理
> 3. 批量摄取和批量处理

6.4　为实时使用组织数据

在第 5 章中，我们介绍了云存储的文件夹和文件布局，其可以用来为高效的数据处理组织数据。遵循标准布局的一个重要的好处是，你可以创建一个可配置的 ETL 管道，用于执行对所有数据源都通用的数据处理步骤。标准布局还可以帮助需要直接访问数据湖层的数据平台用户在不同的数据集之间轻松地导航。

在本节中，我们将描述该布局如何从批量场景中的文件和文件夹转换为实时存储和处理。在此之前，我们需要介绍几个重要的实时存储和处理的概念。

6.4.1　对快存储的解剖

在深入描述实时系统的存储如何工作之前，我们将使用 Apache Kafka 作为主要示例。在本章的后面，我们将研究 AWS、Azure 和 Google Cloud 的特定于云的服务，但我们不能用它们来描述常见的概念。由于这些都是专有系统，因此我们并不能真正了解这些服务是如何工作的，或者它们使用的底层技术是什么。因为 Apache Kafka 是最流行的实时数据摄取和处理的开源系统，而且许多云服务采用了类似的概念和术语，所以本节的讨论将基于

Kafka。当谈到特定的云服务时，我们将突出与 Kafka 使用的不同的术语或行为。

批量系统处理文件，文件由包含数据的各行组成。实时系统在单行或消息的层面上操作。一条消息基本上是一段可以从实时存储中读 / 写的数据。可以将关系型数据库中的一行看作一条消息或文本日志文件中的一行。带有属性名及其值的单个 JSON 文档就是一个很好的消息示例。JSON 还支持文档数组，但对于实时系统，一条消息通常是该数组中的一个文档。在实时系统中，与批量文件相比，消息通常很小。我们说的每条消息只有几 KB 到 1MB。消息被组织成主题，类似于文件系统上的文件夹。

消息由生产者写入实时存储，由消费者读取和处理。生产者和消费者在这里都是某种应用程序。如图 6.7 所示，生产者将消息写入主题（1），消费者从主题（2）读取消息。

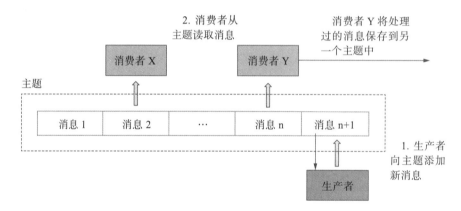

图 6.7　生产者将消息写入主题，消费者（即应用程序）从主题读取消息

到目前为止，这听起来与批量系统没有太大的区别，在批量系统中，你可以让文件生产者将数据保存到存储中，而文件消费者（如 ETL 管道）读取这些文件。但在生产者与多个消费者之间交换数据方面存在一些根本性的差异。

在这个实时处理管道中，我们有一个生产者，即摄取应用程序，它从一些 RDBMS 中读取新的、更新的和删除的行。我们的实时存储中只有一个主题以及两个不同的消费者应用程序。一个（消费者 Y）是数据转换管道，它执行通用的数据转换并将处理过的消息保存到不同的主题。消费者 Y 既充当消费者又充当生产者，这在实时处理系统中并不少见。另一个消费者（消费者 X）是某种实时分析作业。也许它是一个机器学习应用程序，否则为什么它要读取尚未被消费者 Y 处理的原始数据呢？

实时存储系统中的消息是不可变的。这意味着一旦生产者将一条消息写入主题，它就不能被修改或删除。如图 6.8 所示，当一条消息被写入存储后，它就被分配了一个偏移量

（1）——一个一直在增加的数字，其在实时处理系统中起着重要的作用。偏移量用于向生产者发送确认信息，确认消息已经被成功保存了（2）。这样，生产者就知道他们可以发送一条新的消息了。消费者也可以通过将最新处理过的信息的偏移量发送回实时系统来跟踪偏移量（3）。

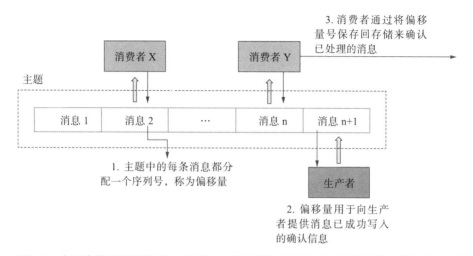

图 6.8　实时存储系统提供了一种机制，其使用偏移量和确认机制来跟踪哪些消息已被写入，哪些消息已被哪个应用程序所使用

偏移 / 确认机制用于提供可靠性。如果消费者失败了（它最终会失败），它可以通过检查最后处理的消息的偏移量来轻松地在中断处恢复处理，因为生产者偏移量可以防止实时存储系统中的故障。如果生产者没有收到某条消息已被成功保存的确认信息，那么它可能会决定重新保存同一消息。

偏移量还为我们提供了一种监控各种消费者应用程序性能的方法。在示例（如图 6.9 所示）中，我们可以知道消费者 Y 在消费者 X 之前，因为它在处理具有更大偏移量号的消息。如果我们注意到消费者 Y 落后于消费者 X，那么这可能表明消费者应用程序代码有问题，或者存在网络问题，等等。

希望到目前为止，你已认识到与基于文件的存储相比，实时存储和处理系统的好处。在基于文件的存储中，文件是数据处理作业操作的一个单元。你通常将一个文件作为一个整体来读取，然后一次性处理它。虽然这种方法有很多好处（参见本章后面关于重复数据清除的讨论），但有些事情比较困难，比如只重新处理文件中的部分数据。实时系统不仅提供了以低延迟一次处理一条消息的能力，而且还提供了额外的可靠性和消息跟踪机制。这使得不同处理作业之间的协调更加容易，因为现在你可以确切地知道作业正在处理哪些数据。

快存储不仅仅是快，而且也是智能存储，这意味着实时系统所做的不仅仅是将字节保存到磁盘上。

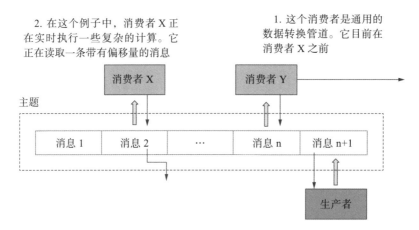

图 6.9　偏移量还为我们提供了一种监控各种消费者应用程序性能的方法

6.4.2　快存储是如何扩展的

通常，我们不会深入研究特定的存储和处理系统架构，因为本书的重点是架构原则和思想。但是，对于实时系统来说，理解这些系统的内部工作原理对于理解为什么必须做出某些架构决策、在以后预期会出现哪些问题以及如何处理它们是非常重要的。

一个相关的问题是，实时存储和处理系统如何扩展？数据量和速度通常是齐头并进的。收集和处理来自某些传感器数据的实时系统，以及处理来自网站的点击流数据的实时系统，都需要处理非常大的数据量，并同时保证低延迟处理。它们是如何做到的呢？

显然，实时系统（或者任何现代数据处理系统）不能只运行在单个物理机或虚拟机上。它们必须是分布式的，运行在机器集群上，以便提供可伸缩性。图 6.10 展示了数据和处理是如何分布到实时系统中的多台机器上的。

与许多其他分布式系统一样，实时存储系统将主题中的消息拆分为多个分区。主题中的每条消息只属于一个分区。这些分区在物理上存储在不同的机器上。为了最大化数据的可用性和性能，实时系统会决定在何处放置分区。集群中的每台机器都可以存有多个活动分区以及其他分区的多个副本。在图 6.10 中，我们只展示了每台机器上的一个活动分区以及其他两个分区的副本。在这里，"活动的"指的是这台机器处理实际的生产者和消费者的请求。其他分区的副本可以保证数据的可用性，如果其中一台机器出现了故障，另一台拥有该分区副本的机器将开始对该分区的请求提供服务。

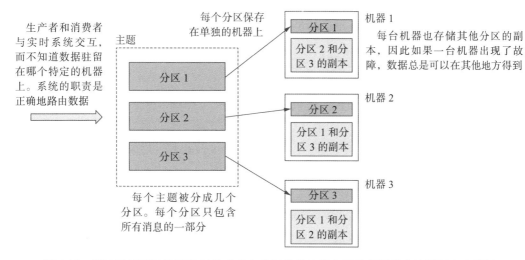

图 6.10　实时系统通过将消息划分成多个分区并将这些分区分布到多台计算机上来进行
　　　　　扩展。实际的数据放置对生产者和消费者来说都是隐藏的

通过将数据划分为多个分区，并将这些分区放在不同的机器上，实时系统可以确保即使一个非常活跃的主题（可能会产生和使用成千上万条消息）也不会淹没一台机器。

注意　为什么不将每条消息保存到云存储上的单个文件中，而不是使用实时系统呢？在云存储上读写一个文件可以获得很高的性能。例如，AWS 文档说，你可以用 100 ~ 200 毫秒的延迟从 S3 读取一个"小"文件。另一方面，在 LinkedIn 的 一个基准测试中，Apache Kafka 读写一条消息取得了 14 毫秒的延迟。虽然毫秒延迟对你的工作负载可能并不重要，但当你需要处理云存储上的大量小文件时，情况会有所不同。我们说的是几十万甚至上百万个小文件。云存储不是为扫描大量文件而设计的。当试图获取需要处理的所有文件的列表时，延迟会急剧增加。像 Apache Spark 这样的处理引擎很难处理许多小文件，因为它们被设计成用来处理更少、更大的文件。我们在第 4 章讨论将实时数据刷新到云存储进行归档时描述了这个问题。

正如你所看到的，即使在这个简化的示例中，也有很多移动的部分。实时系统从生产者和消费者那里抽象出内部机制，因此最终用户不需要担心数据是如何被准确地分布到不同的机器上的。理解这些细节非常重要，因为这有助于理解影响实时数据处理的不同故障场景。我们将在本章后面探讨不同的故障场景以及它们影响数据处理管道的方式。

如果你想要深入了解细节，可以参阅 Apache Kafka 的创建者之一 Jay Kreps 发表的开创性的博客文章" The Log: What every software engineer should know about real-time data's unifying abstraction"（http://mng.bz/WdVa）。

练习 6.2

在实时系统中，偏移量跟踪的目的是什么？

1. 为消费者在系统崩溃或重启后恢复处理提供可靠的方法

2. 为了提高性能

3. 为了提供实时系统的可扩展性

4. 以上都是

6.4.3　在实时存储中组织数据

在第 5 章中，我们讨论了在云存储中对文件和文件夹有一个标准布局的重要性。一个标准的结构可以使人们很容易地在不同的数据集之间导航，也使实现一个通用的数据处理管道成为可能。同样的原理也适用于实时存储和实时处理。让我们看一看图 6.11，它将带你浏览数据流的不同阶段。

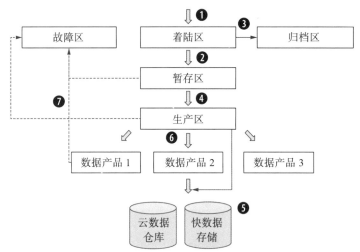

1. 来自摄取层的数据被保存到着陆区。
2. 接下来，原始数据经过一组通用转换，然后保存到暂存区。
3. 原始数据从着陆区拷贝到归档区，用于再处理、调试管道及测试任何新的管道代码。
4. 数据转换作业从暂存区读取数据，应用必要的业务逻辑，并将数据保存到生产区。
5. 一个可选的"传递"作业将数据从暂存区拷贝到生产区，然后拷贝到云仓库，以帮助调试问题。
6. 不同的作业从暂存区读取数据，并生成用于报表或其他分析目的的数据集。
7. 流程的每一步都必须处理故障，将数据保存到存储的故障区。

图 6.11　实时数据流经的不同阶段

1. 来自摄取层的数据被保存到着陆区，所有传入的原始数据都驻留在那里，直到处理完毕。请注意，摄取层是唯一可以写入着陆区的层。

2. 接下来，原始数据经过一组通用转换，然后保存到暂存区。

3. 原始数据从着陆区拷贝到归档区，用于再处理、调试管道及测试任何新的管道代码。

4. 数据转换作业从暂存区读取数据，应用必要的业务逻辑，并将数据保存到生产区。

5. 一个可选的"传递"作业将数据从暂存区拷贝到生产区，然后作为传入的原始数据的完全相同的副本拷贝到云仓库，以便使用其他作业的业务逻辑来帮助调试问题。

6. 不同的作业从暂存区读取数据，并生成用于报表或其他分析目的的数据集。这些派生的数据集保存在生产区的专用位置，并加载到云仓库中。在实时处理过程中，这些数据集也可以保存到快数据存储（缓存、RDBMS、NoSQL）中以进行低延迟访问。

7. 流程的每一步都必须处理故障，将数据保存到存储的故障区，并允许数据工程师来调试问题。一旦问题得到解决，就可以通过将数据拷贝回着陆区来进行重新处理。

在细节层面上，批量和实时之间的唯一区别是，如果需要对处理结果进行低延迟访问，那么可以选择将实时数据存储到快数据存储中。除此之外，暂存区类似于批量处理：

❑ 原始数据按原样保存到着陆区。

❑ 应用了通用数据处理步骤之后，实时数据进入暂存区。

❑ 实时数据被归档到常规的云存储中。

❑ 实现业务逻辑的各种数据转换作业从暂存区读取数据，并将结果保存回生产区。

❑ 在数据处理作业或数据质量检查中出现故障时，数据被拷贝到故障区以做进一步研究。

在批量场景中，所有这些不同的区都被实现为云存储上的文件夹，这些文件夹中包含文件。我们为文件和文件夹使用一种商定的命名约定，这允许我们构建一个通用的数据处理和编排管道。在实时处理系统中没有文件夹和文件的概念。相反，我们有包含数据的单独消息以及为这些消息提供逻辑分组的主题。

我们可以使用主题而不是常规云存储上的文件夹和容器，并假设着陆区、暂存区、生产区和故障区只是实时存储系统中不同的主题，但细节总是更微妙。让我们使用零售示例来进一步了解这些细节。假设在将 POS 系统升级到支持实时数据传递的新版本之后，我们可以开始接收 POS 使用的 RDBMS 中的三个主表（orders、customers 和 payments）的单个消息：订单、客户和付款。也许 POS 供应商已经为 Debezium 实现了一个漂亮的变更数据捕获连接器，并开始将这三个表中所有新的、更新的和删除的行发送到实时摄取系统中。

在第 4 章中，我们展示了 CDC 消息的几个示例。例如，下面的清单显示了 POS 的 orders 表中的新记录将如何产生以下（简化的）消息。

清单 6.1　CDC 消息示例

```
{
message: {
    before: null,
    after: {
                order_id: 3,
                type: "PURCHASE",
                order_total: 37.45,
                store_id: 2432,
                last_modified: "2019-05-04 09:05:39"
    },
    operation: "INSERT",
    table_name: "orders"
            }
}
```

这是信息体，其包含了订单的相关数据

在像Debezium这样的CDC系统中，消息的operation属性指定了这是否是源数据库中的新记录、是否是对现有记录的更新、或者是否是对现有记录的删除

此CDC消息的另一个有用属性是源表的名称。知道表的名称之后，我们可以期望某些属性出现在消息体中

现在，我们可以将消息看作具有某些属性的 JSON 文档。其中一些属性将出现在每条 CDC 消息中。这些常见的属性（如 operation、table_name、before 和 after）提供了一些关于消息本身的额外数据。例如，table_name 属性包含了源表的名称，并指定在消息体（after 字段）中将出现何种类型的属性。这些属性将与源表模式相匹配，其中每个属性将表示源表中的某一列。这只是一个例子，不同的摄取系统可能产生不同结构的消息。

对于 POS 数据库中的其他表（customers 和 payments），我们也有类似的消息。我们应该将所有消息保存到单独的着陆主题中，还是应该为每种消息类型（orders、payments 和 customers）创建单独的主题呢？

从技术的角度来看，没有什么能真正阻止我们为每种消息类型创建单独的主题。然后就会有一些主题，比如 landing_orders、landing_payments 和 landing_customers，每个主题只包含一种特定的消息类型。云计算提供商对可以创建的主题数量有一定的限制。例如，Google Cloud 的 Pub/Sub 实时系统允许每个项目有 10 000 个主题。对于大多数组织来说，这可能已经足够了，但是这是组织实时数据的最佳方式吗？

如图 6.12 所示，让每个特定的源都有一个主题的挑战是，即使在一个小型系统中，一个 RDBMS 源也可能有数百个表，因此，我们需要为每个表分别创建一个着陆、暂存、生产等主题。这对数据发现没有帮助，而且还意味着你对每个主题都需要有一个单独的、实时的数据处理作业，因为实时系统通常允许一个消费者从一个主题读取数据。我们在第 5 章中已经了解到，拥有一个可配置的数据转换管道有很多好处，其可以将所有的通用数据

转换应用于所有传入的数据源。

> **注意**　一些云实时服务（例如 Google Cloud Pub/Sub）允许单个实时数据消费者从多个不同的主题读取数据。将数据保存到不同的着陆主题的另一种方法是使用单个主题，但使用消息属性来识别该消息所包含的数据类型。在这种方法中，我们使用了这样一个事实：对于要对数据进行任何操作的实时数据处理作业，它需要查看消息结构本身。图 6.13 展示了一种单一主题方法，其使用了通用的数据转换作业。

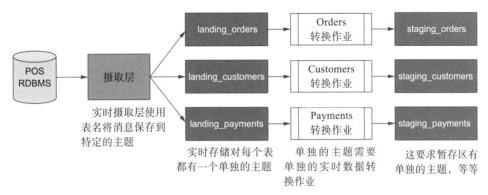

图 6.12　对每个摄取对象使用一个主题来组织实时存储是可能的，但随着云数据平台的发展，将导致主题的爆炸式增长

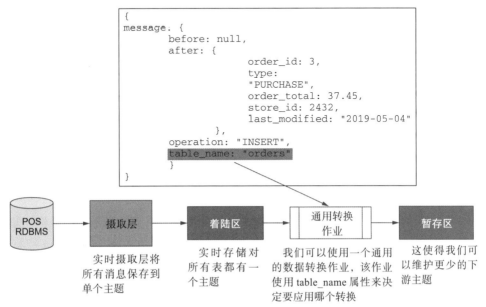

图 6.13　我们可以使用单个着陆主题，并依赖消息属性来应用所需的数据转换逻辑，而不必运行多个作业

这种方法与我们关于数据转换的单个可配置管道的想法非常吻合。例如，你可以有一个用于特定消息类型的通用数据转换库，并使用 table_name 属性来调用合适的库。这减少了活动的、实时的数据处理作业的数量，并使解决方案更容易监控和维护，还减少了暂存区和生产区中下游主题的数量。

这是否意味着单一主题的方法始终是首选的方法？你现在可能已经知道了，答案是取决于几个不同的因素。一般情况下，你应该试着用一个通用数据处理作业来维护一个着陆主题，但如果你要处理多个实时源，尤其是第三方源，可能会发现自己处于这样一种局面：消息结构非常不同，或者确实没有适用于所有数据源的通用转换，或者有些数据源可能没有提供一个属性，你可以在公共数据转换作业中使用该属性来决定实际应用哪个转换。在这种情况下，你需要使用不同的着陆主题，并可以使用源名称作为后缀，例如，landing_pos_rdbms、landing_web_clickstream 等。

另一种可能需要对不同的源使用不同主题的场景是，如果你开始遇到与云服务限制和配额相关的性能问题。云提供商通常会对服务引入各种限制和配额，这样一来负载较重的客户就不会影响其他客户。所有的云供应商都对单个主题可以写入和读取的数据量进行了限制。如果你的一个来源开始达到这些限制，那么你唯一的选择就是把不同的源分成不同的主题。或者，在某些情况下，如果一个源产生了大量的高速数据，你甚至可以拆分单个源。

最后，有时需要将数据分成多个主题以实现某些组织限制。例如，在大型组织中，某些数据只能由某个团队来处理，而该团队之外的任何人都不能处理给定的实时数据集。在这种情况下，如图 6.14 所示，你可以有一个实时作业，它从着陆主题读取数据，并根据某些消息属性将数据保存到相应的暂存主题。

由于现有的实时存储和处理系统都不允许你控制对单条消息的访问，因此将来自不同敏感域的消息分成单独的主题并控制对这些主题的访问是实现所需安全状态的唯一方法。

所有现有的云实时系统都使得从一个主题读取消息并将其保存到另一个主题变得非常简单，只需很少的代码。在实时系统中，检查消息属性并根据这些属性来决定将该消息保存到哪个下游主题的作业是一种常见的模式。此模式的另一个例子是实时数据质量检查，你可以在其中检查消息并决定是否应该将其保存到暂存主题或故障主题中。另一个例子是使用消息中的表名属性将实时作业的结果保存到合适的云数据仓库表中（如果你的云仓库支持实时摄取）。

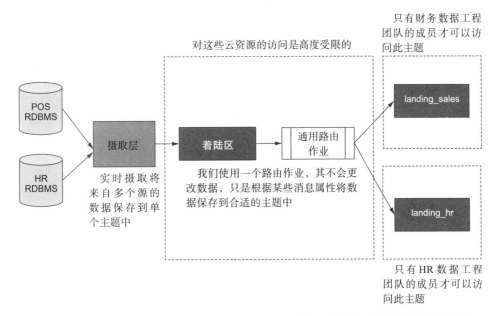

图 6.14　要控制对某些数据的访问和权限，你需要使用路由作业将其分成多个主题

6.5　通用的实时数据转换

在第 5 章中，我们描述了一些可能需要在批量处理管道中实现的通用数据转换步骤。这包括文件格式转换、重复数据清除和数据质量检查。在本节中，我们将描述如何在实时处理系统中实现它们。我们还将研究其他转换：将实时数据和批量数据结合在一起。实时系统使其中一些转换更容易实现，而另一些则更为复杂，让我们深入研究一下！

6.5.1　实时系统中数据重复的原因

我们将开始讨论带有重复数据清除的实时系统中的通用数据处理步骤。我们在第 5 章中讨论了批量管道中的重复数据清除，如果你还记得的话，它并没有那么复杂。如果数据集中有一列可以用来唯一地标识行，那么你可以使用 Spark 内置函数来轻松地清除重复数据。

在实时系统中，事情变得更加复杂。经验表明，当组织从批量管道转向实时管道或实现全新的实时管道时，最终数据集中重复数据的增加令许多数据工程师和数据分析师感到困惑。这里的主要挑战是，现在我们需要处理两种类型的重复：

❑ 重复数据在源就被引入了。

❑ 重复数据作为实时系统故障/恢复过程的一部分被引入了。

在源引入的数据重复基本上是同一行数据的多个副本，这些副本由于一些原因在源系统中就发生了。它可能是一个手工操作人员在 Excel 电子表格中复制/粘贴数据，然后将其导出为 CSV 文件并加载到数据平台中。它也可能是由关系型数据库模式设计中的一个问题所引起的，在该设计中没有强制执行唯一的约束，允许添加重复的数据，然后摄取到我们的平台中。有许多不同的场景。它们的共同之处在于它们都发生在数据平台之外，我们几乎无法控制它们。

在批量管道中，在源引入的数据重复——例如错误地插入源表中的重复行或同样的文件被多次传递到 FTP 服务器——通常是唯一需要担心的重复类型。在实时系统中引入了一种新的数据复制问题。实时系统需要平衡许多不同的参数。它们需要提供低延迟的响应，随着数据量的增加而扩展，并保证写入此类系统中的数据能够持久保存，并且在实时系统中的一个或多个组件出现故障时也不会消失。因为一次性满足所有这些需求是困难的（如果可能的话），所有现有的实时处理系统都必须在某些特性上妥协，以便在系统的一个或多个组件出现故障时提供预期的行为。在个别机器出现故障的情况下丢失数据通常不是一个选项，因此实时系统引入了重试，而这反过来又会导致数据重复。

在正常操作期间，实时系统向数据生产者发送一条确认信息，说明它们的消息已被成功写入磁盘。这样，生产者就会知道继续写入下一条消息是安全的。这个流程如图 6.15 所示。

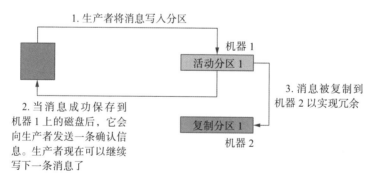

图 6.15　在正常操作期间，当数据被成功写入磁盘后，实时系统会向生产者发送一条确认信息

在分布式系统中，特别是在云中，正常的操作不再是常态。实时系统运行在几十或数百台机器上，每台机器都有自己的网络、磁盘等。这些组件中的任何一个都可能会出现故障。例如，假设生产者正在写一条消息，但是承载该分区的底层机器遇到了某种网络问题。

如图 6.16 所示，消息被写入该机器的磁盘，但由于网络不可用，确认消息无法发送给生产者。

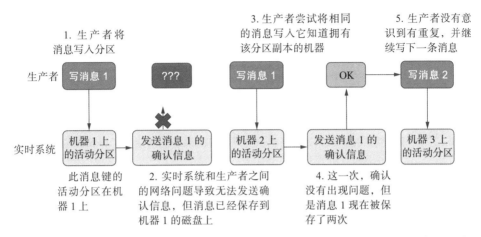

图 6.16　实时系统和数据生产者之间的网络问题将阻止确认信息的发送过程。如果生产者重试写入相同的消息，可能会导致重复

实时系统现在认为该机器停机，并告诉集群中的另外一台机器开始为该分区提供服务。我们的生产者没有收到消息已成功写入的确认信息，并试图再次写入相同的消息。这一次成功了，但是消息被写入到了另外一台机器上。现在网络问题解决了，原来承载分区的机器又重新联机了。我们知道数据被写入了磁盘，所以我们遇到这样一种情况，一条消息被两次写入到同一个分区。现在有一个重复的消息，我们需要在处理过程中以某种方式来处理它。这种场景听起来可能非常复杂，不太可能发生，但即使是在只有几台机器的小型分布式系统中，这类故障发生的频率也比预期的要高。

消费者也容易受到这类问题的影响。消费者甚至更有可能经历不同类型的故障，这仅仅是因为数据消费者通常比数据生产者要多。如图 6.17 所示，如果消费者读取了一条消息，然后消费者应用程序崩溃了，或者机器遇到与前面描述的类似的网络问题，那么偏移量将不会返回到存储系统。当消费者重新启动后，它将重新读取并重新处理相同的消息，从而导致重复。

你可能认为，如果消费者确认了它处理的每一条消息，就可以将这些类型的问题最小化，从而将失败的概率降至最低。实际上，大多数实时系统每隔几秒钟就会批量确认处理过的消息。确认每条消息在性能方面是非常昂贵的，无法扩展到目前此类系统所期望的规模。

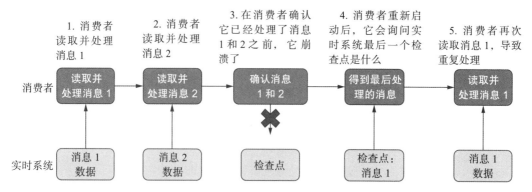

图 6.17　如果消费者在确认某条消息已被处理回实时系统之前崩溃了，那么在重新启动之后，它将再次处理相同的消息

> **注意**　一些实时云服务（如 AWS Kinesis）使用外部数据存储来检查哪些消费者处理了哪些消息。这个数据存储（在 AWS 的例子中是 DynamoDB）不是实时系统的一部分，但它并不能消除前面描述的问题。消费者在将已处理的消息的偏移量保存到 DynamoDB 之前可能就会崩溃。

6.5.2　实时系统中的数据重复清除

既然我们知道了是什么导致了实时系统中的数据重复，那么让我们探索一下可以实现什么解决方案来解决这个问题。在第 5 章中，我们展示了如何使用具有唯一 ID 的列来消除批量管道中的重复数据。我们是否可以对实时管道使用类似的重复数据清除方法呢？

使批量管道中的重复数据清除相对简单的原因是，批量管道可以"看到"在任何给定时间点的所有数据。例如，查找文件中的所有重复行是一项很容易的任务，因为文件一旦被写入云存储就不会改变。所以要做的就是逐行查找具有相同 ID 值的行并把它们过滤掉，然后将结果保存到一个新文件中。在某种程度上，同样的方法也可以应用于关系型数据库和 NoSQL 存储。

在实时系统中，我们没有能力"看到"所有的数据，因为数据是不断添加到系统中的。虽然已经写入实时系统的消息无法改变，但新数据一直都在到达。具有关系型数据库背景的读者可能会认为数据也会在数据库中不断被添加和修改，但是关系型数据库能够使用一种称为事务隔离（transaction isolation）的机制读取数据的当前快照。这允许数据的读取者对"时间冻结"的数据进行操作，从这个角度来看，这些数据就像云存储上的静态文件。

　　如图 6.18 所示，分布在数百台机器上的实时系统无法为数据消费者提供在任何给定时间点读取所有数据快照的能力。所有这些都使得创建实时重复数据清除作业具有挑战性，但这并不意味着这是不可能的。

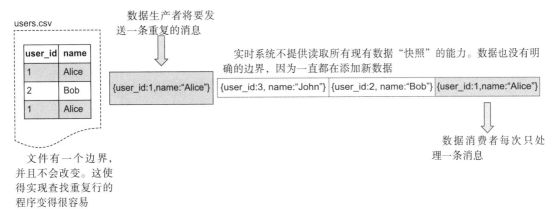

图 6.18　实时系统是无限的，不能提供一次读取所有现有数据快照的能力。这使得检测
重复数据成为一项具有挑战性的任务

我们现在来看看一些可用的选项。

　　实时处理中的一个重要概念是时间窗口。写入实时系统的每条消息都被分配了一个时间戳，该时间戳指示消息确切到达的时间。使用这个时间戳（或者，如果你的消息具有来自源系统的某种事件时间，那么你也可以使用它），你可以将消息分组到不同的时间窗口中。例如，你可以对最近 5 分钟内、最近一小时内到达的消息进行分组。这种分组对各种实时分析应用程序非常重要，例如，计算线上商店每小时的总销售额。不同类型的时间窗口可以用于不同类型的分析，例如滑动窗口和滚动窗口。滚动窗口允许你将数据流分割成相等的、不重叠的时间段。例如，如果你想知道每 30 秒有多少用户访问过你的网站，那么可以使用 30 秒滚动窗口。滑动窗口也可以分割数据流，但与滚动窗口不同的是，滑动窗口可以重叠。还有其他类型的窗口，但是讨论这些概念超出了本书的范围。

　　由于窗口允许我们使用时间戳将消息分组在一起，所以我们现在可以检测组内的重复消息，如图 6.19 所示。

　　例如，我们可以使用 10 分钟窗口将最近 10 分钟内添加的消息分组在一起。现在我们在数据周围有了一个边界，可以很容易地检测到这个窗口中的重复消息。希望你已经看到了这种方法的一些问题。这里的关键问题是，你的窗户应该有多大？数据不断地被添加到实时系统中，因此，看看我们前面的例子，如果一个新的重复消息在 10:47 到达，那么它将不适合现有的窗口，并且允许一条重复消息通过。

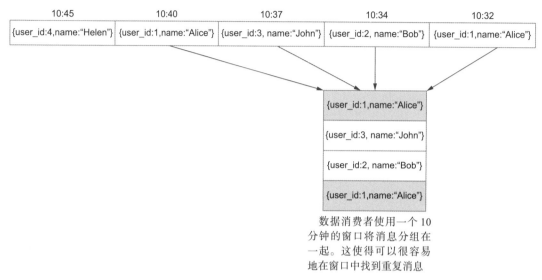

图 6.19　使用时间窗口，我们可以找到窗口中的重复消息

时间窗口不能无限大。它们本质上是使用实时处理系统资源缓存传入的数据，一个足够大的窗口甚至可以压垮一台足够大的机器。云提供商在使用窗口时有一些限制。例如，AWS Kinesis Data Analytics 建议将时间窗口限制在一小时以内。Google Cloud Dataflow 有内置的机制来检测数据重复，但是有 10 分钟的窗口限制。

对重复数据清除使用时间窗口并不能 100% 保证实时数据集中没有重复数据。在很多情况下，这还不够好。有没有更好的方法来捕获无界数据流中的重复数据呢？

在实时系统中，实现有效重复数据清除的一种通用方法是将唯一的 ID 缓存到某种快速数据存储中，然后让数据消费者首先检查这个缓存，来看看某个特定的 ID 是否已经被处理。如果一个具有给定 ID 的消息之前已经被处理过，那么缓存中就会有一条具有该 ID 的记录，数据消费者就可以安全地将该消息作为重复消息而忽略掉，如图 6.20 所示。

这个想法非常有效，但也带来了一些新的挑战。首先，你使用的数据存储需要非常快。对给定 ID 的查找时间应该以毫秒为单位来计算。这样，你的实时处理不会因为额外的检查而减慢。幸运的是，大多数现代的键 – 值存储和关系型数据库在提供这种性能方面没有问题，特别是在检查单个 ID 时。

根据实时处理管道中处理的数据量，你可能会发现存储所有唯一 ID 需要数据存储的很多资源，而且维护成本很高，可能无法保证所需的性能。根据经验，你需要处理与

Facebook、Google 或 Amazon 等互联网巨头相当的数据量才能发现存储所有唯一 ID 的问题。因为你只需要存储一个 ID 值而不需要存储完整的消息，因此，如果你知道系统需要处理多少个唯一 ID，就可以很容易地计算缓存数据存储的大小。例如，如果你使用 16 字节的 UUID 作为唯一标识符，那么只需要大约 15 GB 的存储空间就可以存储 10 亿个 UUID。这远远低于现代数据库所能处理的容量。

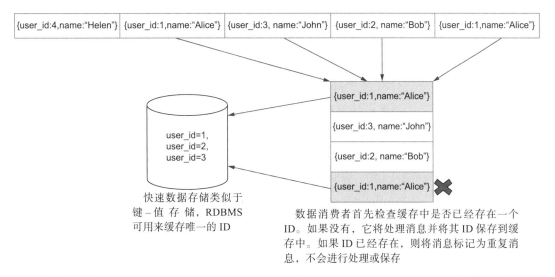

{user_id:4,name:"Helen"}　{user_id:1,name:"Alice"}　{user_id:3, name:"John"}　{user_id:2, name:"Bob"}　{user_id:1,name:"Alice"}

user_id=1,
user_id=2,
user_id=3

{user_id:1,name:"Alice"}

{user_id:3, name:"John"}

{user_id:2, name:"Bob"}

{user_id:1,name:"Alice"}

快速数据存储类似于
键 – 值 存 储，RDBMS
可用来缓存唯一的 ID

数据消费者首先检查缓存中是否已经存在一个 ID。如果没有，它将处理消息并将其 ID 保存到缓存中。如果 ID 已经存在，则将消息标记为重复消息，不会进行处理或保存

图 6.20　如果我们可以将已经处理过的所有唯一 ID 保存在单独的数据存储中，那么就可以检查一个给定的消息是否已经被处理过

阻止人们采用这种方法的最大挑战之一是它确实引入了一个单独的数据存储。这个数据存储不仅需要高性能，而且还需要高可用性，并且能够避免任何类型的数据丢失。如果你的 ID 数据存储停止了，那么整个实时处理管道也将停止。如果必须在数据中心中实现这样的功能，那么工程和运营开销可能会非常人。

幸运的是，本书只涉及云数据平台。如今，所有的云供应商都为快速的键 – 值存储（Azure Cosmos DB、Google Cloud Bigtable、AWS DynamoDB）和各种类型的托管关系型数据库服务提供完全托管的服务。将这些服务配置成高可用相对比较容易，而且其运营开销也很少。

还有另一种进行实时重复数据清除的方法。这种方法要求不实时执行任何重复数据清除作业，而是依赖于目标数据仓库（其允许在给定的时间点读取数据快照）。考虑到我们刚刚描述的复杂性，这听起来可能是解决问题的一种幼稚方法，但如果你的主要用例是实时数据摄取而不是必需的实时数据分析，那么它就能很好地工作。

如果你只关心尽可能快地将实时数据传递到数据仓库，然后允许最终用户对数据仓库执行特殊的或计划内的分析，那么从实现复杂度的角度来看，允许重复数据通过实时管道是比较容易的。然后，通过在数据湖层运行批量重复数据清除作业或在数据仓库本身执行类似的操作来生成一个清除了重复数据的集合。

这种方法基本上将检测重复数据的问题从无边界的实时流推到了有边界的系统，如批量管道或云数据仓库（见表 6.3）。这种方法的主要限制除了它只适用于实时数据摄取之外，还在于如果你正在处理大型数据集，那么运行批量重复数据清除作业可能会花费很长的时间或需要大量的计算资源。在这种情况下，你可以对缓存唯一 ID 的解决方案与批量重复数据清除方法进行一对一的成本比较。

表 6.3　比较实时流中清除重复数据的方法

需要	考虑	可能的负面影响
执行实时分析，并确保在管道开始时就已经清除了重复数据	使用窗口将消息按时间戳分组在一起，并在组内检测重复消息	时间窗口的大小必须是固定的。云提供商总是对窗口的大小有一些限制。重复数据总是有可能到达给定窗口之外，因此这种方法并不能保证完全的重复数据清除
	在快速数据存储中缓存唯一的 ID，并让数据消费者首先检查该缓存，查看是否已经处理了特定的 ID。如果具有给定 ID 的消息已经被处理过了，那么缓存中就会有一个具有此 ID 的记录，数据消费者可以安全地将该消息作为重复消息忽略掉	需要非常快的数据存储，以避免由于额外的检查而降低实时处理的速度。存储所有唯一的 ID 可能会变得过于昂贵而无法维护，或者性能可能会受到影响。引入一个单独的数据存储
尽可能快地将实时数据传递到数据仓库，然后允许最终用户对数据仓库执行特殊的或计划内的分析	允许重复数据通过实时管道，然后通过在数据湖层运行批量重复数据清除作业或在数据仓库中执行类似的操作来生成一个清除了重复数据的集合	批量重复数据清除作业可能需要很长的时间或需要大量的计算资源

练习 6.3

实时系统中出现重复数据的主要原因是什么？

1. 实时存储速度快，但不可靠。有时数据需要写入两次以确保持久性。

2. 所有的重复都是由生产者代码中的错误引起的。

3. 重复可能是由消费者或生产者方面的故障以及底层组件（如网络）的故障引起的。

6.5.3 在实时管道中转换消息格式

在第 5 章中，我们描述了如何将文件从原始格式转换为二进制格式，如 Avro 和 Parquet。我们建议将 Avro 用作暂存区的主要文件格式，其中多个数据处理作业可能需要访问它。Parquet 是一个面向列的存储，更适合于需要复杂分析和更快性能的生产存储区。

同样的想法也适用于实时系统吗？在这种情况下，与文件格式等价的是什么？实时系统不处理文件。相反，它们处理的是单个的消息。生产者将消息写入实时系统中，消费者读取这些消息。所有现有的云实时系统都不知道消息的内容。对于系统本身来说，消息只是字节的集合，如何将这些字节解释为有意义的内容取决于数据生产者和数据消费者。

在实时系统中，确保数据生产者和数据消费者对给定的消息模式达成一致是非常重要的。尽管像 Spark 这样的批量处理框架可以扫描大量的数据并尝试推断模式，但在实时系统中，处理环境通常是单个消息，推断模式无法有效实现。我们将在第 7 章和第 8 章中详细讨论模式管理以及生产者和消费者就消息模式达成一致的方法。

在本章中，我们将重点讨论不同消息格式的性能方面。我们经常看到开发人员选择 JSON 作为消息的格式。这并不奇怪，因为这种格式很容易实现。除了 JSON 不提供任何模式管理功能外，从性能的角度来看，这种格式也不是最佳的。

实时系统是分布式系统，其通过网络主动发送数据；数据生产者和数据消费者可以位于地球的两端；不同机器之间的数据复制也通过网络进行。考虑到这些因素，为了获得最佳性能，每条消息的大小都应该尽可能小。JSON 作为一种消息格式，并不能使保持消息大小足够小成为一项容易的任务。这种格式非常冗长，必须在纯文本中包含属性名和值。对于具有几十个属性或复杂嵌套数据结构的大消息，这种开销变得非常大。要明确的是，我们仍然在讨论 K 字节范围内的消息大小，但是当乘以许多消息时，这些大小将变得非常重要。你可以使用压缩来减少 JSON 消息的大小，但是当有大量"类似"数据需要压缩时，压缩算法的性能会更好。压缩单个消息将需要更多的处理资源，可能无法提供预期的大小缩减。

对实时消息使用二进制格式（如 Apache Avro）可以提供与批量管道相同的好处。二进制格式的大小比相应的纯文本格式要小。Avro 格式还允许你发送一条 Avro 编码的消息，而不需要同时发送模式。这将进一步减少了消息的大小，但需要一个元数据层来存储模式本身，这样数据消费者就可以解码二进制数据。我们将在第 7 章中讨论实现这种模式交换机制的选项。

像 Parquet 这样的面向列的格式在实时系统中有什么好处吗？答案是否定的。面向列的格式只针对需要从大型数据集中扫描多个列的工作负载提供优化。实时系统通常一次只处理一条消息，不会从面向列的优化中获益。

6.5.4 实时数据质量检查

在实时系统中实现一次检查单个消息的数据质量检查是一项相对简单的任务。我们首先需要定义一组规则，以便确定一条消息是"好的"还是"坏的"。这其实是最难的部分！如果你要处理由不同团队控制的许多不同的数据源，那么提出一组通用规则是一项具有挑战性的组织性任务。

一旦有了规则，你就可以使用消息路由作业思想。你将实现一个实时处理作业，该作业将检查来自着陆主题的所有传入数据，应用规则，并根据结果将消息发布到下游的暂存主题或故障主题中，如图 6.21 所示。在本例中，我们对源 ORDERS 中的数据进行了检查，说明 order_total 值不能为负。

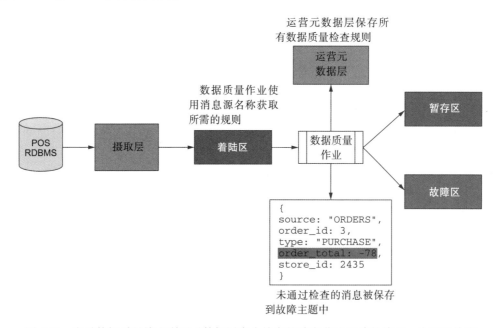

图 6.21　实时数据质量检查利用元数据层来为给定的消息获取正确的检查。未通过检查的消息将被保存到故障主题中

实际实现检查的方式将取决于你为数据平台所使用的云实时系统。许多云实时系统都支持类似 SQL 这样的语言来分析所给消息的内容，这使得在消息属性层面上实现检查变得

很容易。我们将在本章后面介绍各种云实时系统及其功能。

　　并不是所有的数据质量检查都可以通过一次只查看一条消息来实现。例如，在零售系统中，我们可能希望实现一个检查来验证过去一小时内产生的所有订单中有不超过 10% 的订单为 CANCELLED 类型。也许在我们的例子中，这通常表示 POS 终端的问题或网络的问题。

　　显然，我们不能仅仅通过查看每条消息来实现这样的功能。如果你还记得我们之前关于重复数据清除的讨论，那么这就是基于时间的窗口再次发挥作用的地方。你可以使用你的实时系统所支持的窗口功能来对来自 "orders" 源的最近一小时的所有消息进行分组。然后计算该窗口中的所有订单，并将其与 CANCELLED 类型的订单进行比较。

　　类似于重复数据清除讨论中的限制也适用。窗口的大小不能是无限的，通常云服务提供商会对窗口的大小加以更严格的限制。如果质量检查需要查看最近一周、一个月或一年的数据，那么你应该考虑使用已经从实时系统保存到云存储的数据，来在批量处理层实现质量检查。

6.5.5　将批量数据与实时数据相结合

　　你的组织不太可能只需要处理实时数据。现有的遗留系统或第三方数据源通常只允许你以文件的形式通过批量模式来提取数据。这存在一个问题，如果我们需要将批量数据源与实时流组合在一起会怎么样？

　　回到我们的 POS 示例，假设我们从现有的企业资源计划（Enterprise Resource Planning，ERP）系统中提取了关于所有线下商店的详细信息，并将其作为一个简单的 CSV 文件。这些数据不会经常变化，也没有什么理由将其作为实时流来摄取。来自 POS 系统的实时流只包括 store_id——标识每个商店的唯一编号。我们的业务用户希望看到完整的商店信息和 POS 数据，因此我们需要找到一种方法来把这两个数据集组合在一起。

　　我们的存储信息 CSV 文件由批量处理层处理，保存在云存储中。我们可以调整 POS 销售交易的实时处理作业，以便在作业启动时读取该文件，将其缓存到内存中，然后将其用作查询字典，将 store_id 与扩展的存储信息相匹配。如图 6.22 所示。

　　这种方法的主要限制是，批量数据集必须足够小，以便可以放入运行实时处理作业的机器的内存中。实时作业通常在许多虚拟机上并行运行，以便能够处理传入的数据流的扩展。这意味着批量数据必须被拷贝到每台机器的内存中才能用于查询。

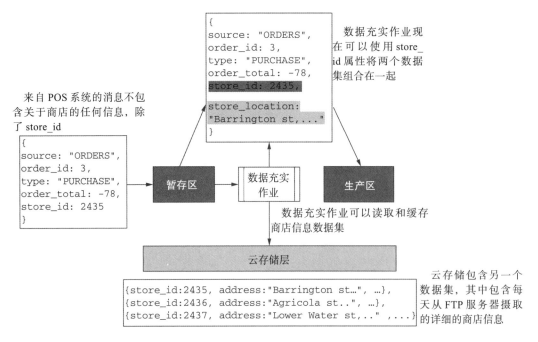

图 6.22　实时处理作业可以使用云存储中的批量数据作为查询字典，来充实实时流

对于现有的云实时服务，有时很难判断正在运行作业的虚拟机的确切特征。通常，用于查询的批量数据集的大小在几 MB 范围之内，这很容易放入大多数配置中的内存。你需要参考特定的实时云服务文档，以便了解它们的确切限制。

如果批量数据集太大，无法放入内存，那么你可以在数据湖中使用批量处理工具，（如 Spark），或者在云仓库中通过给最终用户提供预联合的表或视图来执行两个数据集的联合。当然，只有当你的主要用例是实时数据摄取时，这种方法才有效。

6.6　用于实时数据处理的云服务

到目前为止，我们一直在描述通用的实时处理概念，这些概念几乎可以应用于当今任何实时系统。在本节中，我们将简要介绍三大公有云提供商（AWS、Azure 和 Google Cloud）提供的实时服务。云供应商大约每 6 个月左右就会发布新功能，并对现有系统进行改进，这意味着我们将在本节中描述的一些行为在未来可能会有所变化。我们鼓励你始终参考云供应商的文档以了解最新的详细信息。

每个云供应商都为实时处理提供了一对相关的服务：一个实现实时存储并映射到架构

中的快存储层，另一个实现实时处理。这些服务通常是紧密集成的，在大多数情况下，把它们一起使用是有意义的（见表 6.4）。在某些情况下，可以将云供应商的实时处理服务与现有的实时存储服务（如 Kafka）一起使用。

表 6.4　用于实时存储和处理的云服务

	实时存储	实时处理
AWS	Kinesis Data Streams	Kinesis Data Analytics
Google Cloud	Pub/Sub	Dataflow
Azure	Event Hubs	Stream Analytics

6.6.1　AWS 实时处理服务

AWS 在实时处理领域提供了两种服务：Kinesis Data Streams 是一种实时存储服务，Kinesis Data Analytics 是一种实时处理服务。

Kineesis Data Streams 由单独的数据流组成，在我们的术语中相当于主题。每个数据流都包含数据记录。这些是生产者写入流的单个消息。数据流应用程序或消费者是从数据流读取消息的应用程序。数据流应用程序实用 Kinesis 客户端库（目前可用于 Java、Node. js、. NET、Python 和 Ruby 语言）。客户端库隐藏了很多复杂性，比如跟踪每个处理过的数据记录的序列号，并将它们保存在 DynamoDB（AWS 的一个快速键－值存储）中。这可以保护消费者在崩溃的情况下避免重新处理大量的数据，但我们在本章中描述的所有限制仍然适用——如果你为每条记录都保存了处理过的记录序列号，那么将很快遇到性能方面的限制。如果你只对一批记录设置了检查点，那么很可能在出现故障的情况下对同一记录处理了两次。

AWS 还提供了一个名为 Kinesis Data Firehouse 的服务，这是一个托管的数据流应用程序。Firehouse 用于从数据流读取数据，并保存到多个目标系统或接收器。它通常被用作数据摄取机制，我们在第 4 章中讨论过。

Kineesis Data Streams 有一个碎片（用我们的术语来说就是分区）的概念。你需要为特定的数据流指定所需的碎片数量。碎片是 Kinesis Data Streams 可伸缩性的主要单元，一个碎片只支持有限的吞吐量。目前，每个碎片支持对其 1MB / 秒的数据写入和对其 2MB / 秒的数据读取。Kinesis Data Streams 还支持重新进行碎片的操作——你可以增加或减少流中的碎片数量。

Kinesis Data Streams 对数据记录的格式没有任何限制，但是像许多其他服务一样，数据记录的大小是有限制的。在撰写本书时，它是 1MB。与许多其他实时云服务一样，Kinesis Data Streams 对数据记录在数据流中的存储时间有限制，默认是 24 小时的保留期。这意味着，如果你在此时间内没有处理记录，那么这条记录将被清除。你可以将保留期延长至最多 7 天，但需要额外的开销。如你所见，快存储不能用于归档目的。这就是为什么我们的架构建议你将实时数据保存到长期有效的、常规的云存储中。

Kineesis Data Streams Analytics 是一个实时处理引擎，允许你提交从 Kineesis Data Streams 读取数据的实时数据处理作业。Data Streams Analytics 是一个全托管的服务——你不需要提供和配置虚拟机来运行实时作业。所有这些都由服务本身来处理。

Kinesis Data Streams Analytics 支持两个 API：SQL 和 Java。SQL 允许你使用熟悉的 SQL 语法来对实时数据流运行交互式查询和特殊查询。SQL API 只支持 CSV 或 JSON 格式的消息，这是一个重要的限制，因为出于性能和模式管理的原因，你希望对消息使用二进制格式。

Java API 基于流行的开源实时处理框架 Apache Flink，在消息格式和作业行为控制方面提供了更大的灵活性，比如检查点处理过的消息返回到 Kinesis 的频率等。

Kinesis Data Streams Analytics 没有对重复数据清除提供任何内置的机制，AWS 的建议是缓存唯一的消息 ID，并在处理过程中查找它们。我们在本章前面描述过这种方法。AWS 的另一个关于重复数据清除的建议是依赖数据目的地来执行重复数据清除。如前所述，只有当你的主要用例是实时数据摄取时，这种方法才有效。

6.6.2 Google Cloud 实时处理服务

Google Cloud 的实时处理方法与其他云提供商略有不同。与我们今天看到的其他云提供商相比，Google Cloud 在实时存储和更高级的实时处理能力方面提供了更具管理性的体验。

Google Cloud 的实时存储服务称为 Cloud Pub/Sub（publish 和 subscribe）。Cloud Pub/Sub 使用主题和订阅的概念。主题用作命名空间来将消息分组在一起。Cloud Pub/Sub 中的主题没有 AWS Kinesis 中的数据流或 Apache Kafka 中的主题重要，因为 Cloud Pub/Sub 没有显式地将数据划分为主题。Google Cloud 很可能是在幕后进行分区，但从数据生产者的角度来看，它是完全透明的。Cloud Pub/Sub 中的生产者只需将消息写入主题，而不必指定分区键或不必担心一个主题应该有多少个分区。

Cloud Pub/Sub 数据消费者需要将一个订阅附加到一个或多个主题才能开始接收数据。

如果你有多个不同的数据消费者，那么单个主题可以有多个订阅。你还可以拥有一个将来自两个或多个主题的数据组合在一起的订阅。此功能在其他云服务中不存在，在实现消息路由作业时，这提供了有趣的可能性。

订阅也是 Cloud Pub/Sub 的一种扩展机制。一个订阅提供了 1MB / 秒的数据摄取和 2MB / 秒的数据读取。单条消息大小的最大限制为 10 MB，最大数据保留期为 7 天。

Cloud Pub/Sub 不需要数据消费者检查消息偏移量，这简化了消费者代码。由于没有显式的偏移量，所以 Cloud Pub/Sub 必须引入不同的概念，以便消费者能够重新消费消息。Cloud Pub/Sub 支持创建订阅的快照，该快照就像在给定时间点该订阅的冻结副本。数据消费者可以重新消费创建快照时未消费的所有消息，以及之后到达的所有新消息。存储快照需要额外的开销，而且每个 Google Cloud 项目最多只能存储 5000 个快照。这限制了快照用于故障恢复的可能，因为不能过于频繁地进行快照。Google Cloud 建议将快照主要用于计划内的停机，比如在对实时处理代码更新之前创建快照。除了快照之外，数据消费者还可以从给定的时间戳开始消费消息，但这种方法并不精确，而且很可能导致相同的消息被处理两次。

与 AWS 相比，Cloud Pub/Sub 客户端库更简单，因为配置选项更少，而且不需要执行检查点。目前，Cloud Pub/Sub 客户端库支持 C#、Go、Java、Node.js、PHP、Python 和 Ruby。

Google Cloud 的实时数据处理服务称为 Cloud Dataflow.。它是一个使用开源 Apache Beam API 的全托管服务。Cloud Dataflow 的有趣之处在于它支持批量和实时处理。这使得对云架构中的两个层统一使用相同的处理引擎成为可能。Cloud Dataflow 也支持 SQL、Java 和 Python。SQL 只支持 JSON 格式的消息，提供的灵活性不如 Python 和 Java，但可用于特殊分析或简单的 ETL 管道。

Cloud Dataflow 支持各种数据源和数据接收器（目的地）。它可以从 Cloud Pub/Sub、Google Cloud Storage 上的文件以及其他源来读取数据。数据流可以写入不同的 Cloud Pub/Sub 主题、Google BigQuery 或 GCS 上的文件。有可能使用 Apache Beam API 来实现你自己的数据源和接收器。

Cloud Dataflow 具有内置的功能对来自 Cloud Pub/Sub 的数据进行重复数据清除。Cloud Dataflow 可以处理任何可能会自动导致数据重复的内部 Cloud Pub/Sub 故障。如果消息具有唯一的 ID，那么它还可以处理由于数据生产者多次发送同一消息而导致的重复。只有在 10 分钟窗口内收到重复消息时，后一种重复数据清除功能才起作用。对于其他场景，有可能实现我们在本章前面描述的不同的重复数据清除策略。

6.6.3　Azure 实时处理服务

Azure Event Hubs 是一个具有有趣特性的实时存储服务。Event Hubs 的有趣之处在于其支持多个数据生产者协议：AMQP、Kafka 和自定义 HTTPS。AMQP 和 Kafka 都是开放的行业标准，许多客户端都支持这些开源格式的协议。对于最终用户来说，如果你已经在使用 AMQP 或 Kafka，那么这意味着在云迁移过程中，数据生产应用程序或数据消费应用程序的重写次数会更少。

Event Hubs 服务由多个命名空间组成，这些命名空间承载着多个枢纽（hub）（在 AMQP 的例子中）或 Kafka 主题。Event Hubs 使用显式的数据分区，每个主题可以有 2 ～ 32 个分区（在与 Azure 支持人员交流后可以得到更多）。你需要预先配置分区的数量，而且与 AWS Kinesis 不同，这个数值以后不能改变，因此需要仔细规划。分区是 Event Hubs 中主要的可伸缩性单元。每个分区都有一个吞吐量单元，其包括 1 MB/ 秒或 1000 条消息 / 秒的数据摄取率，以及 2 MB/ 秒或 4096 条消息 / 秒的数据消费率。你可以为每个命名空间预先购买最多 20 个吞吐量单元，Event Hubs 将在所有现有的分区中自动分配这些吞吐量单元。这样，你就可以确保为实时系统提供有保证的性能。Event Hubs 对消息的大小限制为 1 MB。

与 AWS Kinesis 或 Kafka 一样，Event Hubs 为分区中的每个消息公开一个偏移量编号。这个编号可用于重新消费来自主题的消息。请记住，Event Hubs 的数据保留期最多为 7 天。Event Hubs 不同之处在于，数据消费者负责存储偏移量，并管理检查点进程本身。相比之下，AWS 通过使用 DynamoDB 键 - 值存储来实现这一点，而 Kafka 将检查点偏移量存储在其本身。Event Hubs 客户端库支持 Azure Blob Storage 偏移量存储，但是如果你想使用更快的存储，那么需要自己实现它或者寻找开源选项。与其他实时存储一样，数据消费者使用检查点的频率是可靠性和性能之间的权衡。Event Hubs 客户端库支持 .NET 和 Python，但也存在其他语言的开源实现。

Event Hubs 有一个称为 Event Hubs Capture 的支持服务，其允许你定期将实时存储中的数据保存到 Azure Blob Storage 中。这类似于 Kinesis Firehose，但目前只支持 Azure Blob Storage。

当涉及实时数据处理时，Azure 提供了 Azure Stream Analytics 服务。这是一个全托管的服务，与我们在 AWS 和 Google Cloud 中所看到的类似。Azure Stream Analytics 只支持 SQL 语法，并不在其他语言中提供高级 API。可以使用 C# 和 JavaScript 中的用户定义函数来扩展 SQL 查询。Azure Stream Analytics 还提供了许多面向实时分析的 SQL 扩展，如窗口支持、窗口联合、在字典数据集中查找等。Azure Stream Analytics 支持许多可以将结果写入其中的目标，包括 Azure Synapse、Azure SQL Database 等。

如果你需要对实时处理作业进行更多的控制，或者想使用比 SQL 所提供的更加复杂的代码组织模式，那么你可以使用 Apache Spark Streaming API（还记得本章前面提到的关于微批量的警告吗）。Azure Databricks 服务还提供了与 Event Hubs 的完全集成，可用于在托管环境中托管 Spark 作业。

Event Hubs 和 Azure Stream Analytics 并不对重复数据清除提供任何内置的机制。Azure 的建议是使用一个目标（如 Azure Synapse）来执行重复数据清除。

总结

- 处理层是数据平台实现的核心，是应用所有必需的业务逻辑的层，也是进行所有数据验证和数据转换的层。
- 当人们在数据平台环境中使用术语"实时"或"流"时，对不同的人有不同的含义，并且它与数据平台的两个层（摄取层和处理层）有关。当你有一个管道将数据（一次一条消息）流式传输到目的地（如存储或数据仓库或两者兼有）时，就会发生实时摄取或流摄取。另一方面，术语"实时数据分析"或"实时处理"通常用于对流数据进行复杂计算的应用程序。
- 在实时摄取、实时处理或两者之间进行选择取决于需求。如果对实时的唯一要求是你必须尽可能快地使数据提供给分析，但分析本身是以一种特殊的方式进行的，那么你应该实现实时摄取。另一方面，如果要求实时完成分析，然后将结果传递给另一个系统进行操作，那么就需要实时摄取和实时处理。
- 批量系统处理文件，而文件又由包含数据的单个行组成，而实时系统则在单个行或消息层面上操作。消息基本上是一段可以写入实时存储然后再从中读取的数据。消息被组织成主题，其类似于文件系统中的文件夹。消息由生产者写入实时存储，并由消费者读取和处理。在这种情况下，生产者和消费者都是某种应用程序。生产者将消息写入主题，消费者从主题中读取消息。
- 实时系统（或任何现代数据处理系统）不能只运行在单个物理机或虚拟机上。它们必须是分布式的，并运行在机器集群上，以提供我们今天所需要的可伸缩性。
- 实时处理带来一些独特的挑战和限制。数据重复是很常见的，虽然有几种处理它们的方法，但它们都有负面的影响——从额外的成本到性能方面的影响。

❑ 当涉及通用消息格式时，对实时消息使用二进制格式（如 Apache Avro）可以提供与批量管道相同的好处。二进制格式的大小比相应的纯文本格式要小。像 Avro 这样的格式还允许你发送由 Avro 编码的消息，而无须同时发送模式。这进一步减小了消息的大小，但需要一个元数据层来存储模式本身，这样数据消费者才可以解码二进制数据。

❑ Apache Kafka 实时系统是一个非常流行的开源工具，但是每个主要的公有云提供商都有实时处理服务。

6.7 练习答案

练习 6.1：

2. 实时数据摄取和实时处理。你需要实时接收用户电话中的数据，还需要一个实时管道来将用户与其朋友进行比较。即使是几分钟的延迟也可能使数据不准确。

练习 6.2：

1. 为消费者提供一种可靠的方式，以便在崩溃或重启之后恢复处理。

练习 6.3：

3. 重复可能是由消费者或生产者方面的故障，以及底层组件（如网络）的故障所造成的。生产者方面的故障可能会导致相同的数据被写入两次（或更多）。消费者方面的故障可能会导致同一数据被多次处理。生产者和消费者之间的网络故障可能会导致保存消息偏移量的问题，并导致重复的数据处理。

第 7 章 *Chapter 7*

元数据层架构

本章主题：

❑ 理解数据平台技术元数据与业务元数据。

❑ 利用元数据来简化数据平台管理。

❑ 构建最佳元数据层。

❑ 设计具有多个域的元数据模型。

❑ 理解元数据层实现选项。

❑ 评估商业和开源元数据选项。

在本章中，我们将帮助你理解数据平台内部元数据的含义，以及为什么它对数据平台的操作很重要。

我们将以日益复杂的数据平台为例，介绍配置和活动元数据之间的区别以及如何使用它们。我们将展示为什么元数据层应该成为数据工程师和高级数据用户的主要接口。

我们将描述 4 个主域的通用元数据模型：管道元数据、数据质量检查、管道活动和模式注册。该模型可以跨不同的组织工作，重点在元数据方面，我们发现这些元数据是很普遍的。

在讨论了如何构建主要的元数据实体应该拥有的云数据平台元数据，以及这些实体的一些通用属性之后，我们将探讨如何在实际项目中实现它，重点关注三种日益复杂的元数据层实现选项，从最简单的选择开始，并就何时需要哪个选项提供建议。

　　最后，我们将对围绕元数据的现有开源和云服务做一个高层面的概述，以及它们与我们所描述的模型有何不同。

7.1　元数据是什么

　　简单地说，元数据是"描述和提供关于其他数据信息的一组数据"。在数据平台和数据管理中，元数据是帮助我们更好地管理自己数据的信息。数据平台中使用两种类型的元数据：业务元数据和数据平台内部元数据（有时称为管道元数据）。

7.1.1　业务元数据

　　通常，当人们在数据管理环境中谈论元数据时，通常指的是业务元数据。业务元数据是描述有组织的数据源（销售、人力资源、工程）、数据的所有者、创建的日期和时间、文件大小、数据的目的、数据集的质量评级等的信息或"标签"。元数据是不在数据本身中的数据，当文件合并时，它变得更加重要，因为上下文或"假设"可能会在合并中丢失。例如，美国销售数据可能来自 RDBMS，而加拿大销售数据可能来自 CSV 文件。这些数据集可能没有单独的列来描述销售交易发生在哪个国家，因为应用程序只是假设这个 RDBMS 或 CSV 文件的上下文分别是美国或加拿大。但是当放置到一个数据平台中时，这个上下文就不存在了，因此我们需要添加一些元数据来区分二者。

　　业务元数据的主要作用是为最终用户的数据发现提供便利。当业务用户想要找到特定的数据集或报表时，他们不想在数百个现有数据集中搜索，他们想要通过输入"Sales Q1 2020 Canada+US quality=high"这样的内容来搜索，并只得到带有这些标签的数据集和报表。

　　多年来，在数据管理领域，业务元数据是人们唯一感兴趣的元数据。这并不奇怪，因为业务元数据和帮助管理它的工具允许最终用户更高效地工作，从而促进数据的使用。随着数据平台的出现，可用数据集的数量呈指数级增长，与数据发现和数据分类相关的挑战一直持续到今天。

　　解决业务元数据管理挑战的是一系列旨在帮助组织实现数据标记和数据发现的工具。Alation、Collibra 和 Informatica 只是专门解决这些挑战的一些商业元数据软件产品。此外，许多 ETL 覆盖工具（包括 Talend 和 Informatica）都具有元数据管理功能，通常被称为 Data Catalog（数据目录）。当然，公有云提供商也提供这方面的服务，包括 Google Cloud Data Catalog、Azure Data Catalog 和 AWS Glue Data Catalog，后者是 Glue ETL 服务的一部分。

7.1.2 数据平台内部元数据或管道元数据

还有另一种元数据类型，其对功能良好的数据平台至关重要，但不像业务元数据那样受关注。这种元数据称为数据平台内部元数据或管道元数据，其描述了数据管道本身，帮助我们理解管道连接到哪个数据源，并提供关于这些数据源的详细信息。除此之外，它还可以告诉我们管道何时成功运行，如果失败了，与失败相关的错误是什么。它还可以告诉我们一些其他事情，比如谁引入了新的数据质量检查，结果突然导致所有数据都被标记为坏数据。

此元数据是自动化、监控、配置管理和其他操作的基础。没有它，任何拥有多个数据源和活动管道的数据平台将很快成为管理和运营方面的噩梦。

在本章和本书中，我们将重点关注管道元数据。数据平台内部元数据更符合数据工程和数据运营领域的需求，这些领域专注于使平台平稳运行。虽然有许多现有的工具和产品以及足够的信息可用于业务元数据管理，但可用于数据平台内部元数据的却很少。

7.2 利用管道元数据

让我们想象一个简单但典型的数据平台的演变。我们的示例平台从一个批量数据源开始——一个上传到 FTP 服务器的文件。我们的管道是一个简单的直通管道，它应用一些数据质量检查并将数据摄取到云数据仓库。图 7.1 展示了这个简单的单管道平台。

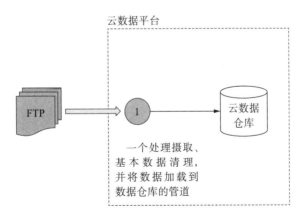

图 7.1 简单的单管道平台不需要太多的配置，因为所有逻辑都保存在摄取管道本身

这个例子看起来可能过于简化了，但是我们已经看到许多数据平台都是从这样的简单用例开始的。当你有了一个执行摄取、执行一些数据质量检查以及执行一些基本的数据格

式化的管道时，几乎不需要管道配置或管道元数据。所有内容都在一个地方，并包含在单个代码库中。通过更新单个摄取作业，可以轻松地更新源位置或调整源或目标数据位置。

> **注意** 虽然在前面的示例中，管道代码只需要很少的配置，但你仍然需要配置平台基础设施，如云存储账户、数据仓库等。你也可以收集和使用基础设施元数据，但我们将其排除在管道元数据之外，因为基础设施趋于稳定，而管道代码通常会发展很快——从而推动了对元数据的需求。云基础设施配置还可以利用许多"基础设施即代码"选项，但这超出了本书的范畴。

出于同样的原因，这个数据平台也非常容易监控和运营。如果出现故障，数据不能够进入数据仓库，那么只有一个地方可以查找问题——单个管道。

很快，我们需要通过添加另一个源来扩展示例平台。我们假设它是另一个文件，但这次是在 AWS S3 存储上。图 7.2 展示了添加第二个数据源后原始数据平台的变化情况。

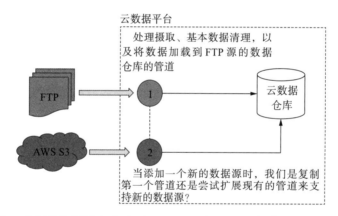

图 7.2 添加一个新的数据源（2）会引入一些选项——要么创建一个新的管道来支持新的数据源，要么在现有的管道中添加更多的逻辑

添加一个新的数据源（如批量文件）迫使我们做出一些艰难的决定。如果我们希望保持单一摄取管道，那么建议在现有的管道代码中添加更多的逻辑，使其能够处理到 AWS S3 存储的连接、复制数据、执行与此特定数据源相关的数据验证等。这是可行的，但是当添加越来越多的数据源时会发生什么呢？其中一些额外的数据源可能与批量文件非常不同，它们甚至可能是来自数据库的实时变更数据捕获流。这将导致你的管道代码变得更加复杂且难以维护。

监控和操作它仍然很简单，但是扩展的数据管道开始变得棘手。如果 AWS 的数据没有及时到来，是什么原因导致了延迟？延迟可能是这个特定源的问题，也可能是到 FTP 的连接故障。即使在这种简单的情况下，也很难找出问题的根本原因。

添加一个新的数据源的另一种方法是复制原始的摄取管道，并对其进行调整，以便能与新的 AWS S3 一起工作。在这种情况下，你需要处理一系列不同的问题。最终会出现代码重复，这将使对管道的修改变得非常具有挑战性。考虑这样一个场景，由于业务需求发生了变化，你希望调整其中一个数据质量检查。你需要在两个地方而不是一个地方进行调整。

在本书中，我们提倡使用"可配置的管道"。这意味着使用同样的管道代码来处理来自类似源类型（文件或数据库）的数据摄取，或者执行通用的数据转换以及数据质量检查任务。我们需要从管道代码中抽象管道配置，而不是为这些任务创建单独的唯一管道，并将数据源的名称和位置写死。这种方法将帮助你处理几乎不可避免的、不断增加的复杂性，并且可以灵活地处理变化。我们不需要创建新的管道或在现有的管道中添加额外的逻辑，而只需要更新管道配置，且不用触及管道代码本身。

如图 7.3 所示，如果将示例数据平台更进一步，添加几个数据转换管道，首先分别对每个源（数字 3 和 4）应用一些转换，然后在将它们加载到数据仓库（数字 5）之前将两个源合并在一起，通过将实际的管道实现与管道配置（或元数据）分开，你可以看到需要更好地管理新出现的复杂性。

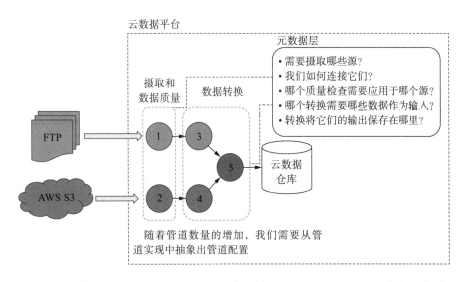

图 7.3 增加更多的复杂性，即更多的源和更多的转换，就需要一个新的层来保存管道配置

添加一个元数据层，其保存关于每个管道实际做什么的信息，它应该从哪里读取数据，

它应该将输出保存到哪里，等等，将其与配置文件结合，允许你轻松地改变管道的行为。现在你可以简单地更新元数据层中特定的配置文件，而不必修改管道代码。这使得扩展数据平台变得更加容易，因为无须更新实际的管道代码，你只需更新元数据层中的特定配置。

注意 请记住，正如在第 4 章中所看到的，对不同类型数据源的摄取管道的实现细节可能会有很大的不同。这意味着你很可能最终会对不同的源类型使用不同的摄取管道：RDBMS、平面文件、实时流等。元数据层仍然可以用于保存所有这些管道的配置，为数据平台操作人员提供统一的接口。

保存管道配置并不是元数据层所扮演的唯一角色。实际上，科技公司 LinkedIn 在这一层的一个现有的实现是" LinkedIn DatahubProject"。这为你提示了元数据层的职责。它保存了有关数据来自何处、要被保存到哪里以及是如何被处理的等信息：处理每一步所需的时间、处理过程中是否存在问题，等等。

在我们的架构中，元数据层有三个主要功能：

❑ 它是所有管道配置的中央存储。
❑ 它作为一种机制来跟踪每个管道的执行状态以及关于管道（活动）的各种统计信息。
❑ 它用作模式存储库。

我们将在第 8 章中详细讨论模式存储库，因此本章将重点讨论前两项内容以及如何最大限度地使用元数据。

简单地说，元数据层应该成为数据工程师和高级数据用户与数据平台交互的主要接口。下面的例子说明管道元数据如何对数据平台的用户很有用。

如果数据工程师需要更新 FTP 服务器上源文件的位置，那么可以在元数据层更新此源的配置，而不是直接更新管道代码。

如果数据工程师收到一个报警，说某个特定的转换管道失败了（活动），他们不必翻阅不同机器上的数十个日志文件，而是应该能够从元数据层请求最新的管道状态，该层应该有详细的状态信息。报警机制本身可以构建在这一层之上。故障、数据摄取率、实时流中的数据重复的数量——所有这些信息都记录在元数据层中，并允许构建所有类型的监控和报警。

希望充分利用数据湖的功能，甚至构建自己的转换管道的数据用户不应该考虑特定的管道从哪里获取输入、将输出保存到哪里。所有这些数据都位于一个地方——元数据层。

> **练习 7.1**
>
> 在我们的设计中，下列哪项不是元数据层的功能？
>
> 1. 为所有数据源提供模式存储库功能。
>
> 2. 为最终用户提供简单的数据搜索功能。
>
> 3. 提供管道配置存储功能。
>
> 4. 提供管道活动跟踪功能。

7.3 元数据模型

你将面临的一个重要挑战是，对于一个好的元数据模型，没有行业标准。如果你正在使用关系型技术设计一个运营数据库，那么你将发现许多关于如何在表中更好地组织数据、不同方法的优缺点等方面的信息。在今天的元数据领域中没有这样的东西。但即使是这些已有的元数据实现与特定公司的数据工程方法的具体细节、业务领域等紧密相关，一些大型互联网公司（如 LinkedIn 和 Lyft）的产品目前也已公开源代码，我们将在本章后面讨论。这些实现都不够普遍，不能轻易地被许多组织所使用。

在本节中，我们将描述一个通用的元数据模型，我们发现它可以跨不同的组织工作。该模型旨在具有灵活性，这意味着我们将只描述我们发现的元数据通用的那些方面。一旦你对如何组织数据平台元数据有了大致的了解，那么你需要决定是否需要扩展此模型以满足你独特的组织需求。

元数据域

我们将不同的元数据项分为 4 个主要域：管道元数据（配置）、管道活动（活动）、数据质量检查（配置）和模式注册表（配置）。图 7.4 展示了这些域以及它们之间的关系。

管道元数据包含关于所有现有数据源和数据目的地的信息，以及在平台中配置的摄取和转换管道的信息。数据源和数据目的地将它们的模式保存在模式注册表中，我们将在第 8 章中详细介绍。此外，摄取和转换管道都可以应用不同的数据质量检查，关于这些检查的信息保存在数据质量检查域中。最后，每个管道的执行可以在管道活动域中跟踪，包括成功或失败状态、持续时间以及其他统计信息（如读 / 写的数据量等）。如果将数据平台管道视为应用程序，那么管道元数据就是应用程序配置，而管道活动则是应用程序日志文件和指标。

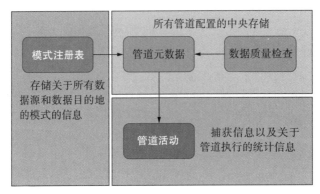

图 7.4 主要元数据域及其相互关系

管道元数据

管道元数据是架构的核心。它包含有关数据来自何处以及数据是如何被处理的信息。通过示例，就会更容易理解管道元数据域的关键组件。

假设我们正在构建一个数据平台，从两个包含销售数据（一个是文件，另一个是 RDBMS）的数据源和一个包含 HR 资源数据（一个 API）的数据源中摄取和处理数据。我们希望在平台中将销售数据和 HR 资源数据分开，这样就可以更容易地控制对这些数据的访问权限。

图 7.5 展示了与示例相关联的管道元数据的模型。管道元数据的顶层是命名空间。命名空间可用于在逻辑上将管道、数据源和数据平台的其他元素分开。在图 7.5 中，我们有两个命名空间：Sales 和 HR。每个命名空间都有自己的数据源和管道。命名空间可以参与管道本身的命名、云存储中文件夹的命名、实时系统中的主题等。这允许你根据命名空间为云资源分配权限。

在我们的元数据模型中，命名空间只有几个必需的属性：

❑ **ID**——命名空间的唯一标识符。

❑ **名称**——可以参与云资源命名的短名称。

❑ **描述**——关于这个命名空间的更详细描述。

❑ **创建时间戳**——创建命名空间的日期和时间。

❑ **最后修改的时间戳**——最后修改命名空间的日期和时间。

管道元数据对象描述所有的摄取和转换管道。例如，我们可以有一个"摄取销售 RDBMS"管道或"销售季度报告"管道。管道将数据源作为输入，并将数据目的地作为输出。在我们的元数据模型示例中，我们将"摄取销售 RDBMS"管道的输出用作"销售季度报告"管道的输入（见图 7.6）。

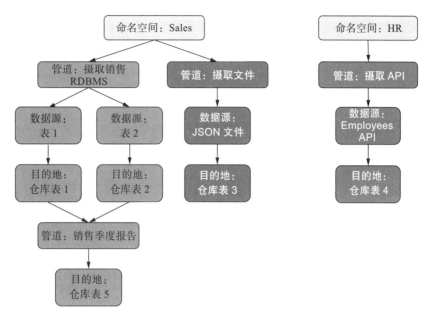

图 7.5 具有两个域（Sales 和 HR）的数据平台示例的管道元数据布局

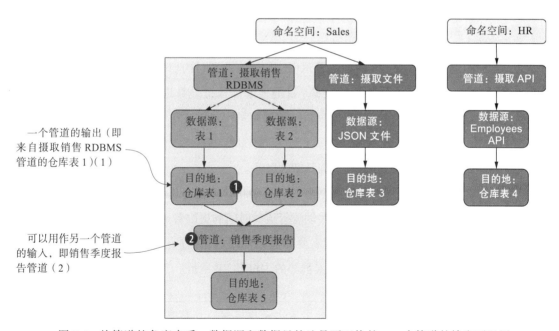

图 7.6 从管道的角度来看，数据源和数据目的地是可互换的。一个管道的输出可以用作另一个管道的输入

注意 虽然图 7.6 展示了"销售季度报告"管道使用仓库表作为输入，但这并不一定意味着在物理上管道将从云数据仓库读取数据。在创建转换管道时，这无疑是一个可以使用的选项，但是云平台中的数据目的地通常至少有两种表示：仓库中的表和云存储中的文件集。在第 5 章中，我们讨论了使用数据仓库和数据湖进行数据处理的优缺点。

管道元数据对象具有以下属性：

❑ **ID**——这个管道的唯一标识符。

❑ **名称**——参与云资源命名的短名称。

❑ **描述**——提供有关此管道用途的更多信息。

❑ **类型**——这个管道是摄取管道还是转换管道？

❑ **速度**——这是批量管道还是实时管道？

❑ **源和目的地**——这是应该将哪个数据源保存到哪个数据目的地的映射。在我们的元数据模型中，源和目的地是独立的对象，这个属性可以只包含源和目的地 ID。对于摄取管道，通常有一个源到目的地的一对一映射。对于转换管道，通常多个源被用作输入，并生成一个数据输出。

❑ **数据质量检查 ID**——需要在此管道中应用所有源和目的地的数据质量检查列表。我们的模型还支持为特定的数据源 / 目的地添加检查。管道可以将多个源组合在一起。这允许管道对联合的数据集执行数据质量检查，这在单独查看每个源时是不可能的。

❑ **创建时间戳**——首次创建管道的日期和时间。

❑ **最后修改的时间戳**——管道最后修改的日期和时间。这两个时间戳对于纠错非常有用，因为它们可以让你了解首次创建管道的时间和更改管道的时间。

❑ **连接性详细信息**——摄取管道需要知道如何到达数据源。例如，它们需要知道源 RDBMS、FTP 服务器、Kafka 集群等的主机名 /IP 地址。

 注意 切勿在元数据层中保存源系统的用户名和密码等敏感信息。请使用专用的云服务，如 Azure Key Vault、AWS Secrets Manager 或 Google Cloud Secrets Manager。

源是我们想要引入平台的数据集合。通常一个源和另一个源的区别在于它的模式。例如，RDBMS 中的一个表是一个源，实时系统中的一个主题是一个源，FTP 服务器上具有相同模式的 CSV 文件集合是一个源。

源端的元数据对象具有以下属性：

- ❑ ID——这个源的唯一标识符。
- ❑ 名称——可以是表名、主题名或文件名。
- ❑ 模式 ID——指向模式注册表的链接，其包含了此特定源的模式。
- ❑ 数据质量检查 ID——我们希望应用到此源的检查的 ID 列表。
- ❑ 类型——这个源的类型是什么。该值可以是"表""文件""实时主题"等。
- ❑ 创建时间戳——首次添加此源的日期和时间。
- ❑ 最后修改的时间戳——最后一次更新此源端元数据的日期和时间。

管道之旅以目的地结束。在我们的云数据平台架构中，这可以是云数据仓库中的一个表、实时系统中的一个主题、用于快速应用程序访问的键 – 值存储，等等。还有一些隐含的目的地，我们不需要在元数据层中显式地描述它们。例如，每个管道按照设计将数据保存在云存储中。这允许你创建转换管道链，其中一个管道的输出作为另一个管道的输入。在这种情况下，一些管道将没有隶属于它们的显式目的地。

目的地对象类似于源对象，只是目的地类型的列表不同：

- ❑ ID——这个目的地的唯一标识符。
- ❑ 名称——可以是表名、主题名或键 – 值存储中的一个集合。
- ❑ 模式 ID——指向模式注册表的链接，其包含了此特定目的地的模式。请记住，源模式和目的地模式不一定相同。
- ❑ 数据质量检查 ID——我们希望应用到此目的地的检查的 ID 列表。
- ❑ 类型——这个目的地的类型是什么。该值可以是"仓库表""实时主题"等。
- ❑ 创建时间戳——首次添加该目的地的日期和时间。
- ❑ 最后修改的时间戳——最后一次更新目的地元数据的日期和时间。

数据质量检查

数据质量检查涉及对平台中的数据应用业务规则。其目的是识别不符合指定参数的数据。图 7.7 演示了如何将数据质量检查应用于管道（摄取文件和摄取 API）或跨多个命名空间（在本例中为 HR 和 Sales）的数据源（employees API）。

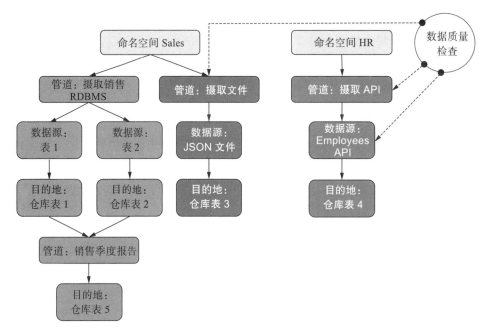

图 7.7   数据质量检查涉及将业务规则应用到管道或数据源，并作为配置保存在元数据中

通常有两种类型的数据质量检查：主动式和追溯式。主动式数据质量检查发生在摄取管道中，用来防止未通过测试的数据被添加到数据平台。这些检查通常是在列或单行层面上进行操作。追溯式检查分析现有的归档数据，确保数据仍然保持逻辑的完整性和一致性。你可以将主动式检查视为防止"坏"数据进入平台的过滤器。追溯式检查更像是审计报告，确保与现有数据结合的新数据不会违反任何组织质量规则。图 7.8 展示了主动式检查和追溯式检查之间的区别。

主动式检查通常用于确保特定列中的数据遵循预定义的格式，或检查某些值不会出现在列中。例如，出生日期列不能为负值，名字和姓氏列不能为空。由于主动式检查发生在摄取过程中，因此它们通常不能访问平台中已经存在的数据，所以不能将多个数据源联合在一起。这不仅仅是技术上的限制。例如，在第 4 章中，我们描述了批量重复数据清除管道，其确实需要将传入的数据加入现有数据中以查找重复数据。你可能希望限制重型操作，例如在摄取过程中将两个大数据集联合在一起，因为这将显著降低摄取管道的速度。

追溯式检查更灵活，因为它们可以按照自己的时间表定期运行。追溯式检查实际上只是不修改任何数据的数据转换管道。它们可以生成新的数据集，比如数据质量报告。追溯式检查可以访问所有的历史数据，并联合多个不同的数据源，以确保数据仍然是一致的。

例如，我们有一个追溯式检查，其将员工数据集与部门数据集联合起来，以确保数据中所有的部门都有员工。追溯式检查通常会生成一个定期报告，并发送给数据所有者。然后由他们决定采取适当的措施。这可能包括清理源端的数据或在数据平台中进行修改。

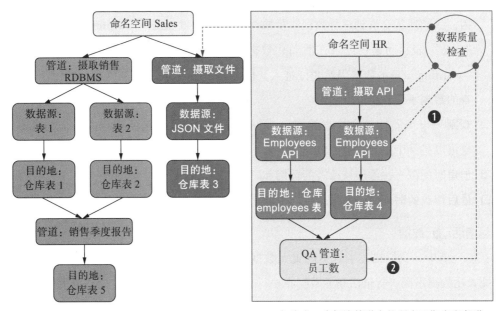

1. 主动式：确保该管道中的所有日期字段都遵循同样的格式
　主动式：确保所有员工的名字和姓氏字段都不为空
2. 追溯式：确保不存在没有员工的部门

图 7.8　主动式检查（1）发生在摄取过程中，可以附加到摄取管道或单个数据源。追溯式检查（2）是独立的管道，类似于转换管道，只是它们不修改任何数据

从元数据的角度来看，主动式和追溯式数据检查都只是需要应用于数据的不同规则的集合。数据质量检查、元数据属性和结构将依赖于你决定如何在管道中实现质量检查。有许多不同的选项以及可以用于数据质量控制的现成产品。例如，你可以将检查实现为一个 SQL 查询，并将该查询与描述一起保存在数据质量元数据中。在某些情况下，我们看到组织实施了自己的域特定语言（DSL）来配置各种质量检查。然后，它们将这些 DSL 配置保存在元数据存储库中，并为给定的管道执行提取所需的 DSL 配置。

以下是你应该在数据质量元数据中包含的一些常见属性：

❑ ID——唯一的数据质量检查标识符。

❑ **名称**——数据质量检查的描述性名称。

❑ **严重程度**——不同的数据质量问题有不同的严重程度。有些数据决不能进入数据平台，例如，员工表的工资列为负数。这些数据可能会破坏现有报表或下游管道，必须进行隔离，以便做进一步调查。其他问题可能没有那么严重，也不应该阻止数据被摄取，但当此类问题发生时，需要通知数据工程师，以便他们能够调查根本原因。我们通常会看到三种数据质量检查严重程度："info""warning"和"critical"。"info"表示问题已记录在活动元数据中，但不会发出报警，允许继续摄取数据。"warning"表示数据仍然允许进入，但会发出报警，"critical"表示没有通过此检查的数据不会被摄取。

❑ **规则**——该属性包含检查的逻辑。如前所述，它可以是要运行的一个 SQL 查询，也可以是一个更复杂的 DSL 配置。

❑ **创建时间戳**——添加该检查的日期和时间。

❑ **最后修改的时间戳**——最后一次更新该检查的日期和时间。

管道活动元数据

在前一节中，我们描述了管道配置元数据，其包括了关于如何配置数据流的信息。与管道配置元数据不同，管道活动元数据在执行数据流时捕获有关数据流的有价值的信息。

管道活动元数据捕获描述成功的管道执行的数据，这样我们就可以使用这些信息来确定可能出现问题的执行是什么样子的。这很重要，因为管道不是静态的。你通常不会只执行一次数据摄取或特定的转换。批量摄取和转换管道按计划每天运行一次或多次。实时管道没有特定的启动 / 停止时间，它们一直在持续运行。

从一个管道执行到另一个管道执行，情况可能会发生变化。数据库可能在一段时间内不可用，或者日常文件被第三方放错了位置，没有到达预期的位置。如图 7.9 所示，管道活动捕获关于每个管道状态（成功、失败）的信息，以及关于管道执行的各种统计信息，如已处理的行数、管道执行时间等。这适用于批量和流管道。

从第一次部署管道开始，我们就持续存储这些信息，通常不会删除。这个关于管道行为的历史信息存档已经被证明对排除各种操作问题非常有用，它还为你提供了一种全面分析平台行为的方法。

管道活动元数据可以捕获许多不同的属性，但这里我们只描述一些对许多不同组织有用的常见属性。在考虑管道活动元数据时，将其想象成数据库中的日志文件或表是很有用的。我们将在本章的后面讨论一些实际的实现选项。

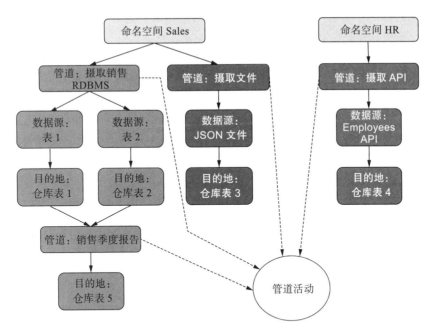

图 7.9　管道活动捕获关于每个管道运行的统计信息和其他有用信息，或者实时场景中
管道的定期快照

下面是一些你想要捕获的关于管道活动的属性：

❑ **活动 ID**——唯一的活动标识符。必须为活动元数据中的每条记录生成唯一的 ID。

❑ **管道 ID**——为其捕获元数据的管道的 ID。这允许我们从管道元数据中获得关于管
道的详细信息。

❑ **开始时间**——管道开始执行的时间戳。

❑ **停止时间**——管道结束执行的时间戳。

❑ **状态**——成功、失败或其他状态。

❑ **错误信息**——如果管道发生了故障，具体的出错原因。这节省了大量的时间来筛选
各种日志文件以查找错误。由于此错误消息是针对整个管道的，因此在个别行导致
故障的情况下，它可以包含多个错误。

❑ **源和目的地 ID**——由于管道可以从许多不同的源读取数据，并将数据写入许多不
同的目的地，因此我们需要确切地知道要为哪对源和目的地记录信息。对于摄取管
道，通常是一个源和一个目的地。但对于转换，此属性可以包括多个源和一个目
的地。

❑ **读取的行**——管道从源读取的行数。

❑ **写入的行**——管道写入目的地的行数。对于摄取，通常希望它与读取的行相匹配，但如果正在执行重复数据清除或根据数据质量检查过滤掉某些数据，那么可能就不是这样。

❑ **读取的字节**——从源读取的数据量。这在处理文件时非常有用，用来确保处理了整个文件。

❑ **写入的字节**——写入目的地的数据量。由于文件格式的转换，它通常与读取的字节不匹配，但可以用于额外的监控。例如，如果读取的字节数不为 0，则确保该值也不为 0。

❑ **额外的**——这是一组属性，可以包括批量 ID 和批量管道在云存储上保存数据，或实时主题数据在云存储上写入的完整路径，以及实时管道的时间窗口，等等。

练习 7.2

以下哪个额外属性不应该包含在管道活动中？

1. 批量管道的 BatchID。

2. 解析传入的 JSON、CSV 或 XML 文件时产生的警告。

3. 当前数据源中所有字段的列表。

4. 输入 / 输出数据的完整云存储路径。

由于管道活动元数据既用于批量管道，又用于实时管道，所以某些属性具有双重含义。例如，开始时间和停止时间属性适用于批量管道，因为它们有明确的启动和停止时间。另一方面，对于实时管道，你可以使用预定义的时间窗口来捕获这些统计信息。你可以决定每 5 分钟获取一次实时统计数据，那么该管道的开始时间和停止时间将是一个 5 分钟的时间长度。这也适用于其他依赖于时间的属性，如读取的行、写入的行等。最好将这个时间长度与出于归档目的的将实时数据刷新到云存储的频率保持一致。这样，从统计数据收集的角度来看，是将实时管道分成一系列的批量管道执行。

为了突出收集管道相关信息的重要性，你可以对这些数据提出以下问题：

❑ 给定管道最后一次成功的执行是哪一个？这里，你需要在活动元数据中找到一条记录，其中 Status 等于"成功"，并且具有最新的 Start Time。

❑ 给的管道执行的平均持续时间是多少？这只适用于批量管道，因为对于实时管道，你会有一个固定的收集统计信息的时间窗口。要回答这个问题，你需要累计给定管道 ID 的开始时间和停止时间之间的差，其中 Status 等于"成功"。你需要从这个计算中去掉失败的执行。

❑ 这个管道处理的平均行数是多少? 当你想要为给定的管道建立一个看起来正常的基
　线时, 这个问题就有用了。这可用于批量和实时管道, 为了回答这个问题, 你需要
　累计给定的管道 ID 的读取的行和写入的行指标, 而且 Status 等于 "成功"。

❑ 我们每天从给定的 RDBMS 表中摄取多少数据? 这里, 你可以对读取的行进行类似
　的累积, 但这次不是通过管道 ID, 而是通过特定的源 ID, 并且只考虑成功的执行。

希望这些问题能给你提供一些想法——关于如何使用管道活动来了解管道正在做什么。
这些数据不仅可以用于特殊的探索和纠错, 还可以将这些计算用于云数据平台监控, 以确
保当某个指标表现异常时收到报警。

7.4　元数据层实现选项

在本章的前几节中, 我们描述了如何构造云数据平台元数据、应该拥有哪些主要的元
数据实体, 以及这些实体的一些常见属性是什么。那么, 如何在实际项目中实现它呢?

目前还没有可以用于元数据层的符合行业标准的开源或商业产品。我们将在本章的后
面回顾一些解决方案, 这些解决方案可能适用于你的用例, 但是这些解决方案几乎都需要
付出大量的努力来进行调整才能满足特定组织的需要。

这意味着要拥有一个满足需求的元数据层, 你需要自己来构建它。这种自己动手的方法
可能会让一些人立刻泄气。我们都知道从头开始构建一个全新的软件组件需要大量的时间和
精力。元数据层是云数据平台的一个重要组件, 没有它, 管道将不知道从哪里读取数据, 也
不知道应该将结果保存到哪里, 平台操作人员对他们所支持的平台中的实际情况也一无所知。

话虽如此, 但不要绝望! 虽然真正高效的元数据层实现都是从零开始的, 但有一个复
杂度范围, 在这个范围内, 大多数简单的实现都不需要付出太多的努力, 并且可以很好地
适用于较小的团队或只有少量数据源和管道的平台。在这个范围的另一端是更灵活和复杂
的实现, 能够支持数百个数据源、数千个管道以及多个数据工程团队。在本节中, 我们将
帮助你了解三个日益复杂的元数据层实现选项, 让我们从最简单的选项开始。

7.4.1　元数据层作为配置文件的集合

在前一节中, 我们讨论了两种类型的元数据。第一种是描述管道配置的元数据。这包
括命名空间、管道、数据源、目的地、模式注册中心和数据质量检查。另一种是管道活动,

它们捕获关于管道执行期间所发生的事情的信息。

实现管道元数据的最简单的方法之一是使用配置文件。在应用程序开发领域中，配置文件被广泛用于存储各种应用程序设置。我们可以对数据平台采用同样的方法。我们可以将命名空间、管道、数据源、目的地和数据质量检查表示为单独的配置文件，模式注册表实现选项将在下一章讲解。这些配置文件可以是任何流行的格式，包括 JSON、YAML 或你的组织最熟悉的任何其他格式。在本节中，我们将使用 YAML 作为例子。

清单 7.1 是命名空间配置文件的示例。

清单 7.1　namespace.yaml 配置文件示例

```
所有现有的命名空间都
保存在单个文件中              这是名字属性

      ---                                    所有其他命名空间属性
  └─→ namespaces:                            都是嵌套的键-值对
    sales:          ◄─────┐
      id: 1234            ◄─────┘
      description: This namespace contains data from sales data sources
      created_at: 2020-03-10 08:17:52
      modified_at: 2020-03-15 14:23:05
    hr:
      id: 1235
      description: This namespace contains sensitive data from HR data sources.
      created_at: 2020-03-01 10:08:40
      modified_at: 2020-03-01 10:08:40
```

这个配置文件很容易阅读，并且可以使用你所选择的语言的任何可用的 YAML 库，通过实际的管道代码轻松地解析它。你现在可以看到如何将所有其他管道元数据域（如管道、数据源等）表示为配置文件。

这种方法的一大好处是配置文件只是文本文件，最终可以与其他代码一起保存在存储库中。你的代码版本控制工具，如 Git、Mercurial、SVN 或任何其他工具，也将允许你以跟踪代码变化的方式跟踪这些配置文件的所有变化。

图 7.10 演示了如何将配置文件与云日志聚合（Cloud Log Aggregation）服务一起使用，来实现元数据层。元数据配置文件保存在代码库中，作为代码的其余部分进行版本控制。你可以使用与管道代码相同的代码存储库，也可以只为配置文件使用一个专用的存储库。每次准备发布对配置文件的修改时，持续集成 / 持续交付（CI/CD）过程将会把文件的最新版本从代码库复制到云存储上的专用位置。描述 CI/CD 管道超出了本书的讨论范围，但是在简单场景中，这可能是数据工程师在修改配置代码后调用的脚本，也可能是一个使用众多现有的 CI/CD 工具（如 Jenkins 等）的更加自动化的方法。

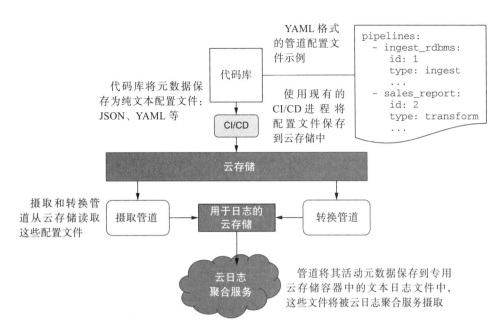

图 7.10 配置文件保存在代码库中，并在进行新的配置修改时使用现有的 CI/CD 进程推送到云存储。管道使用这些配置文件来调整其行为。管道使用云日志聚合服务来保存活动元数据

配置文件在云存储中的位置由你来决定。你可以为其创建一个单独的存储容器，也可以在用于实际数据的同一容器中使用一个文件夹。

然后，当批量摄取和转换管道启动并相应地调整它们的行为时，将会读取这些配置文件。对于实时管道，你需要对新版本的配置文件实现定期轮询，因为这些管道是持续运行的。

配置文件适用于描述管道行为的元数据，但是管道活动的元数据呢？与配置数据不同，活动元数据不是静态的。你的管道需要不断地向活动元数据添加新记录。同样，这里有一个类似于应用程序开发的例子。应用程序日志文件已经存在很长一段时间了，是将"应用程序活动"捕获为文本文件并向其追加新行的常见方法。日志文件很容易实现，而且大多数通用编程语言都有库。

不过，日志文件有一个挑战。如果没有专门的工具，则很难分析它们。假设你有几十个管道，每个管道都将有关其状态的信息写入单独的日志文件。如果你想手工查看这些日志文件，那么将很难在其中找到所需的信息。有专门的工具（包括商业工具和开源工具）可以解决这个问题，我们很幸运能够在云上实现数据平台，因为每个云提供商都提供可以解决这个问题的服务，而你无须安装任何额外的工具。值得一提的是，为管道日志遵循结构

化的日志记录原则是一个好主意。遵循一定结构并能清晰地描述不同属性的日志，将来将更易于搜索和分析。

在图 7.10 中，我们将这些服务称为云日志聚合服务，它们的主要功能是定期获取管道生成的日志文件，分析它们，并提供一个 UI 来执行各种类型的探索和分析。你可以搜索特定的关键字、过滤给定时间段的日志文件、相互参照等。在 Azure 上，你可以将 Azure Monitor 与 Log Analytics 一起使用；在 Google Cloud 上，你可以使用 Cloud Logging；AWS 也为此提供了 Elasticsearch 服务。

深入了解这些服务的细节超出了本书的范围，但在较高的层面上，其思想是管道将生成一个文本日志文件。这些日志文件将保存在专用的云存储容器中，然后由相应的云日志聚合服务自动摄取。之后你可以使用云供应商的特定服务 UI 或工具对管道日志运行查询。

7.4.2 元数据数据库

将所有管道元数据存储为配置文件适用于较小的数据平台，但一旦云数据平台发展壮大了，那么对于数据工程师来说，在这些文件中找到他们所需的信息将变得越来越困难。想象一下，当你访问数百个数据源和数十个管道，并为每个管道分配几个数据质量检查时，会发生什么情况。在这个场景中，你将拥有可能包含数千条记录的配置文件。你可以使用输入自动生成这些配置文件的许多部分。例如，如果指定了数据库中的一个表名列表，那么可以编写一个脚本，以你喜欢的格式生成数据源配置文件。然而，平台的日常运营将更具挑战性。

假设某个数据质量检查作业在许多不同的数据源上突然开始出现失败。你希望找到附加了此检查的所有数据源。你无法真正对配置文件运行查询，手工筛选文件中的数千条记录也无法正常工作。要解决这个问题，你需要将配置文件加载到可以支持某种查询语言的数据存储中，以实现这种类型的操作。图 7.11 介绍了元数据数据库（1），这是一个云数据库，其将以更加结构化的方式存储代码库中的配置文件。

这个元数据层实现与前一个非常相似，只是配置文件不保存在云存储中，而是被解析并加载到数据库中。这个数据库可以是关系型数据库，也可以是面向文档的键 – 值存储。后者通常更适合配置数据，因为元数据的结构会不断变化，在文档数据存储中实现模式变更比在关系型数据库中更容易。每个主要的云提供商都对关系型数据库和键 – 值存储提供了全托管的服务。我们已经看到了使用 Google Cloud Datastore、Azure Cosmos DB 和 AWS DynamoDB 所取得的对这种方法的成功实现。

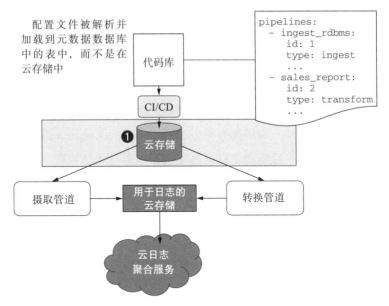

图 7.11　将配置文件保存在云存储上的数据库中，而不是文本文件中，使你能够对这些
配置运行查询

在图 7.11 中，可以看到我们仍然在代码库中维护和更新基于文本的配置文件。之所以这样做是因为必须将元数据视为代码，并确保我们具有所有修改的版本历史记录。对管道代码的一些修改可能需要修改元数据的结构，例如引入新的属性等。在这种情况下，你希望将管道的新版本发布和配置更新同步，因此将它们保存在代码库中（不一定是同一个）将会有所帮助。

为了将配置数据的新版本加载到元数据数据库中，你需要实现一个工具，该工具可以解析你具有的配置文件格式，然后添加、更新或删除特定的记录。数据库本身的结构将遵循你的元数据域设计。每个元数据类型（如管道或命名空间）将成为元数据数据库中的一个单独的表。负责将配置文件加载到数据库中的工具需要检查文件中当前的数据，并将其与数据库中的数据进行比较，然后要么添加一条新记录，更新一条现有的记录；要么删除一条数据库中不再存在的记录。

摄取和转换管道将直接从元数据数据库读取数据，与使用配置文件执行相同的操作相比，需要做的修改更少。当数据工程师需要排查故障时，他们现在需要使用数据库提供的查询语言，而不是查看配置文件中的数百条记录。通常是大多数数据工程师都熟悉的 SQL 或类似 SQL 的语言。所有主要的云供应商也为这些数据库提供了一个基本的 UI，你可以在上面运行查询并探索结果，从而使用元数据成为一种更加愉快的体验。

7.4.3 元数据 API

将元数据保存在专用数据库中是一种适用于大多数中小型团队的方法，但其可伸缩性受到限制。如果组织的发展超出了单个团队开发和维护云数据平台的范畴，那么你会发现，多个团队试图直接使用元数据数据库将是一个挑战。这里的问题与你在任何大型应用程序开发项目中所看到的问题一样。如果你有更多的团队需要共同使用元数据，比如说构建其自己的管道或工具，那么这些管道和工具就会与数据库本身的结构耦合得太紧。如果你需要修改一些元数据实体或添加新的元数据实体，那么多个团队都会受到影响。任何需要跨多个团队来对单个应用程序进行协调大型更新的人都知道这不好玩。

这种对大规模数据平台的解决方案是引入一个 API 层，其将元数据数据库的内部隐藏了起来。元数据 API 最常见的实现是 REST，其为团队提供了一种向服务发出 HTTP 请求的方法，以便添加新的元数据项、检索现有的元数据项以及更新或删除记录。可以对 API进行版本控制，从而简化对底层数据库结构的修改。图 7.12 展示了如何扩展之前的元数据层以实现包括 APIs（2）。元数据 API 从管道、工具和最终用户那里抽象出元数据数据库的内部结构。这允许我们在不对这些管道和工具造成重大影响的情况下对数据库结构进行修改。

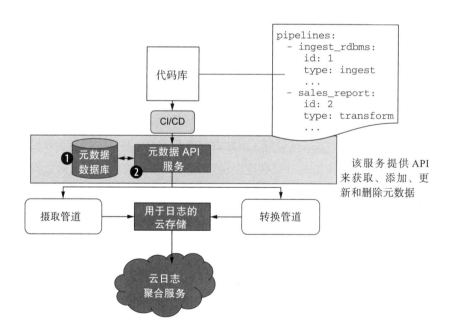

图 7.12 元数据 API 从管道、工具和最终用户那里抽象出元数据数据库的内部结构

讨论如何实现基于云的 REST API 服务超出了本书的范围。云提供商提供不同的服务，允许你在完全托管的环境中部署此类服务。有关如何实现 REST API 服务的更多详细信息，请参阅 Manning 出版社出版的 *The Design of Web APIs*（Arnaud Lauret，2019）一书。

从元数据流的角度来看，唯一的主要变化是，CI/CD 管道或你开发的其他任何自动化工具将对相应的元数据 API 端点进行 HTTP 调用，以进行必要的修改，而不是连接到数据库并直接将数据写入数据库。管道也需要切换到使用 HTTP 调用，而不是直接与数据库连接。

仔细评估云数据平台实现的成熟度和规模是非常重要的。它将帮助你选择正确的实现方法。我们建议你选择满足当前需求的最简单的实现，并随着需求的变化而改进解决方案。直接跳到 API 实现可能很容易，但这需要付出大量的工程努力才能正确实现，而忽略了实际数据用户的需求。

表 7.1 总结了哪种实施方案更适合不同规模的数据平台和团队。

表 7.1　根据数据平台和数据工程团队的规模，选择适当的元数据实现选项

元数据实现选项	数据源的个数	数据工程团队的规模
选项 1，使用普通的配置文件	1～5 个	1～3 人
选项 2，使用数据库	5～10 个	3～5 人
选项 3，使用上面有 API 层的数据库	10 个或更多	5 人或更多，多个团队

根据我们的经验，最好从一个简单些的选项开始，然后再逐步改进元数据架构。例如，我们概述的每一个实现选项在从选项 1 转到选项 2 时，都不需要全部重写。例如，添加数据库而不是直接使用配置文件，并不需要修改配置文件的结构。这使得从一个选项增量移动到下一个选项成为可能。

练习 7.3
使用带有 API 层的元数据数据库的主要好处是什么？
1. 这是最简单的实现方法。
2. 它为多个团队与元数据交互提供了一个通用接口。
3. 它允许你保存比其他选项更多的元数据实体。
4. 它提供了比其他选项更快的性能。

7.5 现有的解决方案概述

如前所述，收集和维护管道元数据的话题目前在业界还没有得到广泛的讨论。云供应商更关注业务元数据工具，这些工具允许最终用户对各种云数据集进行分类和搜索。这些都是很有用的服务，但不能用于描述管道配置。拥有成熟数据平台的大公司几乎最终都会实现某种适合于它们的元数据层解决方案，特别是其中一些实现可以作为开源项目使用。在本节中，我们将从较高的层面介绍围绕元数据的现有云服务，以及它们与我们所描述的模型的区别，我们还将研究一些现有的开源管道元数据项目。

7.5.1 云元数据服务

在 AWS、Azure 和 Google Cloud 中，有几个服务至少部分符合我们在本章中所描述的元数据层模型。尽管我们很希望看到一个足够灵活的云原生服务，能够完全解决与数据平台管道元数据相关的问题，但不幸的是，目前还不存在。一些云服务已经很接近，但另外一些则过于关注问题的数据发现部分。

在现有的云服务中，AWS Glue Data Catalog 最符合本章所描述的元数据层的思想。Glue Data Catalog 保存关于数据源和数据目的地的信息，以及关于管道执行和其他统计信息的信息。它有一个 API，可以用来获取和修改目录中的数据，还扮演着模式注册表的角色。

AWS Glue Data Catalog 的一些最有趣的特性是爬虫程序。爬虫程序是计划好的进程，它连接到数据源，扫描数据源，并添加自上次运行以来发现的新文件表的元数据。爬虫程序还对存储在 Data Catalog 中的每个数据源执行模式发现。这种方法非常适合管道元数据 / 模式注册表域。

AWS Glue Data Catalog 还存储有关运行的 ETL 作业的元数据，包括数据库表的高水位线、对基于文件的源的最新处理文件等。在 Glue 术语中，这些称为作业书签。除了作业书签外，Glue 还存储关于作业的各种统计信息，如已处理的行数等。

Glue Data Catalog 的一个主要限制是灵活性。AWS Glue Data Catalog 不是一个独立的服务，而是 AWS Glue ETL 服务的一个组件。这意味着为了正确使用 Data Catalog，你需要在 Glue 中编写和安排所有 ETL 作业。如果所有管道都是批量作业，并且没有 Glue 不支持的数据源（例如 REST API），那么你可以在 Glue 中实现大多数元数据和数据处理层。

如果你需要引入 Glue 目前还不支持的更广泛的源，那么需要实现一种不同的方法来存储元数据。你的元数据将分为 Glue 和非 Glue 两部分，从维护和运营的角度来看，这将成为一个问题。

借助 Azure 和 Google Cloud，现有的产品更多地集中于业务元数据和数据发现。Azure Data Catalog 允许用户注册数据源的位置，例如数据库中的表：为每一列输入描述和文档。这可以手工完成，也可以通过 API 来完成。一旦将大多数现有数据源添加到 Data Catalog 中，数据用户就可以使用目录 UI 轻松地搜索它们。如果你希望增加平台的自助服务功能，那么数据平台的数据发现就非常重要。从本质上说，它解决了"只有数据工程师知道实际数据在哪里"的问题，使得最终用户可以对数据做更多的事情。Azure Data Catalog 不适合本章所描述的管道元数据存储的角色。它没有捕获 ETL 作业所需的许多属性，而且通常是为数据消费者设计的，而不是为编写数据摄取和转换作业的人而设计的。

Google Cloud Data Catalog 与 Azure Data Catalog 非常相似。它也被设计为数据用户搜索感兴趣的数据的中心枢纽，但它不能用作元数据层，因为它不能捕获许多特定于管道的元数据属性。

为了更好地理解面向业务的 Data Catalog 服务，如 Google Cloud Data Catalog 和 Azure Data Catalog 在数据平台设计中的适用范围，以及它们与元数据层有何不同，让我们用图 7.13 来回顾第 3 章中的平台层示意图，并在数据平台和数据消费者之间添加一个数据目录，以展示它如何帮助数据消费者查找和访问数据。

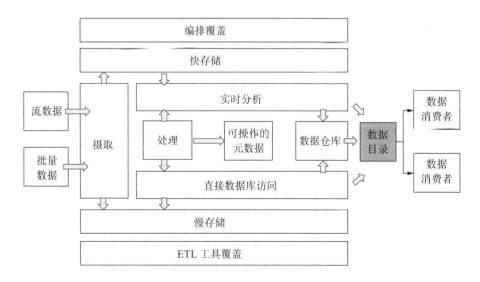

图 7.13　Data Catalog 位于数据平台和数据消费者之间，主要用于允许最终用户以自助的方式使用平台，而无须知道平台本身的技术实现细节

图 7.13 展示了 Data Catalog（在 Azure 和 Google Cloud 上的实现方式）是一个位于云

数据平台和数据消费者之间的独立组件。它的主要作用是简化用户的数据访问和数据发现，而不是帮助实现数据摄取和转换管道的自动化和监控。

7.5.2 开源元数据层实现

我们想在这里提及一些现有的开源项目，它们在某种程度上可以用作元数据层实现的基础。值得一提的是，没有一个项目可以用作一劳永逸的元数据层实现，但根据你的用例和工程能力，你的组织可能会发现你所提供的功能是有用的，或者你可以使用现有的代码作为为你的需求量身定做的元数据层基础。

我们的列表中排名第一的是 Apache Atlas（https://atlas.apache.org/）。Atlas 由两个主要部分组成。它充当一个中心元数据存储，上面有一个 API，并为最终用户提供一个 UI 来进行数据发现。因此，从高层面上讲，Atlas 做了现有云数据目录服务目前所做的工作，而且它还有一个灵活的元数据系统，可以用来存储管道信息。

当谈到管道元数据时，Atlas 提供了一个非常灵活的类型 / 实体系统。Atlas 术语中的"类型"是我们在本章前面描述过的元数据项。例如，我们模型中的数据源或数据目的地可以描述为 Atlas 类型。类型基本上是属性的集合。Atlas 有一个丰富的类型系统，其不仅允许你定义基本类型（如数字或字符串）的属性，还允许你定义值数组（用于将数据质量检查附加到特定的管道或源）和引用，这允许你将一种类型链接到另一种类型。如果回到元数据模型，如图 7.14 所示，你将看到我们广泛地使用引用来将元数据项链接在一起，例如将数据源和目的地链接到特定的管道。

Apache Atlas Entity 是类型的具体表示。其中类型描述了管道拥有哪些属性，而实体则描述了特定的管道。如果你熟悉面向对象的编程概念，那么会注意到类型与类相似，而实体就是对象。

Apache Atlas 允许你使用 REST API 或内置的 UI 来描述类型和特定实体。类型 / 实体系统是灵活的，允许你定义任何类型和它们之间的关系，这意味着你可以使用 Atlas 来实现元数据模型。由于 Atlas 的第二部分提供了添加、搜索和传播业务元数据的功能，因此它是一款二合一的产品，这对于数据平台自动化和数据发现 / 自助服务都很有用。

Atlas 的主要局限性是它是为与 Hadoop 平台一起工作而创建的。这意味着它的很多开箱即用的功能都与特定的 Hadoop 组件相关联，而我们在云数据平台设计中并没有这些组件。例如，Atlas 有一些内置的数据源，可以从这些数据源中自动导入元数据（而不是使用 API 或 UI 创建类型和实体）。这些数据源包括 Hadoop 或 Hadoop 生态系统组件，如 Hive、HBase 等。

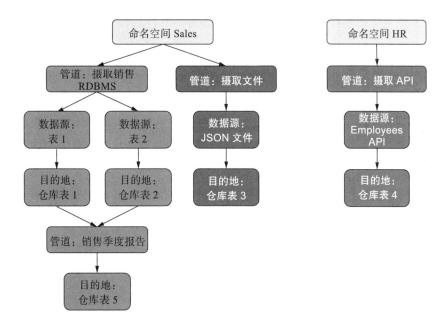

图 7.14　Apache Atlas 支持使用引用将一种类型链接到另一种类型。这适用于我们的元
　　　　数据模型，该模型使用引用将数据源链接到管道，将数据质量检查链接到数据
　　　　源，将命名空间链接到管道，等等

Apache Atlas 的另一个缺点是，它需要 HBase 和 Solr 组件分别存储和索引 / 搜索元数据。HBase 和 Solr 都是开源项目，这意味着你可以在任何地方下载和配置它们，包括在云上。使用开源而不是 PaaS 选项违背了我们尽量使用更多的云托管服务的原则，因为这会增加大量的运营开销。

总之，Apache Atlas 提供了一个非常灵活的类型 / 实体系统，可以用来实现任何元数据模型，包括我们在本章中所描述的模型。它还提供了业务元数据的编辑和搜索功能，类似于现有的云数据目录工具。另一方面，Atlas 只为元数据发现提供了特定于 Hadoop 的插件，并且需要一些相对复杂的基础设施才能运行。我们希望 Apache Atlas 社区在某个时候能够让这个项目更加云原生化，允许使用云服务而不是 HBase 和 Solr。

元数据管理领域的另一个开源项目是由 LinkedIn 的工程团队开发的 DataHub（https://github.com/linkedin/datahub）。LinkedIn 拥有非常成熟的数据平台和元数据管理设计以及实现，这得益于它们需要处理的数据量，以及它们的数据工程、数据用户社区的规模。DataHub 与 Apache Atlas 类似，因为它不仅提供了添加有关数据源及其位置等信息的功能，而且还为最终用户提供了数据发现功能。

DataHub 允许你创建自己的元数据实体，因此你可以使用它来实现元数据模型。值得一提的是，目前 DataHub 文档非常少，这使得很难根据你的需要快速采用此项目。DataHub 有与 Apache atlas 类似的缺点——需要部署一些额外的基础设施才能正常工作。为了从各种数据源收集元数据，DataHub 需要一个 Kafka 集群。它使用 MySQL 数据库作为主要的元数据存储，并使用 Elasticsearch 和 Neo4j 图形数据库来为数据用户提供搜索功能。虽然所有这些技术都是开源的，但要在生产环境中部署和管理所有这些技术，将需要大量的运营开销。

最后，我们想提一下由 WeWork 工程师开发的 Marquez 项目（https://github.com/MarquezProject/marquez）。Marquez 与 Apache Atlas 和 DataHub 不同，因为它不提供数据目录功能。它的主要目的是收集和跟踪关于数据源以及处理这些数据源的管道的信息。然后此信息用于允许最终用户可视化及搜索数据沿袭信息。数据沿袭就像是数据的家谱。对于数据平台中的每个数据集，数据沿袭提供了有关哪些管道和数据源从生成到作为此数据集源头的原始数据集的信息。

虽然数据沿袭功能非常有用，但它仍然主要用于数据发现。Marquez 没有（至少目前没有）实现我们所描述的完整元数据模型的功能。例如，除了已有的元数据实体之外，你不能再创建新的元数据实体。Marquez 的元数据模型非常简单，只包含数据集和作业（管道）实体。每个作业都链接到实际版本的管道代码，每个数据集都链接到一个或多个作业，允许你跟踪数据沿袭。此功能可以用于元数据模型中的活动跟踪。Marquez 为 Java 和 Python 提供了库，允许作业在 Marquez 数据存储中注册它们的进度。这也可以用于生成管道日志，这些日志将被发送到 Cloud Log Aggregation 服务，但这需要你对 Marquez 代码本身进行修改。

从运营和基础设施的角度来看，Marquez 相对简单，只需要一个 PostgreSQL 数据库来作为其主要的元数据存储。应该可以使用一个云 PostgreSQL 托管服务来减少对运营的影响。

总结

❑ 数据平台中使用了两种类型的元数据：业务元数据和数据平台内部元数据，后者有时也称为管道元数据。虽然业务元数据是提供给业务用户使用的，但数据平台元数据或管道元数据描述了数据管道自身。

❑ 该数据平台元数据是自动化、监控、配置管理以及其他操作的基础。没有了它，任何拥有多个数据源和活动管道的数据平台都将很快成为管理和运营的噩梦。

❑ 元数据层有三个主要功能：

　❍ 它是所有管道配置的中央存储。

　❍ 它作为一种机制来跟踪每个管道的执行状态和关于管道的各种统计信息。

　❍ 它用作模式存储库。

❑ 有两种类型的管道元数据。一种是描述管道配置的元数据（配置元数据），另一种是捕获管道执行期间发生了什么的元数据（活动元数据）。

❑ 元数据记录可以分为 4 个主要域：

　❍ **管道元数据（配置元数据）**——关于所有现有的数据源和数据目的地以及摄取和转换管道的信息。

　❍ **管道活动（活动元数据）**——关于管道成功或失败的状态、持续时间以及各种其他统计信息（如读 / 写的数据量）的信息。

　❍ **数据质量检查（配置元数据）**——关于应用于摄取和转换管道的质量检查的信息。

　❍ **模式注册表（配置元数据）**——将在第 8 章中介绍。

❑ 数据工程师可以在元数据层更新配置，而不是直接更新管道代码，这使得平台更容易扩展。他们可以通过向元数据层请求最新的管道状态来调查管道故障。希望充分利用数据平台功能的数据用户可以很容易地看到特定的管道从哪里获取输入，以及将输出存储到哪里。

❑ 元数据层应该成为数据工程师和高级数据用户与数据平台进行交互的主要的统一接口。

❑ 构建元数据层有不同的方法——从简单地将所有配置文件保存在云存储中，到使用专用的数据库（有或没有 REST API）。我们建议你选择可以满足当前需求的最简单实现，并随着需求的变化而不断改进解决方案。

❑ 对于好的管道元数据模型。目前还没有一个行业标准，大多数已有的软件和云服务并不能完全满足本章所描述的需求。比如，Amazon、Google 和 Azure 都提供了元数据服务。还有一些有限的开源元数据层实现（例如 Apache Atlas、DataHub 以及 Marquez）可能有助于加速你的开发活动。

7.6 练习答案

练习 7.1：

2. 为最终用户提供简单的数据搜索功能。

练习 7.2：

3. 当前数据源中所有字段的列表。

练习 7.3：

2. 它为多个团队与元数据进行交互提供了一个通用接口。

第 8 章 *Chapter 8*

模 式 管 理

本章主题：

❑ 管理云数据平台中的模式变化。

❑ 理解读时模式与主动模式管理方法。

❑ 评估何时使用模式即契约与智能管道方法。

❑ 使用 Spark 在批量模式下推断模式。

❑ 实现模式注册表米作为元数据层的一部分。

❑ 使用运营元数据来管理模式变化。

❑ 构建弹性数据管道来自动管理模式变化。

❑ 使用向后兼容和向前兼容来管理模式变化。

❑ 将模式变化管理贯穿到数据仓库消费层。

在本章中，我们将解决在数据源发生变化时所引起的在数据系统中管理模式变化这一由来已久的问题，探索第三方数据源（比如 SaaS）的使用是如何增加的，以及越来越多的流数据的使用如何加剧了这一挑战。

我们将讨论云数据平台设计如何被用来解决这些挑战——首先是利用第 7 章中所介绍的元数据层中的模式注册域，并使用不同的方法来更新注册表中的模式——从"什么都不做，只是等着某些事情发生"到模式即契约和智能管道。

因为我们的最终目标是能够维护数百个现有的数据转换管道和报表，并尽可能少地对下游数据消费者造成干扰，因此我们还将讨论向后兼容和向前兼容的模式变化以及它们对不同类型的模式变化的潜在影响。

我们还将讨论如何实现模式注册表来作为云数据平台的一部分。这包括使用 Avro 作为通用模式格式，从传入的数据中推断模式以及将模式存储在何处。我们还将评审使用 AWS、Azure 和 Google 所提供的 PaaS 数据目录服务的选项，以及使用带有 API 层的数据库来实现模式注册表的三个不同选项。

最后，由于用户消费数据的主要方式是通过数据仓库，因此我们将介绍当这些数据集的模式发生变化时会发生什么，以及数据平台的哪一部分应该负责保持数据仓库表模式是最新的。

8.1　为什么要进行模式管理

处理输入数据源的模式是一个与数据仓库本身一样古老的问题。传统的数据仓库基于关系型技术，这意味着必须在加载任何数据之前事先知道数据的结构（列名、类型和顺序）。对数据源模式的任何改变（如添加新列）都必须仔细规划，这样可以调整目标模式和 ETL 管道以便适应这种变化。

对于传统的关系型系统，进行模式修改的过程通常需要数小时才能完成，因为数据仓库必须重新组织现有的数据以适应新的模式。在一个积极主动的组织中，任何对需要模式修改的源数据的修改都将触发对数据仓库模式更新的"变更请求"。在大型企业中，模式更新需要几周甚至几个月的计划时间，这种情况并不少见。

通常一些较小的组织选择了不同的方法——它们什么也不做，只是等着问题发生。在这种情况下，对数据源的上游改变是临时发生的，当由于模式的改变而导致 ETL 管道出现问题时，就让数据工程团队去解决。虽然积极主动的选项有时很费时费力，但"等等看"的选项可能会导致用户严重不满，因为他们通常是在模式改变后发现并报告数据出现问题。无论组织选择如何来应对模式变化，这些方法都不能被忽视，它们都需要大量的手工干预。下一节将更详细地描述所需的干预。

8.1.1　传统数据仓库架构中的模式变化

让我们看一下图 8.1 中的一个简单示例。我们有一个典型的传统数据仓库架构，带有一个基于文件的数据源。在传统数据仓库中，源文件中的数据总是首先加载到着陆表中。

在数据仓库术语中，着陆表是在对数据应用任何数据转换之前，只用来从源摄取新数据的表。着陆表模仿源数据集的模式，来简化摄取代码。

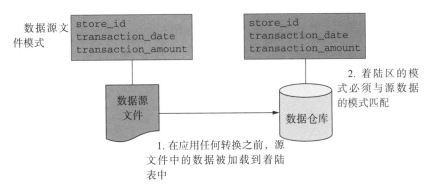

图 8.1　要将数据加载到传统数据仓库着陆表中，其模式必须与源文件模式匹配

从图 8.1 中可以看到，着陆表必须有相同的列名，例如 `transaction_amount` 和 `transaction_date`。如果我们改变了源文件的模式并修改了一些列名（例如，将 `transaction_amount` 改为 `transaction_total`），那么摄取过程将在下一次运行时出现问题，如图 8.2 所示。

此时，数据工程师介入并修复了着陆表定义，该进程恢复运行，直到下一次模式修改发生。

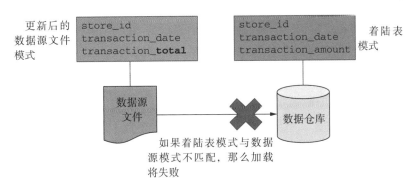

图 8.2　由于上游数据源模式发生了改变，摄取中断了

8.1.2　读时模式方法

当 Hadoop 作为数据分析解决方案出现时，它引入了"读时模式"（schema-on-read）的概念。这里的想法很简单。Hadoop 自带文件系统，称为 Hadoop 分布式文件系统（Hadoop

Distributed File System，HDFS）。在 Hadoop 中，你可以通过将文件按原样保存到 HDFS 来简化摄取过程，而不是使用必须在数据仓库中预先定义的所有列及其类型的着陆表。这个过程对上游模式的变化具有弹性，因为与任何其他文件系统一样，HDFS 并不关心文件本身的内部结构。当你开始处理来自 HDFS 的数据时，"on-read"（读时）部分开始发挥作用。让我们看看如何在 Hadoop 集群上实现前面的示例。图 8.3 还在 SQL（计算某天所有门店的总销售额）中添加了一个简单的数据转换步骤。

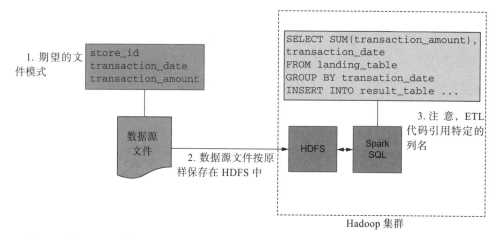

图 8.3　在 Hadoop 集群中，传入的数据会以文件的形式保存在 HDFS 上，而无须首先检查其模式

正如你所看到的，摄取过程现在独立于实际的文件模式。但是，如果仔细观察表示 ETL 管道的 SQL 语句，就会发现它仍然必须引用特定的列名。这意味着读时模式方法只是将模式变化的问题进一步推向管道——从摄取推到数据转换管道本身。图 8.4 展示了虽然重命名上游文件中的列不会中断摄取，但会中断 ETL。

如果我们进一步研究这个示例，将会来到这样一种情形，即需要将数据加载到数据仓库或任何其他数据存储中，以允许最终用户访问它。这些数据存储可能也需要定义一个模式，并且会受到数据源模式变化的影响。此时，你可能会问，为什么 Hadoop 与我们的云数据平台设计有关？这是因为我们在数据平台架构中用作着陆区的云存储，其作用就像 HDFS（它是一种分布式文件存储，没有任何模式的概念）。因此，许多数据架构师在他们的云数据平台中采用了读时模式方法。

正如你现在所希望看到的，读时模式方法解决了数据管道的摄取部分，使得可以将新数据轻松地导入数据平台的存储层，而不必担心模式。但是它并没有解决模式管理的问题。

一旦摄取了数据，你就不可避免地需要执行数据转换，并将数据加载到其他系统中。这时，你显然就需要了解模式了。

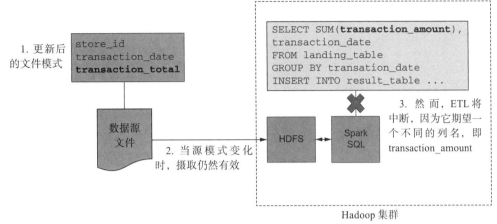

图 8.4　读时模式方法将模式管理问题从管道进一步推向数据转换步骤

在下一节中，我们将探讨读时模式方法的替代方法。

> **练习 8.1**
>
> 下面哪个选项最好地描述了读时模式方法？
>
> 1. 读时模式需要在数据平台中预先定义模式。
>
> 2. 读时模式自动调整在数据处理管道中使用的模式定义。
>
> 3. 读时模式允许你使用任何模式将数据摄取到数据平台中，但你仍然需要为数据处理维护最新的模式。
>
> 4. 读时模式为你提供了一个中央存储库，用于存储所有数据源的模式。

8.2　模式管理方法

在云数据平台中，第 7 章中介绍的元数据层在管理模式变化方面比传统数据仓库架构更容易发挥作用。如图 8.5 所示，4 个元数据层域中的其中一个是模式注册表。

模式注册表是模式的存储库。它包含所有数据源的所有模式的所有版本。数据转换管道或需要了解特定数据源模式的人可以从注册表中获取最新版本。他们还可以探索模式的所有旧版本，以了解特定的数据源是如何随时间而演变的。

但是模式是如何进入注册表的？当某些事件发生变化时，谁负责更新模式版本？

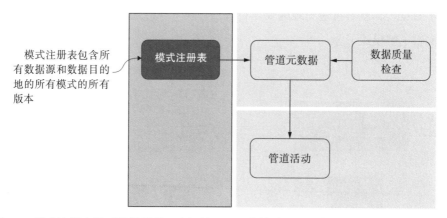

图 8.5　模式注册表是元数据层的一个组件，用于存储关于所有数据源和目的地模式的信息

8.2.1　模式即契约

正如在上一节所提到的，如果我们赞同"什么都不做，等着事情发生"这种经常与读时模式一起使用的方法，那么这不是最好的方法，有两种替代方法可以主动处理模式变化：模式即契约和在平台中执行模式管理。

第一种方法是模式即契约，旨在让应用程序的开发人员负责其应用程序所生成的数据的模式管理。这种方法认为模式是应用程序开发人员和数据消费者（数据平台、其他应用程序、微服务等）之间的契约。在这种方法中，如图 8.6 所示，应用程序开发人员将其应用程序所生成的所有数据的模式发布到中央存储库（模式注册表）中。数据消费者从同一模式注册表中获取并使用最新的模式版本。

作为这个契约的一部分，只允许向后兼容的模式变化。向后兼容意味着现有的数据消费者可以使用模式的最新版本来处理所有现有的数据，包括在模式变化发生之前生成的数据。例如，向模式添加新列是一种向后兼容的变化，因为你仍然可以使用新模式来读取旧数据，并对最近添加的列使用默认值。另一方面，重命名列不是向后兼容的变化。我们将在本章后面详细讨论模式兼容性。

将模式视为应用程序开发人员和下游数据消费者之间的契约的方法是理想的，因为它提供了明确的职责区分，并将数据生产者和数据消费者分开。添加新的数据消费者很容易，因为我们可以依赖注册表中的模式来理解数据结构。但是，这种方法需要两件事才能成功实现：首先，它需要开发过程具有高度的成熟度；其次，它要求第三方数据源具有明确的数据所有者。

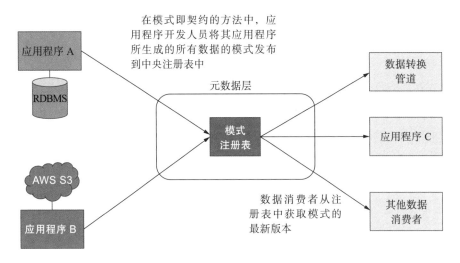

图 8.6　模式作为生成数据的应用程序团队和消费数据的团队之间的契约

　　让我们剖析这两个需求。为了实现模式即契约的方法，开发者有责任确保所有模式变化都是兼容。因此，你需要确保你的开发实践可以支持这一点。这意味着不仅要有实际遵循流程并将模式变化发布到注册表的训练有素的开发人员，还要有自动检查和保护措施，以确保这些变化是向后兼容的，不会破坏下游消费者。这些保证需要高度的自动化和成熟的测试基础设施。当涉及 CI/CD 流程时，也需要高度的自动化。如果开发人员需要执行一个耗时、复杂的多步骤协议来将代码变更部署到生产环境中，那么很可能无法始终如一地遵守模式管理步骤。

　　模式即契约方法的第二个要求是所有第三方数据源都要有一个数据所有者。这包括你的组织正在使用的所有 SaaS 解决方案，以及你从供应商、合作伙伴等处接收到的任何其他数据。由于你的组织并不拥有生成这些数据的 SaaS 应用程序，因此很难让某个开发团队来负责管理这些数据源的模式。当你对应用程序没有任何控制权时，就很难对模式变化负责。

　　这种水平的开发流程非常成熟，是可以实现的，但是在实践中，我们发现组织中负责设计和实现数据平台的部门通常对组织的总体开发实践和标准没有任何控制权。这意味着数据平台实现必须假设组织在开发流程中可能具有不同级别的成熟度。另一个需要注意的是，创建数据平台通常是组织首次尝试集成其所有现有的数据源。这意味着在数据平台实现之前，模式管理从来都不是一个真正的问题。这就迫使数据架构师和数据工程师来负责模式管理方面的问题，而这通常会导致我们之前描述的行为：依赖读取模式来进行摄取，并当由于模式变化而导致管道中断时才修复管道。

8.2.2 数据平台中的模式管理

如果我们认为"事情的读 / 等待时模式出现问题"的方法（无控制）位于我们不预先进行任何模式管理的范围的一端，那么控制数据源的模式或模式即契约（完全控制）则位于另一端。

在实践中，我们发现了一种适用于各种组织的模式管理方法，其介于"无控制"和"完全控制"之间。在这个中间地带，模式管理是数据平台所有者的责任。我们如此认为主要有两个原因：

- ❑ 由于数据平台是内部和第三方数据源的集成点，因此它是唯一可以集中管理模式的地方。
- ❑ 当遇到不兼容的模式变化时，数据转换管道通常首先中断。这使得数据平台成为承载中央模式存储库的逻辑场所，并负责维护最新的模式。

📷注意　还有一种混合方法，即部分或全部内部数据源的模式是由开发团队管理的，而数据平台负责所有第三方数据源。当数据源是实时的时，这种混合方法很常见。我们将在本章后面进行详细讨论。

在数据平台中执行模式管理可以实现以下好处：

- ❑ 弹性 ETL。例如，在 ETL 管道失败之前，你将能够检测并理想地调整模式变化。
- ❑ 包含模式详细信息的最新模式目录，这对于数据发现和自助服务用例很重要。
- ❑ 任何给定数据集的模式变化历史不仅可以使数据集在数据平台中使用存档数据——因为它可以跟踪变化，比如引入或删除列的时间，而且它还简化了管道的调试和纠错，因为你能确切地知道模式是如何随时间变化的。

让我们看看如何在数据平台内进行模式管理。为此，我们需要回顾第 7 章中的简化的数据平台架构。假设我们有一个平台，它从 RDBMS 和 AWS S3 的平面文件两个数据源中摄取数据。然后我们将这两个数据源组合在一起，并将结果发布到数据仓库中。图 8.7 展示了简化的架构。

根据经验，模式管理步骤应该作为通用数据转换管道中的第一步来实现。在图 8.7 中，步骤 1 是数据摄取层，它将数据按原样放在平台中。步骤 2 是一个通用的数据转换管道，步骤 3 是将两个数据源连接在一起的自定义数据转换。步骤 3 生成一个新的数据集，并且维护它的模式。在下一节中，我们将讨论一个通用的模式管理模块，其可以用作任意数据转换管道的一部分。

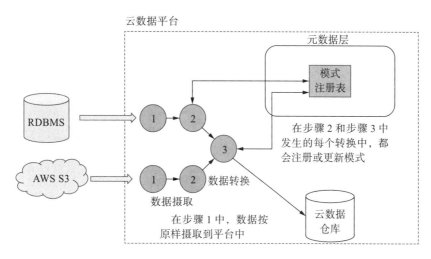

图 8.7 模式管理可以作为数据平台本身的一部分来进行

模式管理模块

在第 5 章中，我们描述了通用数据转换管道执行的典型步骤：数据格式转换、重复数据清除和数据质量检查。现在，我们需要添加一个新的步骤：模式管理。图 8.8 为第 5 章中的可配置管道添加了一个新的模式管理模块。

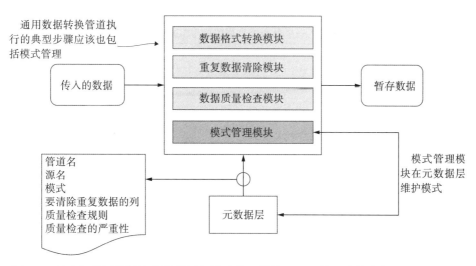

图 8.8 通过向通用数据转换管道添加模式管理模块，可以将所有模式管理任务作为初始数据转换的一部分来执行

模式管理模块执行以下步骤。首先，它检查模式注册表中是否存在此数据源的模式。如果不存在，这意味着我们以前没有见过这个数据源。在这个场景中，模式管理模块将执行以下步骤：

1. 从传入的数据推断模式（本章后面将对此进行详细介绍）。

2. 将此数据源在注册表中的模式注册为版本 1。

如果模式已经存在，那么步骤略有不同：

1. 从注册表中获取模式的当前版本。

2. 从传入的数据推断模式。

3. 比较推断出来的模式与模式注册表中的当前模式，并创建一个新的模式版本，该版本以向后兼容的方式将新旧定义组合在一起（详见后文）。

4. 将新模式版本发布到注册表中，以供其他管道使用。

在这两种场景中都通用的一个步骤是"推断模式"。让我们来解释一下这意味着什么。在本书中，我们使用 Apache Spark 作为数据转换的框架。Spark 有一个特性叫作模式推断。这意味着 Spark 可以读取一批数据，并尝试自动生成与该数据相匹配的模式定义。这非常适用于平面 CSV 文件以及高度嵌套的 JSON 数据。

Apache Spark 中的模式推断

让我们看一个例子。清单 8.1 是我们使用 https://www.json-generator.com/ 创建的一个 JSON 样本文档。

清单 8.1　一个具有嵌套属性的 JSON 样本文档

```
[
  {
    "_id": "5f084f4ba8de96c3a6df5f1e",
    "index": 0,
    "guid": "d776db8c-90a4-4cc7-a136-35e09e8d7fb5",
    "isActive": false,
    "balance": "$1,702.05",
    "picture": "http://placehold.it/32x32",
    "age": 23,
    "eyeColor": "blue",
    "name": "Doyle Page",
    "gender": "male",
    "company": "STELAECOR",
    "email": "doylepage@stelaecor.com",
    "phone": "+1 (826) 572-2118",
    "address": "190 Coventry Road, Riverton, South Dakota, 2701",
    "about": "Et Lorem Lorem in aliqua irure nulla nostrud laborum veniam.
     Aute cillum occaecat ad non velit eiusmod culpa id. Mollit veniam ut
     mollit consequat dolore Lorem aute voluptate ea aliquip sint anim labore
```

```
    eu. Aliqua qui cillum proident ad.\r\n",
    "registered": "2014-11-08T02:38:13 +04:00",
    "latitude": 60.913309,
    "longitude": -81.07079,
    "tags": [
      "velit",
      "duis",
      "et",
      "deserunt",
      "velit",
      "incididunt",
      "Lorem"
    ],
    "friends": [
      {
        "id": 0,
        "name": "Terrell Donaldson"
      },
      {
        "id": 1,
        "name": "Freida Brooks"
      },
      {
        "id": 2,
        "name": "Lisa Cole"
      }
    ],
    "favoriteFruit": "strawberry"
  } ]
```

这表示某个虚构人物的个人资料，并包含许多嵌套字段，如 tags（标记）和 friends
（朋友）。这个样本文档中有 21 个字段，即使是这个简单的示例，手动描述一个模式也是相
当耗时的。在实际的应用程序中，你可能需要处理数百个不同的属性。

> **注意** 我们对样本 JSON 文档进行了格式化，使其更具可读性，但是为了让 Spark 能够解
> 析它，文档中的每一项都必须是文件中的一行。

幸运的是，Spark 可以从这个文档自动推断模式。在清单 8.2 中，我们使用 Spark Shell
（一个交互式命令行工具），其允许我们输入 Spark 命令并立即查看结果，而无须编译整个程
序。Spark 命令以 scala> 提示符开始，然后是输出。

清单 8.2 使用 Spark Scala API 来读取 JSON 并显示推断出来的模式

```
scala> val df = spark.read.json("/data/sample.json")
df: org.apache.spark.sql.DataFrame = [_id: string, about: string ... 19 more
➥ fields]
                              显示推断出来      将来自本地文件的JSON文读取
                              的模式          到Spark DataFrame
scala> df.printSchema
```

```
root
 |-- _id: string (nullable = true)
 |-- about: string (nullable = true)
 |-- address: string (nullable = true)
 |-- age: long (nullable = true)          ◁──── 根据实际数据
 |-- balance: string (nullable = true)          识别列的类型
 |-- company: string (nullable = true)
 |-- email: string (nullable = true)
 |-- eyeColor: string (nullable = true)
 |-- favoriteFruit: string (nullable = true)    friends属性被正确地推断
 |-- friends: array (nullable = true)     ◁──── 为一个数组
 |    |-- element: struct (containsNull = true)
 |    |    |-- id: long (nullable = true)
 |    |    |-- name: string (nullable = true)
 |-- gender: string (nullable = true)
 |-- guid: string (nullable = true)
 |-- index: long (nullable = true)
 |-- isActive: boolean (nullable = true)
 |-- latitude: double (nullable = true)
 |-- longitude: double (nullable = true)
 |-- name: string (nullable = true)
 |-- phone: string (nullable = true)
 |-- picture: string (nullable = true)
 |-- registered: string (nullable = true)
 |-- tags: array (nullable = true)
 |    |-- element: string (containsNull = true)
```

🔔 **注意** 在这个例子中，我们使用的是 Spark Scala API，如果写成 Python 代码，只有一些细微的语法差异。

你可以看到，Spark 在从实际 JSON 数据中正确识别列名及其类型方面做得很好。当然，我们的示例只包含一个文档，但是同样的方法也适用于多个文档。在使用 Spark 的模式推断时，有几件重要的事情需要记住：

❑ Spark 使用所有记录的样本来推断模式。例如，如果传入的批次中有 100 万个 JSON 文档，那么默认情况下 Spark 将只使用 1000 个文档样本来推断模式。这么做是为了提高推理性能。如果你的文档具有各种各样的结构，那么推断模式很有可能与批次中的所有文档都不匹配。我们建议显著增加样本大小（通过在 read 函数中设置 sampleSize 选项）；如果你的批次足够小或性能不是问题，可以将样本大小设置为整个批次。你需要对数据进行实验，以确定每个数据源的模式准确性和性能之间的最佳点。例如，来自 RDBMS 的数据对于给定表中的所有行将始终具有相同的模式，因此较小的样本大小即可。

❑ Spark 依赖于数据文件中的列名。对于 JSON 文档，Spark 将使用实际的属性名。对于 CSV，你必须包含带有列名的标题行。否则，Spark 将命名列，如 c0_、c1_ 等。

❑ 如果你有一个属性，其在不同的文档中具有不同的数据类型，那么 Spark 将尝试使用与所有值匹配的通用类型。例如，如果一半文档中的"age"属性是数字型，而另一半文档中的"age"属性是字符串型，那么 Spark 将使用字符串类型，因为数字总是可以转换为字符串，但反之则不然。在某些情况下，例如，如果你的"age"属性在某些文档中是数字，而在其他文档中是嵌套结构，那么 Spark 将无法协调类型。在这种情况下，Spark 将把它不能转换的行放到一个名为 _corrupt_record 的特殊字段中，你可以在这个字段中检查这些行，并与数据源所有者一起将这些属性分成两个不同的属性，或者在所有的文档中使用相同的数据类型。

我们所展示的模式使用了 Spark 的内部类型，并且是特定于 Spark 框架本身的。我们可以采用这个模式并将其按原样保存在注册表中，但因为我们正在设计一个能够支持各种工具的数据平台，因此，在将模式保存到注册表里之前，我们将采用把 Spark 模式转化为 Avro 模式的方法。我们在前几章中已经讨论了 Avro 文件格式，本章后面还将进一步讨论 Avro 模式。

Spark 模式推断是一个非常强大的功能，Spark 本身也受到了云提供商的广泛支持。例如，AWS Glue 依赖于 Spark 模式推断，并在其上添加了新的功能。Azure Databricks 和 Azure Synapse 服务也使用 Apache Spark 作为主要的数据转换框架。但是在某些情况下，你不能在 Spark 管道中完全实现模式管理步骤。

第一个场景是，如果你选择的数据处理框架不支持模式推断。例如，谷歌的 Cloud Dataflow 服务所使用的 Apache Beam 不支持从数据中推断模式。这意味着你需要在管道之外手工维护模式。第二个场景是一个实时数据管道。

实时管道中的模式管理

在实时管道中，模式推断的挑战在于，模式推断要求你查看大量的统计数据，以决定该数据具有哪个模式。请记住，Spark 使用默认的 1000 行样本大小来为给定的批次数据推断模式。在实时数据管道中，处理作业被限制为每次只查看一条消息。我们可以为单个消息推断模式，但由于不能保证下一条消息将具有相同的模式，因此我们必须以某种方式为每个单独的消息协调模式。这个过程计算量很大，并且会产生非常多的模式版本。

实时管道中使用模式的另一个挑战是，为了获得更好的性能，开发人员使用 Protobuf 或 Avro 等二进制格式来最小化每条消息的大小。为了进一步减小每条消息的大小，开发人员通常从消息本身中删除 Avro 模式定义（在许多情况下，模式大小可能大于实际的消息大小）。在这种情况下，一条消息只是实时存储（例如 Kafka）中的一个字节数组，无法从中推断模式。在这些情况下，模式必须保存到注册表中，并由应用程序开发团队维护。

好消息是，模式推断方法和手工模式管理方法可以很容易地混合在一起。批量数据源可以使用模式推断方法，而实时数据源可以依赖于手工模式管理，其中开发团队负责将模式发布到注册表中，并在发生变化时更新模式版本。

8.2.3　监控模式变化

如果你不想整天都在修复损坏的管道，那么采取措施构建一个能够自动处理大多数模式变化的弹性数据管道是很重要的。但是，有一个报警机制让你知道何时发生了模式变化也很重要。

模式变化的问题在于，虽然可以构建一个在数据结构发生变化时仍能继续工作的管道，但某些变化可能会导致下游报表或数据产品中出现逻辑错误。一个常见的场景是在源端删除或重命名列。可以构建使用默认值而不是缺失列的数据摄取和数据转换管道。我们将在8.4 节中讨论如何实现这一点，但是如果我们有一个业务用户依赖的报告，预计某一列会出现，并且其突然开始只接收默认值，那么这份报告的逻辑将会出错。

如果回到以前的示例，我们将列 transaction_amount 重命名为 transaction_total，假设已经构建了一个弹性管道，当找不到 transaction_amount 列时，其使用默认值 "0"，那么在某个时候，我们计算每天总销售额的报告将开始显示零销售额。这显然是一个逻辑错误，因为数据还在，只是在另一列中。

如你所见，在某些情况下，我们不能自动处理模式变化，我们需要的是一种报警机制，其让我们知道模式变化是否会导致下游管道出现问题。如果没有这种机制，业务用户就会替我们发现这些问题，这将严重降低他们对数据平台以及对平台中数据质量的信任。

在第 7 章中，我们讨论了元数据层中不同的域。其中一个域是管道活动。管道活动捕捉有关管道执行期间所发生的情况的信息：管道读取了多少数据、是否有任何错误等。如果我们想要监控这些事件，那么将模式变更事件作为管道活动来捕获就变得非常重要。图 8.9 展示了一个通用的数据转换管道如何在元数据层中注册模式变更事件。

通用模式管理模块可以检测模式变化，并将模式的新版本发布到注册表（元数据层的一部分）中。它还可以将所发生的变化记录到元数据层的管道活动域中。从实现的角度来看，这可以是一个日志文件，可以聚合到一个云日志管理解决方案中。在那里，你可以分析这些数据，并构建报警，通知负责管理数据平台的团队有关模式变更方面的情况。

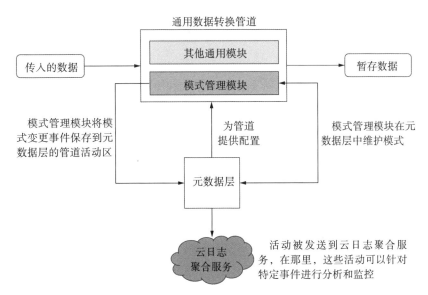

图 8.9 模式管理模块将有关模式变更事件的信息发布到元数据层的管道活动区，该区域最终处于云日志聚合服务中

如果你的数据平台很小，并且只有少量的管道和报表，那么你可以很容易地分辨出那些可能受到模式变化影响的报表，并警告最终用户报表中的数据可能是无效的，需要对管道进行一些维修。相比用户自己发现问题并告诉你的团队数据有误，这是一种更好的用户体验。有些逻辑问题可能非常不明显，最终用户根本无法检测到。

随着数据平台的增长，你添加了越来越多的管道和报表，手工确定哪些报表受到了影响可能会非常耗时，甚至不可能。在这种情况下，你可以利用元数据层的管道配置。第 7 章中介绍的管道配置包含关于哪个数据转换管道使用哪个数据源的信息。如果你知道哪些数据源会受到模式变化的影响，那么就可以轻松地识别所有受影响的下游转换和报表。

8.3 模式注册表实现

在我们讨论将模式注册表作为云数据平台的一部分来实现之前，需要讨论如何实际表示和存储模式。你现在可能已经意识到，"模式注册表"在数据处理领域中不是一个常见的概念。关系型数据库使用模式，但是每个供应商都有自己的方法来使用不同的类型描述表模式。CSV 和 JSON 文件只包含属性名，不包含它们的任何类型信息，因此它们的模式只能部分表示。为了能够处理来自多个不同源的数据，我们需要一个包含属性名、属性类型和默认值的模式。

8.3.1 Apache Avro 模式

在第 5 章中，我们讨论了使用 Apache Avro（https://avro.apache.org/）作为我们数据平台中所有数据的通用文件格式。Avro 使用自己的模式来描述数据，由于我们试图对单一数据格式实行标准化，因此我们的平台采用 Avro 模式作为通用模式格式是有意义的。Avro 模式支持最常见的基本类型：字符串型、整型、浮点型、null 等。它们还支持复杂类型，如记录、数组和枚举。这使得使用 Avro 来描述所有类型的数据源成为可能——从来自 RDBMS 以及主要使用基本类型的数据到使用复杂嵌套属性的各种 JSON 文档。

清单 8.3 是我们前面使用的样本 JSON 文档的 Avro 模式定义的一个示例。

清单 8.3　样本 JSON 文档的 Avro 模式定义

```
{
    "type":"record",
    "name":"sampleUserProfile",
    "fields":[
        { "name":"_id", "type":["string","null"]},          ◄── 模式定义可以包含具有
        { "name":"about", "type":["string","null"]},            基本类型的列，如字符
        { "name":"address", "type":[ "string","null"]},         串型、整型等
        { "name":"age", "type":["long", "null"]},
        …
        {
            "name":"friends",                                 本例中的friends属性
            "type":[{"type":"array","items":[        ◄──      是一个数组，这意味着
                {                                             它可以包含多个值
                    "type":"record",
friends数组    ──►    "name":"friends",
中的每一项都是        "namespace":"sampleFriendsRecord",
record类型。这        "fields":[{"name":"id","type":["long","null"]},   ◄──
用于描述嵌套值                   {"name":"name","type":["string","null"]}]
                },
                "null"                                        friends数组中的每一
            ]                                                 项都包含一个具有两个
        },                                                    基本类型属性的记录
        "null"
        ]
    },
    …
```

Avro 模式定义是可读的，这意味着你可以为一些无法使用模式推断的数据源手工创建这些模式。

正如 8.2.2 节中所述，如果你在 Spark 中使用模式推断，则需要以某种方式将 Spark 模式转换为 Avro 模式。Spark 在 Scala API 中提供了一种方便的方法来实现这一点，如清单 8.4 所示。

清单 8.4　将 Spark 模式转换为 Avro 模式

```
import org.apache.spark.sql.avro.SchemaConverters
val df = spark.read.json("/data/sample.json")

val avroSchema = SchemaConverters.toAvroType(df.schema, false,
  "sampleUserProfile")
avroSchema: org.apache.avro.Schema = {"type":"record","name":
  "sampleUserProfile","fields":[{"name":"_id","type":["string","null"]} …
```

导入助手对象来执行
模式转换

将样本JSON文档读
入Spark 数据帧

使用toAvroType方法将Spark模
式转换为Avro模式

从这个示例中可以看到，toAvroType 方法的结果是 org.apache.avro.Schema 类型，它看起来与我们前面展示的 Avro 模式示例完全相同。为了简洁起见，我们在此清单中省略了完整的模式输出，但是如果你亲自使用 Spark shell 进行尝试，将会看到完整的 Avro 模式定义。

除了作为模式定义的通用格式之外，Avro 还支持模式演化。数据源的模式总是在变化，因此能够反映模式如何随时间而变化是非常有用的。我们将在本章的后面详细讨论模式演化的例子。

获得了 Avro 模式后，接下来将其存储在其他管道、操作人员或监控工具可以获得它的地方——模式注册表。模式注册表本质上是一个数据库，允许你存储、获取和更新模式定义。如前所述，Avro 模式定义只是描述属性、属性类型等的文本。实际上，Avro 模式定义本身就是一个有效的 JSON 文档。这意味着任何能够存储 JSON 数据的数据库都可以作为一个模式注册表实现。

8.3.2　现有的模式注册表实现

在我们开始讨论如何在云中实现自己的模式注册表之前，需要先看看现有的解决方案。在第 7 章中讨论存储管道元数据的方法时，我们讨论了以下云服务，我们将它们归入 "data catalog" 这一大类：

❑ AWS Glue Data Catalog
❑ Azure Data Catalog
❑ Google Cloud Data Catalog

所有这些服务都提供了一些存储各种数据源模式的功能。根据经验，我们发现当涉及管道开发人员发布、版本控制和检索模式时，所有这些功能都非常有限。Azure Data Catalog 和 Google Cloud Data Catalog 都专注于现有数据源的自动发现，为最终用户提供数据发现的搜索界面。例如，Azure Data Catalog 不仅允许你注册数据源，还允许你注册现有报表，这使得它作为数据发现工具来说特别有用。这些数据目录解决方案所欠缺的是对模式进行版本控制，以及使用通用模式格式（如 Avro）的能力。虽然 AWS、Azure 和 Google Cloud 提供了 API 来更新模式，但是没有版本控制信息，每个数据目录解决方案都使用自己的方式来表示模式。这意味着数据开发人员需要将 Spark 模式转换为 Avro 模式，如果你想要以紧凑的二进制格式来将文件存储在云存储中，然后将 Avro 转化为数据目录工具所期望的特定模式表示，那么你仍然需要这样做。

在这三种数据目录解决方案中，AWS Glue data catalog 最接近于在我们的设计中充当模式注册表。它支持从 JSON 和 Avro 等常见文件格式中发现模式，并通过 API 更新模式。但是，它不支持（至少在当前版本中）检索模式的旧版本。如前几章所述，如果你决定使用 AWS Glue 服务来实现整个转换层，那么 AWS Glue Data Catalog 会工作得很好。如果你只想使用它的 Data Catalog 部分，并使用 Apache Spark 或任何其他数据处理框架来自己实现管道，那么限制非常明显。

现有的模式注册表的开源解决方案并不多。融合模式注册表（Confluent Schema Registry；http://mng.bz/7V5m）是我们过去遇到的唯一的解决方案，当涉及模式注册表特性时，它会勾选所有的选项框。它支持版本控制和 Avro 模式格式，具有合适的 API，甚至支持模式演化规则，以确保对模式的修改不会破坏现有的管道。

融合模式注册表的一大挑战是它需要 Kafka 才能工作。它是专门为实时处理用例而开发的，虽然你可以使用它的 API 来为任何类型的数据源注册模式，但你需要启动并运行一个 Kafka 集群。因此，如果你的数据平台中还没有实时组件，或者你正在使用特定于云的实时存储服务（如 AWS Kinesis 或 Google Cloud Pub/Sub），那么你将不能使用这个工具。你应该能够将融合模式注册表与 Azure Events Hub 一起使用，因为它提供了一个与 Kafka 兼容的 API。

还需要注意的是，融合模式注册表是根据 Confluent 自己的社区许可证分发的，这与大多数常见的开源许可证（如 Apache v2 或 MIT）不同。

8.3.3　模式注册表作为元数据层的一部分

在第 7 章中，我们讨论了实现元数据层的选项，该层将托管管道配置、管道活动信息，以及数据源模式。我们已经描述了三种解决方案，它们的复杂度和支持特性越来越高：

❏ 使用纯文本管道配置文件和代码库来对其进行版本控制。

❏ 使用键－值或关系型数据库来存储管道配置和其他元数据。

❏ 在数据库之上添加一个 REST API 层，为平台中的所有工具提供统一的接口。

因为模式注册表是元数据层的一个逻辑部分，所以我们使用第 7 章中所描述的方法来实现它是有意义的。模式注册表实际上只是模式及其版本的数据库，我们不会在这里重复所描述的三个相同的选项，而是将重点关注最后一个选项，其上有一个数据库和一个 API 层。如果与模式注册表交互的工具和团队数量很少，那么你仍然可以只使用没有 API 层的数据库。使用文本文件和代码库来存储模式（类似于管道配置的最简单选项）在这里不会起作用，因为在我们的设计中，模式是由管道自己自动更新的。图 8.10 展示了不同的工具如何与模式注册表进行交互。

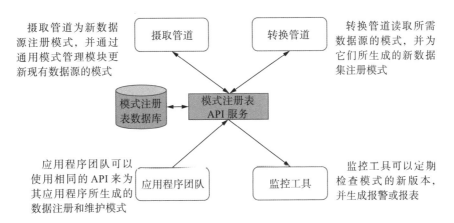

图 8.10 其上有一个 API 层的模式注册表，既可以由数据平台内部的管道使用，也可以由外部的团队和工具使用

当涉及实际的数据库时，我们在第 7 章中提到的键－值服务也适用于注册表数据库：Azure CosmosDB、Google Cloud Datastore 或 AWS DynamoDB。事实上，在过去实现模式注册表时，我们通常对管道元数据和模式注册表使用相同的数据库。有时，你可能需要为管道元数据和模式使用单独的 Cosmos DB、Datastore 或 DynamoDB 实例。例如，如果你正在使用一种混合场景，其中一些数据源的模式是由数据平台管理的，而另一些则是由应用程序团队管理的，那么你可能想让应用程序团队只拥有访问模式数据的权限，而没有访问管道配置数据的权限。幸运的是，云可以很容易地创建这些数据存储的多个实例，并配置对它们的细粒度访问。

模式注册表操作——无论是直接在数据库上执行还是通过 API 层来实现——可以归纳为如下：

❑ 获取给定数据源的当前版本。

❑ 如果当前版本不存在，则为数据源创建一个新的模式。这用于注册新的数据源。

❑ 为现有数据源添加模式的新版本。

在第 7 章中，我们描述了元数据层中的不同实体（例如命名空间、管道、数据源等）应该具有哪些属性。现在，我们可以使用需要存储在模式注册表中的属性来扩展这个列表：

❑ **ID**——模式的标识符。这个 ID 被链接回元数据层中的 Source 和 Destination 实体。

❑ **版本**——表示该模式版本的数字。其与 ID 属性一起构成了唯一的模式键。

❑ **模式**——存储 Avro 模式定义的文本属性。

❑ **创建时间戳**——首次创建该模式的日期和时间。

❑ **最后更新的时间戳**——该模式最后一次更新的日期和时间。

注意，这里的 ID 不是唯一的，因为你可以有同一模式的多个版本。正如前面所讨论的，我们正在处理的数据源的模式是不断变化的。我们需要捕获模式的每一次修改，这样就可以处理由该版本模式生成的数据，但是为了进行调试和纠错，了解模式是如何随时间变化的也很重要。我们不会为每个模式版本分配新的 ID，因为这样一来我们就需要去更新元数据层中的所有 Source 和 Destination 实体。

8.4 模式演化场景

既然我们知道了如何从传入的数据推断模式，以及如何在模式注册表中存储模式的新版本，那么我们需要讨论模式演化的最常见场景。模式演化是一个常用的术语，用来描述处理数据的程序如何处理数据结构的变化。对于数据平台，我们需要了解当某个数据源的模式发生变化时，数据管道将如何工作（或不工作）。

以下是模式变化的最常见的示例：

❑ 添加一个新列

❑ 删除一个现有的列

❑ 重命名一个列

❑ 改变列的类型

在讨论模式演化时，重要的是要记住更大的上下文。我们的目标不仅是能够读取具有新模式的数据，而且还要能够维护潜在的数以百计的现有的数据转换管道和报表，并尽可能减少对下游数据消费者的干扰。

模式变化有两种类型：向后兼容和向前兼容。向后兼容的模式变化意味着，如果数据转换管道使用注册表中最新版本的模式，那么它们应该能够读取已存储在平台中的所有数据，即使现有的数据是使用旧版本的模式写入的。这个过程如图 8.11 所示。

在本例中，我们处理的是单一数据源，其具有由两列组成的初始模式（V1）。假设我们的摄取管道已经工作了一段时间，并且我们已经存储了一些使用 V1 模式的归档数据。现在，在某个时候，一个新的列被添加到这个数据源，而且我们已经创建了模式 V2，并开始使用这个版本来写入数据。

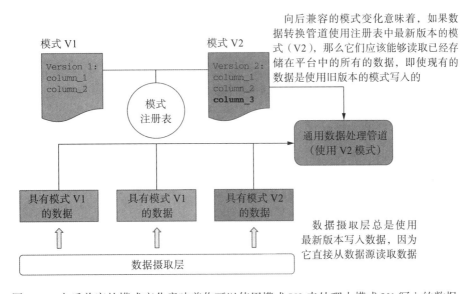

图 8.11　向后兼容的模式变化意味着你可以使用模式 V2 来处理由模式 V1 写入的数据

在第 5 章中，我们介绍了两种类型的数据处理管道：通用数据处理管道和自定义数据处理管道。我们知道，通用数据处理管道涉及以下内容：

❑ 文件格式转换

❑ 重复数据清除

❑ 数据质量检查

在本例和下一个示例中，我们假设数据处理管道是通用的，因为它需要能够处理来自数据源的不同模式，但实际上不需要应用任何客户业务逻辑。在本章的后面，我们将讨论自定义数据处理管道以及它们如何处理模式变化。

我们还假设数据处理管道自动从注册表中获取每个源的最新版本的模式。如果我们需要使用 V2 模式来重新处理用 V1 模式写入的数据，会发生什么？

8.4.1 模式兼容性规则

这就是模式向后兼容规则发挥作用的地方。Avro 格式定义了几个使模式向后兼容的规则。在示例中，如果我们使用模式 V2 添加了一个新列，column_3 就有了一个定义好的默认值，那么这个模式变化就是向后兼容的。如果我们读取使用 V1 模式写入的归档数据，其没有使用 V2 模式写入的 column_3 数据，那么 Avro 将自动为 column_3 使用默认值。通常使用空值或 "null" 值作为默认值，但它可以是任何与列类型匹配的值。如果你还记得，我们的用户配置文件 JSON 文档的 Avro 模式示例，那么你可以看到默认值是如何在 Avro 中使用的：{"name":"age", "type":["long","null"]}。这里我们定义了一个名为 "age" 的列，它的类型是 "long"，默认值是 "null"。

Avro 支持的模式演化的另一个例子是向前兼容场景。如果你可以使用旧版本的模式来处理使用新模式写入的数据，那么模式变化就是向前兼容的。在前面的示例中，数据处理管道一直使用注册表中最新版本的模式。让我们看一下图 8.12，如果管道使用当前版本的模式来处理新传入的数据，将会发生什么。

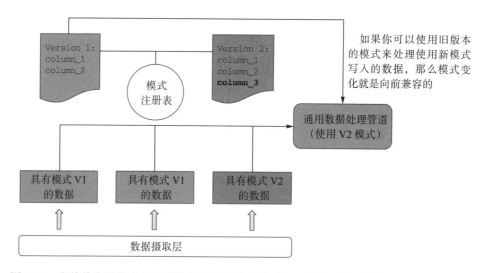

图 8.12　向前兼容的模式变化意味着你可以使用模式 V1 来处理使用模式 V2 写入的数据

与前面的示例类似，我们使用模式的 V2 版本添加了一个新列，并使用 V1 版本写入了一些归档数据，但是管道一直使用 V1 模式，而不是立即切换到 V2 模式。可以想象，管道可以重新处理归档数据，而不会出现任何问题，因为它使用的模式与写入数据时使用的模式一样。如果管道试图处理一个包含新列的新批次，将会发生什么？

在 Avro 中，向模式中添加列是向前兼容的变化。使用 V1 模式的数据处理管道将简单地忽略任何新添加的列，并继续读取数据，就像没有新列一样。Avro 的这种兼容特性有助于在面临模式变化时继续保持现有管道的运行，并允许数据工程团队调整管道，以便在以后开始使用新的模式。

注意　正如在本章前面所讨论的，使用管道活动日志来监控模式变化是非常重要的。虽然你的管道可以忽略新列并继续工作，直到你做出必要的调整，但一些数据用户可能希望尽快添加新列。领先用户一步，让他们知道你已经注意到了变化，并提供关于新列何时在下游数据集中可用的估计，这总是一个好的想法。

到目前为止，我们已经讨论了添加列和删除列。另一种常见的模式变化类型是重命名现有的列。重命名的行为类似于使用新名添加新列，并删除使用旧名的列。在 Avro 中，重命名的向后兼容性和向前兼容性规则与添加列和删除列的组合规则相同。如果重命名一个具有默认值的列，那么这个变化是向前兼容的和向后兼容的。如果重命名一个没有默认值的列，那么这个变化既不是向后兼容的，也不是向前兼容的。

模式变化的最后一种类型是改变列类型。Avro 开箱即用地支持将某些数据类型"提升"为其他兼容的数据类型。这里的关键要求是不要丢失任何数据。例如，Avro 可以将 int 类型提升为 long、float 和 double 类型，但反过来不行。这是因为如果你尝试将 long（64 位的整型）转换为 int（32 位的整型），那么最终得到的值可能不适用于 int 类型。你可以在这里找到哪些 Avro 数据类型可以自动提升为其他数据类型的完整列表：http://mng.bz/mgRP。

还有一些 Avro 不自动支持数据类型转换的场景（也就是说，你不需要编写任何代码），但是这可以相对容易地在通用模式管理模块中实现。例如，任何数字都可以表示为字符串（反之则不然），任何单个数据点都可以表示为一个元素的数组。还有更多示例，根据你所处的环境以及你最常见的模式变化类型，你可以决定实现额外的数据类型转换。根据经验，坚持使用 Avro 提供的自动数据类型转换是一个好主意，因为实现自定义的类型转换将会增加下游数据处理管道的复杂度。

8.4.2 模式演化和数据转换管道

模式变化可能会对下游数据处理管道和报表或用户在数据平台上执行的其他类型的分析产生重大的影响。现在我们已经了解了 Avro 模式兼容性规则，因此可以讨论这对数据转换管道来说意味着什么。

在前面的模式兼容性示例中，我们已经说过，所讨论的管道是一个通用的数据转换管道，它包括对所有数据源都通用的步骤：文件格式转换、重复数据清除等。当然，这类管道需要能够读取最新的数据和存档的数据（在重新处理的情况下），并且需要能够处理模式变化。但是它们不执行任何业务逻辑，这些业务逻辑要求存在特定的列或这些列具有特定的类型。这意味着可以更容易地构建弹性的通用数据转换管道，因为它不受模式变化的影响。

> 📷 **注意** 这里的一个例外是特定列上的重复数据清除。如果该列被删除了，那么需要调整重复数据清除过程。

对于实际实现业务逻辑的数据转换管道来说，情况要复杂得多。我们修改前面的示例，并使用一个使用了简单聚合的数据转换管道，如图 8.13 所示。

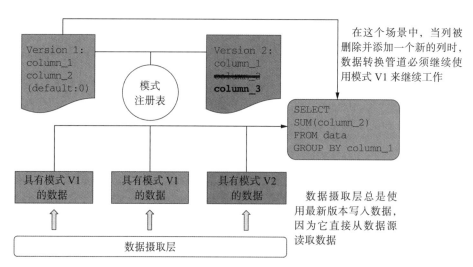

图 8.13　对特定列执行实际计算的数据转换管道必须继续使用以前版本的模式，以防止其中断

在本例中，我们有一个数据转换管道，其为每个唯一的 column_1 值计算 column_2

值的和。假设使用模式 V2 添加了一个新的 column_3，然后删除了 column_2；或者将 column_2 重命名为 column_3，这将产生相同的模式。那我们的管道会怎么样呢？

如果我们的数据转换管道切换到使用最新版本的模式，那么它将失败。新传入的批量数据将不包含 column_2，管道将产生错误。如果数据转换管道坚持使用以前版本的模式，那么结果将取决于 column_2 是否有一个定义好的默认值。如果有，管道将继续工作，因为它将使用默认值来代替缺少的列；如果 column_2 没有默认值，那么管道将失败并报错，因为 column_2 是在模式 V1 中声明的，但在新数据中缺失，并且没有默认值可供使用。

表 8.1 总结了与向前兼容性和向后兼容性相关的模式变化的类型。

表 8.1　与不同的模式变化类型相关的向前兼容性和向后兼容性

模式变化	向后兼容性	向前兼容性	转换是否安全
添加一个带有默认值的列	是	是	是
添加一个没有默认值的列	否	是	是
删除一个带有默认值的列	是	是	是，如果你使用以前的模式版本
删除一个没有默认值的列	是	否	否
重命名一个带有默认值的列	是	是	是，如果你使用以前的模式版本
重命名一个没有默认值的列	否	否	否
改变列类型	有时	有时	有时

如表 8.1 所示，添加一个带有默认值的新列是最安全的模式变化操作。现有的管道将继续工作，并将忽略新列，直到你对管道逻辑做出改变。删除一个有默认值的列也是最安全的操作。但是，你需要确保转换管道使用以前版本的模式。只有当列有默认值时，重命名列才是安全的。否则，它拥有与添加不带默认值的列和删除不带默认值的列相同的属性。最后，如前所述，改变列类型取决于实际的类型。

管道应该切换到最新版本的模式还是继续使用以前的版本，直到工程师做出切换？根据表 8.1 和我们的经验，最好继续使用以前版本的模式，只有在对管道进行了所有必需的改变之后才切换到新版本。在这种情况下，对于任何向前兼容的模式变化，管道将继续工作。如果你可以与数据源的所有者进行协商，并让他们同意只进行安全的改变（意思是向前兼容），那么你最终将会得到一个弹性管道。

注意　当使用 Spark 的模式推断特性时，所有列都会得到一个默认值 "null"（空）。这减少了由于不兼容的模式变化而导致管道中断的机会。你可能需要手动更新某些列的默认值，以便更好地反映管道中的业务逻辑。

由于模式变化而导致的数据转换管道中的逻辑错误

当我们谈论构建对模式变化具有弹性的管道时，指的是在模式变化时能够继续运行且不会出错的管道。某些模式变化可能会影响数据转换管道中的业务逻辑，并产生不正确的结果。为了说明这个问题，让我们看一下之前的示例，但现在不再使用抽象的 column_1 和 column_2，而是使用一个零售场景。假设我们正在从 RDBMS 中摄取一张表，该表包含零售连锁店中许多不同商店的每日销售额。我们有一个正在运行的数据转换管道，其会生成一个报告，其中包含每个唯一的 store_id 的总销售额。在某个时候，应用程序开发团队决定修改包含每日销售额的列的名字。图 8.14 展示了一个模式变化的示例。

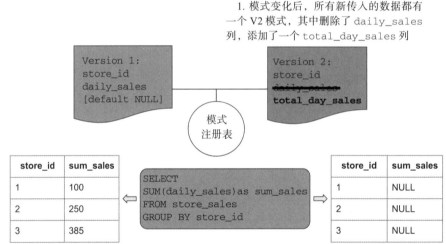

图 8.14 重命名 daily_sales 列可能会导致不正确或至少意外的报告结果

假设我们已经实现了构建弹性管道的所有最佳实践：使用 Avro 作为文件格式，有一个模式注册表，并且确保管道一直使用以前版本的模式，直到我们对它们进行更新。在本例中，V1 模式中的 daily_sales 列的默认值为 NULL（空值）。模式改变后，所有新传入的数据都有一个 V2 模式，其中删除了 daily_sales 列，添加了 total_day_sales 列。我们的转换管道将继续工作，因为当它读取新数据时，daily_sales 列将使用 NULL 值。但是我们的报告刚开始将会把 sum_sales 显示为 NULL，因为在 SQL 中，如果你向一个非 NULL 值添加了一个 NULL 值，结果将为 NULL。你的业务用户会非常惊讶地看到一个总销售额显示为空值的报告。使用"0"作为默认值将防止我们在 sum_sales 列中看到 NULL，但是这不会产生新的销售额，因为即使有新数据到来，现有的数字也将保持不变。

　　正如你所看到的，即使管道一直工作，当模式改变时，其中的业务逻辑也可能会中断。不幸的是，这个问题没有简单的解决方案。就像之前所讨论的，设置一些报警来让你知道模式发生了变化非常重要，这样你就可以检查现有管道并在必要时做出调整，同时通知用户某些报告可能不正确。

练习 8.2

什么可以使模式变化向后兼容？

1. 如果模式变化只包括添加新列，那么它是向后兼容的。

2. 如果所有模式版本都使用同样的列名，那么模式变化是向后兼容的。

3. 如果你可以使用最新版本的模式来读取使用以前版本的模式写入的数据，那么模式变化是向后兼容的。

4. 如果你可以采用最旧版本的模式，并使用它来读取使用最新版本的模式写入的数据，那么模式变化是向后兼容的。

8.5　模式演化和数据仓库

　　到目前为止，我们已经讨论了如何在数据转换管道中处理模式变化，但在我们的数据平台架构中，用户消费数据的主要方式是通过数据仓库。当我们将新传入的数据或转换结果加载到数据仓库的表中时，还需要考虑当这些数据集的模式发生变化时将会发生什么。

　　当涉及模式变化时，不同的云数据仓库的行为是不同的，但是数据转换管道和数据仓库之间的模式管理方法也是不同的。

　　我们的数据转换管道主要处理文件（除非是实时管道）。当使用 Avro 作为文件格式时，我们获得了与每个文件存储在一起的模式定义所带来的好处。这意味着我们可以将具有不同模式版本的文件存储在云存储中，然后让管道依赖于兼容性规则来协调这些不同版本的模式。

　　数据仓库（包括由云供应商开发的数据仓库）的工作方式是不同的。数据仓库将所有数据存储在表中，这些表必须有定义好的模式。同一个表不能有多个版本的模式。这对于模式演化场景来说有两种后果：

❑ 当数据源或数据产品的模式发生变化时，我们需要调整数据仓库中相应的表模式。

❑ 数据仓库表模式必须随着时间的积累而变化，并且不能应用不可逆的变化。

现有的数据仓库并不与外部的模式注册表集成。这意味着，虽然你使用模式推断并在注册表中存储模式的新版本，但要使数据管道正常工作，你需要分别对数据仓库表模式进行相应的改变。例如，如果向某个数据源添加了一个新列，并且希望该列在数据仓库中可用，则需要在数据仓库中添加一个相应的列。

当涉及列删除或列重命名等变化时，我们也需要区别对待数据仓库表的模式变化。如果从源表中删除了一列，那么你不希望从数据仓库表中也删除它，因为数据仓库表包含所有的数据，也包括历史数据。如果我们从数据仓库中删除了列，则会丢失该列的数据。这意味着数据仓库模式的变化应该是累积的——我们可以添加新列或改变列类型，但不应该删除列。

注意 对于存储在云存储中的数据来说，这不是问题，因为模式变化只影响新传入的数据。删除列时，我们不会修改现有的归档数据。

但是数据平台的哪一部分应该负责维护数据仓库表模式的更新呢？显然，我们不想手工来做。之前，我们讨论了如何创建模式管理模块，该模块用作通用数据转换管道的一部分。同一模块可用来管理数据仓库的模式变化。

因为我们在模式注册表中有以前版本和当前版本的模式，所以我们可以创建一种自动方法来生成必要的 SQL 语句，从而更新数据仓库表定义。让我们再看一下列重命名示例。图 8.15 展示了如何使用模式管理模块来维护数据仓库的表定义。

在本例中，column_2 被重命名为 column_3。就模式变化而言，这也可以表示为删除 column_2 并创建一个新的 column_3。请记住，我们不想从数据仓库表中删除现有的列，因为该列中可能仍然存在具有价值的历史数据。我们省略了删除部分，并生成了一条 SQL 语句，该语句只是向表中添加一个新的 column_3。

自动化数据仓库中的模式变化意味着你需要在模式管理模块中编写自定义代码，将 Avro 数据类型映射到你所选择的数据仓库的数据类型。不同数据仓库的模式变化命令可能语法不同，因此你也需要考虑到这一点。

有时你可能希望简化数据仓库中表的模式管理过程，而不是随时调整现有的表，只需删除现有的表，并使用新模式创建一个新表，然后加载所有的数据，包括云存储中的历史数据。这对于较小的表非常有效。

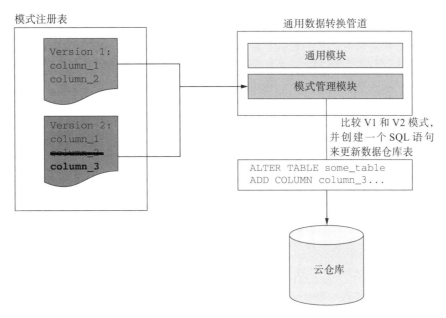

图 8.15　模式管理模块可以比较 V1 和 V2 模式，并自动生成必要的 SQL 命令来更新数据仓库的表定义

当你改变现有的表模式时，了解你所选择的云数据仓库的行为也很重要。在改变模式的过程中，许多现有的数据仓库将使表不能用于任何查询。这意味着你的报表或对数据仓库运行查询的用户将不得不等待改变完成。根据表的大小和改变的复杂度，它可能需要运行几分钟甚至几小时。在下一节中，我们将简要介绍 AWS Redshift、Google Cloud BigQuery 和 Azure Synapse 的模式管理特性。

云数据仓库的模式管理特性

现有云数据仓库的实现存在明显的区别，且提供了不同的方法来处理模式变化。不幸的是，云供应商很少发布关于数据仓库内部工作的详细信息，我们只能根据现有的文档做出某些假设。

AWS Redshift 和 Azure Synapse 都起源于传统的关系型技术。Redshift 最初基于 PostgreSQL RDBMS，而 Azure Synapse 基于微软的 Parallel Data Warehouse（并行数据仓库）技术。这意味着，当涉及模式管理时，AWS Redshift 和 Azure Synapse 都具有与关系型技术类似的属性。

首先，在向表加载任何数据之前，需要预先定义表的模式。AWS Redshift 支持直接从 Avro 文件加载数据，但它不提供任何自动化的模式推断功能，即使我们知道，模式嵌入每个 Avro 文件中。在撰写本书时，Azure Synapse 仅支持从 CSV、ORC 和 Parquet 文件加载数据。它也不提供任何自动化的模式推断工具，你需要编写一些转换工具来将 Avro/Parquet 模式映射到 Azure Synapse 表模式。

一旦创建了初始表，你需要根据我们前面描述的原则来使其保持最新。AWS Redshift 和 Azure Synapse 都支持 SQL ALTER TABLE 命令，允许你通过添加新列、删除现有列或改变列类型来修改现有表。请记住，ALTER TABLE 命令会锁定表，使其无法用于读写查询。这意味着，如果你的模式修改需要很长时间，那么对于任何试图访问该表的数据消费者来说，该表都将处于脱机状态。幸运的是，Redshift 和 Synapse 都是列数据仓库，因此即使在大型数据集中，添加列和删除列也是一种快速操作。改变列类型将导致数据转换操作，并且可能需要很长时间，具体取决于数据大小。

Google Cloud BigQuery 对数据仓库架构和模式管理采取了不同的方法。BigQuery 不是基于关系型技术，这有一些优点和缺点。BigQuery 的一个重要特性是它可以从某些文件格式（包括 Avro、Parquet 和 JSON）自动推断模式。这意味着在将数据加载到表模式之前，不需要事先定义表模式。

在模式演化方面，BigQuery 只支持向现有表添加新列。这也会根据现有文件中的模式自动完成（但也可以通过 BigQuery 提供的 API 或命令行工具手动完成）。这意味着，如果向数据源和数据平台中新传入的 Avro 文件添加列，那么当将此新数据加载到数据仓库时，BigQuery 将认可新列并将其自动添加到表中。如果只涉及添加新列，那么这使得模式变化的自动化变得非常简单。

另一方面，BigQuery 不支持 SQL ALTER TABLE 命令，并且不能重命名列、删除列和改变现有列的类型。对于这个场景，唯一可用的变通方式是使用所需的模式创建一个新表，并将数据从原始表加载到这个新表中，然后删除原始表。这种方法适用于小表，对于大表则需要很长时间，而且根据重新创建的表的大小，可能会产生大量的 BigQuery 费用，因为 BigQuery 会根据读取的数据量收费。

总结

❑ 传统的数据仓库基于关系型技术，这意味着在加载任何数据之前，都必须事先知道数据的结构、列名、类型和顺序。数据源模式的任何变化（如添加新列）都必须仔细规划，以便可以调整目标模式和 ETL 管道以适应这种变化。计划外的变化将导致 ETL 作业中断，引发数据消费者不满。

❑ 最常见的模式变化的例子包括添加新列、删除现有列、重命名列以及改变列的数据类型。

❑ 当你能够控制生成数据的应用程序时，就可以主动管理模式变化，但如果你开始摄取和使用你控制之外的数据，例如来自第三方 SaaS 公司的数据（这是数据平台的常见用例），则会变得更具挑战性。

❑ 你也可以在数据平台中执行模式管理，这允许你：（1）通过在 ETL 管道失败之前检测并理想地适应模式变化来构建弹性 ETL；（2）维护一个包含模式详细信息的最新模式目录，该目录还可以用于数据发现和自助服务；（3）具有任何给定数据的一个模式变化历史记录，以便与数据平台中的存档数据一起工作，这简化了管道调试和纠错。

❑ 在架构良好的云数据平台中，元数据层有一个模式注册表，其中包含所有数据源的所有模式的所有版本。数据转换管道或需要了解特定数据源模式的人员可以从注册表中获取最新版本，甚至探索模式的所有以前版本，以了解特定的数据源是如何随时间而演化的。

❑ 在云数据平台中，我们可以将模式管理添加到数据转换管道执行的其他典型步骤（数据格式转换、重复数据清除、数据质量检查）中。管道中的模式管理模块检查该数据源的模式是否已经存在于模式注册表中。如果没有，模块将从传入的数据推断模式，并在注册表中将其注册为模式的版本 1。

❑ 如果模式已经存在，那么模块将从注册表中获取当前版本的模式，从传入的数据中推断模式，比较推断出的模式与模式注册表中当前的模式，并创建一个新的模式版本，该版本以向后兼容的方式将新旧定义结合在一起，并将新的模式版本发布到注册表中，以供其他管道使用。

❑ 虽然模式推断在批量环境中工作良好，但在实时数据管道中不可行，因为虽然我们可以为单条消息推断模式，但不能保证下一条消息也将具有相同的模式。为每个单独的消息协调模式在计算上花费巨大，并且会导致大量的模式版本。

❑ 批量数据源可以使用模式推断方法，而实时数据源可以依赖于手工模式管理，其中开发团队负责将模式发布到注册表中，并在发生变化时更新模式版本。

❑ 在某些情况下，我们不能自动处理模式变化，我们需要的是一种报警机制，它可以让我们知道模式变化会导致下游管道出现问题。元数据层的管道配置包含有关哪些数据源被哪些数据转换管道使用的信息，因此如果你知道哪个数据源受到了模式变化的影响，就可以轻松地识别所有受影响的下游转换和报表。

❑ 目前有一些实现模式注册表的解决方案（AWS Glue Data Catalog、Azure Data Catalog 和 Google Cloud Data Catalog），但功能有限。随着复杂度和支持的特性的增加，其他选项包括：（1）纯文本管道配置文件和对其进行版本控制的代码库；（2）键 – 值或关系型数据库来存储管道配置及其他元数据；（3）在数据库之上添加 REST API 层，来为平台中的所有工具提供一个统一的接口。

8.6 练习答案

练习 8.1：

3. 虽然读时模式允许你在摄取数据时不用考虑模式，但你仍然需要确保数据处理管道使用相关的模式定义。

练习 8.2：

3. 向后兼容模式允许你一直使用最新版本的模式来读取存在于数据平台中的给定数据源的所有数据。

第 9 章 *Chapter 9*

数据访问和安全

本章主题：

❑ 了解数据平台中的数据是如何被消费的。

❑ 比较云原生数据仓库产品。

❑ 为应用程序的数据访问模式使用云原生服务。

❑ 简化机器学习的生命周期。

❑ 介绍云安全模型的基础知识。

在本章中，我们承认开发数据平台的主要原因是经济高效，并为数据消费者安全地提供大量的数据。虽然在本书中，我们假定你的数据平台将包括一个数据仓库，以支持通过商业智能（Business Intelligence，BI）工具或直接运行 SQL 查询来访问数据的用户，但这并不是访问数据的唯一方式。

用户，尤其是数据科学家，也越来越多地访问存储中的原始数据。而且，越来越多的应用程序也希望访问存储中的数据。我们在本书中讨论的分层设计使得支持各种数据消费者变得很容易。

由于数据仓库是访问数据以发布报表或进行特殊数据分析的最流行的方式，因此我们将回顾现有的云数据仓库平台即服务选项，并强调它们的主要区别和相似之处。我们将讨论如何通过云 RDBMS 或键 – 值服务等快数据存储来为应用程序提供数据访问，从而使应用程序成为数据所驱动的。我们还将介绍如何使你的数据科学团队能够访问它们开发健壮的机器学习模型所需的大量数据。

随着不同类型的数据消费者以及他们可以访问的数据平台的不同部分的显著增加，考虑如何以安全的方式提供这种访问非常重要。最后，我们将介绍云安全的一些基础知识。

9.1　不同类型的数据消费者

数据平台的存在是为了向数据消费者提供数据。如果没有人能够访问数据，或者访问数据是一个非常烦琐的过程，那么就没有必要构建一个复杂的架构来摄取、处理和存储数据。以数据仓库为中心的解决方案只提供一种访问数据的方法——使用你喜欢的 BI 或报表工具连接到数据仓库，或者直接运行 SQL 查询。

今天，越来越多的不同类型的数据消费者需要快速、安全、可靠地访问数据，而通过仓库的单点数据访问并不能满足他们所有的需求。我们可以将不同类型的数据消费者归纳为两类：

- ❑ 用户——许多人需要使用 BI 工具运行报表或对数据平台运行 SQL 查询，但其他用户（如数据科学团队）可能需要直接访问原始数据文件来运行实验。
- ❑ 应用——现代数据分析不仅仅是帮助企业根据数据做出决策。所有类型的应用程序都变成"数据驱动的"，这意味着应用程序利用数据分析方法来增强最终用户的体验。这包括各种机器学习（ML）应用程序，例如推荐客户可能感兴趣的产品，或在某些工厂设备出现问题之前，预测何时应该对其进行维护。

单靠数据仓库并不能满足所有这些消费者的需求。虽然数据仓库仍然是 BI 工具和 SQL 直接访问数据的主要方式，但应用程序很少直接连接到数据仓库。应用程序通常需要比现代云数据仓库所能提供的更快的响应时间。你还需要时刻考虑云计算的成本。如果以前数据用户社区仅限于你组织中的少数人，而现在应用程序需要数据访问，那么该社区将扩展到世界各地的数千甚至数百万用户。本章讨论的许多云服务都有一个消费计费模式，在这种模式下，将会对你通过系统推送的数据量来收费，或者在某些情况下，按单个查询来收费。

幸运的是，我们的云数据平台设计考虑到了这一点。分层架构利用了不同的技术和不同的存储类型，其可以满足任何数据消费者的需求。图 9.1 展示了不同的数据消费者如何从平台的不同层来访问数据。

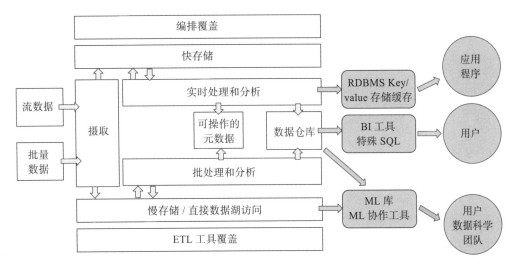

图 9.1　云数据平台架构允许不同的数据消费者使用最适合其数据访问模式的层

练习 9.1

为什么云数据平台有不同类型的用户很重要？

1. 他们都将访问相同的数据。

2. 他们可能希望使用不同的方式来访问数据。

3. 云数据平台的所有用户之间没有区别。

9.2　云数据仓库

在本书的开头，我们比较了两种不同的架构：数据仓库是数据处理和数据服务领域的中心；数据仓库只是更灵活的分层数据平台中的一个组件。尽管如此，数据仓库仍然是访问数据处理管道结果的最常见方式。原因有多种。首先，数据仓库完全支持 SQL 语言标准。SQL 仍然是最流行的数据访问和数据操作语言。流行的 BI 工具都是基于 SQL 的，对于许多高级数据用户来说，编写 SQL 查询甚至比使用报表或 BI 工具更容易、更快捷。

> **注意**　虽然大多数云数据仓库支持 SQL ANSI 标准，但它们也为该语言引入了多个扩展，因此为一个仓库编写的查询不一定能在另一个仓库中使用。

大多数现有的云仓库本质上都是关系型的（除了 Google BigQuery）。这意味着，现有的 BI、报表和其他简化传统数据仓库中数据处理的工具很容易与云数据仓库一起使用。这种兼容性非常重要，因为除非你正在构建一个全新的数据平台，并且在你的组织中没有任何现有的或遗留的报表，否则你需要为你的用户提供他们熟悉的工具。

在下面的章节中，我们将简要介绍三大云提供商（AWS、Azure 和 Google）所提供的云数据仓库产品。

9.2.1 AWS Redshift

AWS Redshift 是一个分布式关系型云数据仓库。分布式意味着 Redshift 可以将大型数据集分布到多台机器（节点）上，并对这些数据集并行运行查询，充分利用多台计算机的 CPU 和内存。关系型意味着 Redshift 的核心是基于关系型技术的。Redshift 源于开源的 PostgreSQL 数据库，如果你熟悉 PostgreSQL 的话，你可能会注意到一些相似的命令和行为。最后，云数据仓库意味着仓库上的许多管理操作都是由 AWS 执行的，并且对最终用户是隐藏的。自己管理任何分布式系统是一项艰巨的任务，因为你需要考虑如何在不同的节点之间复制数据，在网络出现问题时该怎么办，等等。

图 9.2 展示了 Redshift 集群的高层次架构。

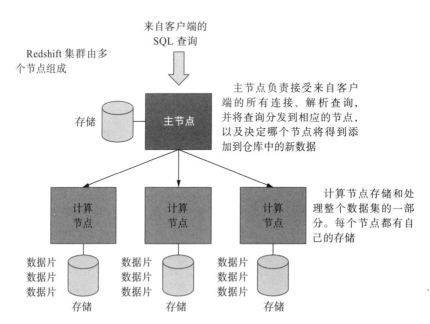

图 9.2　AWS Redshift 集群由一个主节点和多个计算节点组成，这些计算节点用于在它们之间分配数据和工作负载。每个节点都有自己的存储

注意 这些部分中的关系图是高层次的，并没有描述底层服务的实际架构。它们基于云供应商提供的文档，这些文档不一定会深入讨论实现的细节。

Redshift 集群由多个节点组成。主节点负责接受来自客户端的所有连接、解析查询并将查询分发到相应的节点。主节点还负责决定在新数据添加到仓库后，哪个节点将会获得新数据。在本节的后面，我们将讨论 Redshift 在节点之间分发数据的不同方式。主节点还要对某些无法分发的查询负责。这些查询包括获取表的列表、检查用户权限等系统操作。

每个计算节点都得到存储在仓库中的整个数据集的一部分。图 9.2 展示了一个主节点和三个计算节点，但是集群的大小可能比这个大。在内部，Redshift 实际上将每个计算节点细分为"片"，每片都得到节点的计算和存储能力的一部分。这种架构使得通过添加新的计算节点来扩展 Redshift 集群成为可能。添加一个新节点后，Redshift 需要重新平衡数据片，并将其中一部分拷贝到新节点上。此过程在后台运行，但会对查询性能产生负面的影响。你需要仔细规划扩展操作，以免影响现有的用户。

在创建 Redshift 表时，你可以控制如何将数据片分布到不同的计算节点。为此，你需要指定表的 DISTSTYLE 属性。它可以采用以下值：

❏ ALL——这将表的副本放到每个计算节点上。这种分发方式对于经常与其他大表联合的小表非常有用。在计算节点上有一个表的副本可以避免缓慢的网络传输。

❏ EVEN——表均匀分布在所有计算节点上，因此每个节点得到的行数大致相同。

❏ KEY——按给定的列分发表。你需要指定要与 DISTKEY 属性一起使用的列。具有相同键的所有行将被分配到相同的计算节点上。如果你有两个经常联合在一起的大表，那么使用相同的 KEY 分发它们将显著提高性能，因为具有共同键的行将位于同一个计算节点上，并且不必通过网络来传输。

❏ AUTO——从 ALL 分发方式开始，然后随着表大小的增加而自动切换到 EVEN。

设置合适的表分发方式是 Redshift 中最重要的性能优化技术。

 注意 请参阅 AWS 文档，了解有关如何配置表分发方式的详细信息以及与此相关的最佳实践。

此外，你可以为表指定一个 SORT KEY，以强制 Redshift 按给定列对表进行物理排序。对于需要以某种方式（例如，按日期列）对数据进行排序的查询，这将能够提高性能。

Redshift 是一个列数据仓库，这意味着磁盘上的数据是按列而不是按行来组织的。我们在第 5 章中描述了面向行格式和面向列格式之间的区别。列存储允许 Redshift 对不同的列使用不同的压缩算法。例如，你可以为表中只有少量唯一值的列指定"字节字典"编码，例如存储国家名称的列或只有几个可能值的状态列。这将显著减少磁盘上的数据大小并提高查询性能。请记住，Redshift 计算节点有固定的存储、内存和 CPU 容量，虽然你可以向系统中添加新的节点，但同时需要考虑总的系统成本。相反，你应该尝试通过为特定的列提供相关编码来优化数据的大小。Redshift 支持多种不同的编码，你可以在 Redshift 文档中找到关于何时使用它们的详细说明。

Redshift 有关系型根，这反映在其支持的数据类型中。Redshift 只支持所谓的"基本数据类型"，如整型、字符串、日期等。它不支持数组或嵌套的数据结构。这使得处理 JSON 样式的数据具有挑战性，因为你需要将这些值存储为字符串，并依赖 JSON 解析函数来从中提取必要的值。这种方法适用于小数据集，但是如果你的数据大多是 JSON 文档，一旦你将它们作为字符串列存储在 Redshift 中，就无法利用我们讨论过的任何优化。

Redshift 还提供了一个称为 Spectrum 的特性，允许你直接查询存储在 AWS S3 存储中的数据。要使用 Spectrum，你需要创建一个标记为"external"的 Redshift 表，并指定到 S3 上数据的路径。Spectrum 查询通常比对存储在 Redshift 计算节点上的表的查询要慢，因为你不能从 Redshift 的优化中获益。在数据平台架构中，你可以使用 Spectrum 进行数据探索或从数据仓库中卸载某些工作负载。图 9.3 展示了 Spectrum 是如何适应 Redshift 的分布式架构的。

在设计中，我们将所有的新数据和归档数据存储在 S3 层，这使得使用 Spectrum 来查询这些数据变得很容易。你可以使用 Spectrum 来对 S3 中的这些数据运行查询，甚至可以将其加入已经存储在 Redshift 中的数据。如果你正在处理一个新的数据集，并且在决定是否需要将其引入数据仓库或该数据的正确 Redshift 表结构应该是什么样之前需要做一些数据探索工作，那么这是非常有用的。

假设你有一个已建立好的带有 Redshift 仓库的数据平台。你的公司使用仓库为销售数据创建各种报表和仪表盘。现在你已经获得了一个新的数据源，其中包含改进的客户统计数据，你认为它将帮助你的业务用户做出更好的决策，但不能百分之百地确定它是否有用。你可以将这些新数据集加载到 Redshift 中，并要求最终用户对其运行一些实验性查询，但这将消耗仓库存储和计算资源。如果你的仓库非常繁忙，那么这个新的数据集甚至可能需要你向 Redshift 集群添加新的节点。相反，你可以在 Redshift 中创建一个外部表，并使用

Spectrum 在 Redshift 之外运行这些试验性查询，如果你的用户认为这个数据集没有帮助，则可以轻松地丢弃这个数据集。这样，对仓库的影响是最小的。

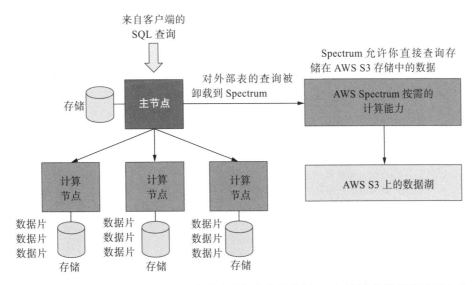

图 9.3　AWS Spectrum 可用于查询存储在数据湖中的数据，而无须先将数据拷贝到仓库存储。Spectrum 还可以通过使用按需的计算模型来从仓库中卸载一些处理

请记住，使用 Spectrum 仍然需要你在 Redshift 中创建外部表，虽然此时你没有将数据物理地拷贝到仓库，但表定义可能会破坏你精心规划的仓库设计，特别是在你允许多人创建外部表的情况下。我们建议你将外部表分组到专用的数据库中，并定期清理不需要的表定义。

你还可以使用 Spectrum 从你的 Redshift 数据仓库中卸载一些处理。例如，如果你有一个需要查询的大表，将其加载到 Redshift 将需要添加更多的计算节点，这将增加你的仓库成本。如果查询性能不是问题，那么你可以选择不将该表从 S3 加载到 Redshift，而是直接使用 Spectrum 来对其进行查询。

在我们的数据平台架构中，Spectrum 绝对是一个可选特性，因为你通过直接对 S3 存储中的数据运行 Spark 作业或 Spark SQL 查询就可以取得同样的结果。这一切完全取决于你的最终用户是否对 Spark 及特定于 Spark 的工具感到满意，或者他们是否更愿意只与仓库打交道。

9.2.2　Azure Synapse

Azure Synapse 是微软提供的一个分布式云数据仓库产品。它基于 Microsoft Parallel

Data Warehouse（并行数据仓库）产品，建立在关系型技术之上。这使得 Azure Synapse 很像 AWS Redshift，很容易与各种现有的报表和 BI 工具兼容，这些报表和工具都希望将关系型数据库作为它们的数据源。

Azure Synapse 的高层次架构与 Redshift 类似，但有几个关键的区别。图 9.4 展示了 Azure Synapse 架构。

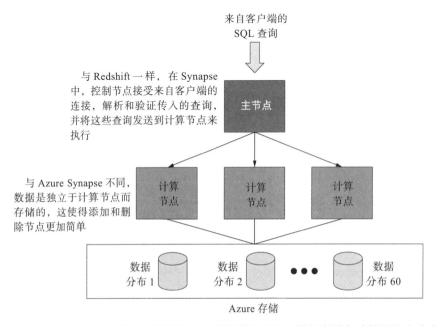

图 9.4　Azure Synapse 集群由控制节点和计算节点组成，数据存储与计算层完全分离

与 AWS Redshift 类似，Synapse 集群也是由控制节点和计算节点组成的。控制节点接受来自客户端的连接，解析和验证传入的查询，并将这些查询发送到计算节点来执行。Synapse 和 Redshift 之间的一个主要区别是 Synapse 将存储层和计算层分开。Synapse 将所有数据分成 60 个数据分布，每个数据分布都隶属于一个特定的计算节点，但数据并不存储在计算节点上。这种设计使扩展集群成为一种简单而快捷的操作。你可以添加新的计算节点或删除计算节点，而 Synapse 只需要调整如何将数据分布映射到计算节点，而不需要实际拷贝所需的任何数据。

目前，伸缩 Synapse 集群是一种线下操作，这意味着在进行伸缩操作时，集群需要完成或取消任何正在运行的查询，并且不会接受任何新的查询。这使得 Synapse 不是真正的弹性伸缩，并迫使你仔细规划伸缩操作，以免影响用户。

这种设计的另一个特性是，你可以完全暂停所有的计算任务，稍后再恢复运行，而无须将数据移到任何地方。如果你的仓库不需要一直在线，那么你可以晚上暂停它，然后早上再恢复它。或者你可以在周末暂停它。这将为你节省大量的云成本，因为 Synapse 分别按计算和存储来收费，而计算比存储的费用要贵得多。

Azure Synapse 不允许你直接指定集群中计算节点的类型和数量。相反，你需要使用数据仓库单元（Data Warehouse Unit，DWU）来指定总的集群容量。DWU 表示 CPU 和内存容量的组合。根据经验，尝试配置正确数量的 DWU 是一个反复试验的过程，你需要在不同大小的集群上运行工作负载，并达到能够提供最佳性价比组合的容量。

与 Redshift 类似，你可以指定如何将 Synapse 表分为多个分布。有三种选择：

❑ HASH（哈希）——这需要指定一个列名。此列具有相同值的所有行将被放到相同的数据分布中。

❑ ROUND ROBIN（轮循）——表将被分成相等的块，并分布在所有的数据分布中。

❑ REPLICATE（复制）——表的副本将被放到每个数据分布中。

正如你所看到的，表分布选项与 AWS Redshift 中的类似。为表设置正确的分布方法是重要的性能优化技术，因此你需要花一些时间来进行规划，并考虑最终用户查询数据仓库中数据的最常见方法。你还可以强制 Synapse 在创建表的过程中使用特定的列对表中的数据进行排序。这将加快那些希望数据以某种特定方式排序的查询。

> **注意** 有关 Synapse 表设计的更多详细信息和最佳实践，请参考 Azure 文档。

Azure Synapse 使用列数据存储，并分别对每一列应用压缩。与 Redshift 不同，你不能为每一列指定一个压缩算法，必须依靠 Synapse 来做出最佳选择。

Synapse 只支持基本数据类型（整型、日期、字符串等），不支持数组或嵌套的数据结构。它提供了一些内置的 JSON 解析函数，你可以用来从字符串列读取 JSON 数据，解析它，并访问 JSON 文档中的特定属性。与 Redshift 类似，这种方法没有利用列优化，也不会为你提供最优性能。

当谈到 AWS Redshift 时，我们已经讨论了 Spectrum 特性，它允许你直接查询 S3 存储中的数据，而不必首先将数据加载到仓库中。Azure Synapse 通过引入池的概念提供了类似的功能。目前有三种类型的 Azure Synapse 池：SQL 池、SQL 按需池和 Spark 池。

我们前面描述的带有提供的容量、数据分布和计算节点的架构仅适用于 SQL 池。这是传统的云数据仓库模块，在查询数据之前，你首先需要将数据加载到仓库的表中。有了 SQL 按需池，你可以以无服务器的方式直接从 Azure Blob Storage 中查询 Parquet、CSV 或 JSON 数据。当你在 SQL 按需池中运行查询时，Azure 将提供所需的计算节点来处理你的查询，并在查询完成后销毁计算节点。这对于数据探索用例或从主 SQL 池中卸载某些工作负载非常有用。

除了 SQL 按需池，Azure Synapse 还支持 Apache Spark 池。这允许你使用相同的 Synapse 接口对 Blob Storage 中的数据运行 Spark 作业。Spark 池不像 SQL 按需池那样是完全暂时的，需要至少 3 个节点一直可用。Spark 池支持自动伸缩，这意味着 Azure 可以提供额外的节点来处理你的作业，然后集群将缩小回其原来的配置。

9.2.3 Google BigQuery

在三大云服务提供商中，Google 云数据仓库产品无疑是最突出的。与 Redshift 和 Synapse 不同，BigQuery 不是基于任何现有的关系型技术，而是在 Google Cloud 存在之前为 Google 内部使用而开发的。这为 BigQuery 提供了一些独特的属性。

首先，与 Redshift 或 Synapse 相比，BigQuery（见图 9.5）更接近于全托管的服务。虽然 AWS 和 Azure 接管了许多保证分布式数据仓库正常工作所需的维护和运营方面的任务，但你仍然需要考虑选择正确类型的节点（AWS）以及规划集群所需要的容量（在 AWS 和 Azure 中）。BigQuery 对此并没有要求。集群容量是由 Google Cloud 动态提供的，对于不同的查询容量可能会有所不同。BigQuery 使用非常大的硬件资源池（数万个节点），这些资源在不同的 Google Cloud 客户之间共享。这允许 BigQuery 根据各个查询来分配所需的处理能力 [在谷歌云术语中是插槽（slot）]，而无须为其提供新的机器（这需要时间）。从最终用户的角度来看，其结果是一个真正有弹性、可伸缩的数据仓库。

BigQuery 使用树形架构，在根节点和叶子服务器之间增加了一个"中间服务器"层。中间服务器负责将工作发送到特定的叶子节点、从叶子节点收集结果、执行聚合操作等。使用三层架构可以使 BigQuery 能够扩展到集群中更多的节点。

BigQuery 架构的另一个重要特性是，为了实现真正的弹性伸缩，它不能依赖于数据的位置。数据在分布式系统中的位置意味着处理数据的节点应该能够以最快的速度访问它正在处理的数据。直接在计算节点上连本地存储（如硬盘或 SSD）是最快的选择，但将数据从一个节点移动到另一个节点的成本非常高，因为需要等待数据的拷贝。另一种选择是将某种类型的网络存储连接到计算节点，这样计算节点就可以读取数据，然后在需要重新平衡集群时将存储重新连接到其他节点。这比全拷贝要快，但仍然需要时间。BigQuery 通过使用 Google 的内部网络解决了这个问题，该网络提供了足够高的吞吐量和足够低的延迟，使得数据的位置不再那么重要。这意味着 BigQuery 中的叶子节点可以从存储中读取数据，而不必担心数据是本地的还是直接连接到节点上的。

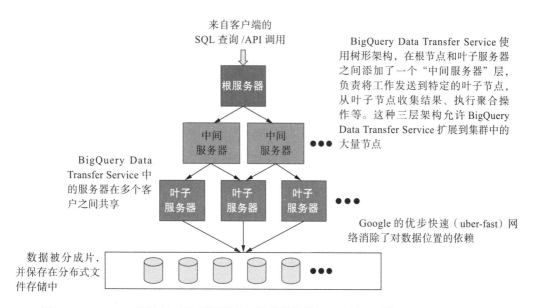

图 9.5　BigQuery 使用大型共享资源池来提供弹性伸缩。存储和计算是分开的，快速的 Google 内部网络使你不必担心数据和计算节点是否需要离得更"近"

　　BigQuery 基于一个名为 Dremel 的 Google 内部数据处理系统，开发 Dremel 的目的是允许用户能够分析大量的各种日志文件。可以想象，日志文件没有一个带有表和键的关系型结构，这些表和键可用于将这些表连接在一起。此外，日志文件可以存储多种数据，包括嵌套的数据结构（如 JSON 文档）。BigQuery 是三大提供商中唯一一个可原生支持嵌套数据类型的云数据仓库。BigQuery 支持值数组以及带有嵌套属性的 JSON 数据。支持是原生的，这意味着 BigQuery 实际上将每个 JSON 属性作为一个单独的列来存储，而不是像 Redshift 或 Synapse 那样将整个文档作为一个字符串值来存储。这显著提高了查询性能，并使查询更易于读写。

　　最后，BigQuery 使用了按使用付费的计价模型，你只需为查询时实际处理的数据量来付费。这与其他按提供的容量而不管你在系统上运行多少个查询来付费的仓库不同。BigQuery 还对你使用的存储单独收费，但与计算成本相比，这些成本通常可以忽略不计。这种计价模式有其优点和缺点。对于没有大量的分析查询的小型组织来说，与其他云提供商或传统数据仓库相比，BigQuery 具有很高的成本效益，但是随着数据和查询的数量的增加，很难预测 BigQuery 的总成本。要准确地做到这一点，你需要知道将要执行的每一个查询以及该查询将要读取的数据量。

 注意 Google Cloud 为企业级客户提供了对 BigQuery 的固定收费方式，这使得成本更加可预测。

BigQuery 并不像 Redshift 和 AWS 那样提供很多的调优选项。你不能选择表是如何跨节点分布的，因为在 BigQuery 中，这个概念是不存在的。你也不能控制压缩算法，必须依靠内部的 BigQuery 列存储来为你优化数据。BigQuery 的两个重要调优选项是数据分区和集群。

数据分区使用特定的列值物理地划分 BigQuery 存储中的数据。例如，你可以使用数据列的月份值对表进行分区。如果这样做了，那么如果只查询给定月份的数据，BigQuery 将只读取该月份分区中的数据。这比读取整个表然后只筛选给定月份的数据要快得多，费用也低得多。BigQuery 中的分区很重要，因为它是一种性能优化和成本控制的机制。

BigQuery 表的集群使用一个或多个列来对表或分区中的数据进行物理组织和排序。这是一种性能优化技术，可以加快那些通常需要按特定的列对数据进行排序或聚合的查询。你可以将数据分区和集群结合起来。

BigQuery 的非关系型性质的一个副作用是，它不像 Redshift 或 Synapse 那样与现有的数据可视化和报表工具无缝兼容。BigQuery 接受来自客户端的请求并将数据发送回去的主要方式是通过 REST API。已经有了一个用于 BigQuery 的 JDBC/ODBC 驱动程序的第三方实现，但它仍然需要转换为 REST API 调用，而不是使用原生的网络协议。如果你试图将在 BigQuery 中查询的大量数据放到 BI 工具中，则可能会引起性能问题。另一个兼容性挑战是，许多现有的报表和 BI 工具都希望数据采用关系型格式，其中包含多个表以及它们之间的联合。这些工具可能还不了解如何以原生的方式与嵌套的 JSON 数据和数组打交道。鉴于 BigQuery 越来越普及，我们期望越来越多的 BI 供应商最终能够解决这些兼容性问题，但如果你的组织有一个广泛使用的现有的报表工具，那么最好检查一下它与 BigQuery 的兼容性。

BigQuery 支持外部表，允许你查询 Google Cloud Storage 和其他数据源（如 Cloud Bigtable 或 Cloud SQL）中的数据。与 Redshift 和 Synapse 不同，BigQuery 不会为这些查询

分配任何额外的容量，而是使用与常规的 BigQuery 工作负载相同的插槽。外部表的计价与内部 BigQuery 表的计价相同，因此，虽然你可以使用 BigQuery 直接查询数据湖中数据，但你需要了解在数据仓库上运行的成本和其他的工作负载。

另外值得一提的是，2020 年引入了一个特性，称为 BigQuery Omni。Omni 允许你将 BigQuery 软件部署在其他云提供商（如 AWS 或 Azure）的虚拟机上。你仍然可以获得 BigQuery 的所有特性，但不需要将数据从 AWS 或 Azure 拷贝到 Google Cloud，这一过程可能会非常缓慢且非常昂贵。你还需要部署一个 Google BigQuery 来充当接受客户端查询、提供 UI 等的端点，但你将能够创建实际驻留在 AWS S3 和 Azure Blob Storage 上的外部表。

这是一个新的特性，我们还没有在真实场景中看到它的使用。显然，在 Omni 中无法获得与你在 BigQuery 中天生就有的数万个节点这样的规模，但不必将数据从一个云提供商移动到另一个云提供商所带来的好处可能会超过你的用例的限制。

9.2.4　选择正确的数据仓库

正如你所看到的，不同的云数据仓库提供不同的功能集，那么，哪一个最适合你的用例呢？根据我们的经验，云数据仓库的选择几乎从来都不是一个单独的决定，它总是与云提供商的选择联系在一起。对于大型组织而言，为其基础设施的不同部分使用不同的云供应商是有意义的，因为这可以保护它们免受供应商的锁定，并使其在与各个供应商谈判时处于有利地位。对于较小的组织来说，多云的方法有太多的开销和额外的工程成本，并不真正可行。

在过去的用例中，我们看到有的组织将其应用程序部署在某个云提供商上，而将其数据分析和机器学习工作负载部署在另一个提供商上，但在这种情况下，你需要了解提供商之间的数据传输成本。

在人多数情况下，云提供商的选择决定了你的云数据平台将使用哪个数据仓库。表 9.1 总结了 AWS、Azure 和 Google Cloud 的一些重要仓库特性。

表 9.1　比较重要的数据仓库特性

	AWS Redshift	Azure Synapse	Google BigQuery
基于关系型技术？	是	是	否
支持嵌套的数据结构？	有限的（通过 JSON 解析函数）	有限的（通过 JSON 解析函数）	原生支持
它是如何扩大 / 缩小的？	手动	手动	自动
按使用付费还是按提供的容量付费？	按提供的容量付费	按提供的容量付费	按使用付费（可选择按提供的容量付费）

练习 9.2

AWS Redshift、Azure Synapse 和 Google BigQuery 中哪一个不是基于关系型技术的？

1. Redshift

2. Synapse

3. BigQuery

4. 以上都是

9.3 应用程序数据访问

在过去几年中，应用程序越来越趋向于数据驱动。网站现在会对用户可能喜欢或觉得有用的东西提供推荐、提供更个性化的体验，等等。这类应用程序可能需要访问以前仅在数据仓库中使用且专门用于报告或特殊分析的数据。

当然，为你的应用程序提供对云数据仓库的直接访问是可能的，但是这有几个主要的挑战。首先，云仓库的设计是为了在大型数据集上提供合理且一致的查询性能，但并不是为了提供低延迟的访问。云数据仓库中典型的查询执行时间是几秒到几分钟，而大多数应用程序需要更快的响应时间，通常是毫秒级。

> **注意** 在本节中，我们将使用"应用程序"来描述各种不同的用例，但所有这些用例都有以下共同的需求：公开给互联网或组织内部的大型用户社区、具有交互性、要求数据存储的快速响应时间，并依赖于数据平台生成的数据。

应用程序的另一个挑战是，云数据仓库可以轻松地处理数百个并发查询，这通常足以应付报告和分析用例，即使在非常大的组织中也是如此。另一方面，应用程序通常会公开给成千上万的最终用户，因此具有更高的并发性需求。直接连接到仓库的流行应用程序可以轻松地消费所有可用的容量。

让面向互联网的应用程序连接到数据仓库也存在安全问题。数据仓库可能包含必须仅限于内部用户访问的敏感数据。这通常会导致云数据仓库被部署在云虚拟网络中，以限制谁可以在网络层面上访问数据。如果你为了应用程序的访问而公开数据仓库，而应用程序变得缺乏安全性，那么可能会导致数据外泄。

有几种替代方案可以用作应用程序的数据存储，并且没有这些限制。为应用程序使用专用的数据存储不仅可以提供更快的数据检索时间和处理并发请求，而且还允许你只加载特定应用程序所需的数据，而不用提供对数据仓库的访问。

> **练习 9.3**
>
> 以下哪一项是不将应用程序直接连接到数据仓库的原因？
>
> 1. 它们有很高的并发性需求，可能会消费所有可用的容量。
>
> 2. 它们需要比数据仓库所能提供的更低的延迟。
>
> 3. 如果你的应用程序变得缺乏安全性，可能会导致数据外泄。
>
> 4. 以上都是。

在本节中，我们将概述主要云供应商为应用程序数据存储所提供的服务。这包括以下内容：

- ❏ 关系型数据库
- ❏ 键 – 值数据存储
- ❏ 全文搜索系统
- ❏ 内存缓存

9.3.1　云关系型数据库

关系型数据库是为应用程序提供快速可靠的数据存储的一种行之有效的方法。关系型数据建模已被很好地理解，并且实现起来非常灵活。如果要将现有的应用程序迁移到云上，基于云的关系型数据库也是一个不错的选择。如今，每个主要的云提供商至少都有一个提供托管的关系型数据库实例的服务。这些托管服务负责以前你必须自己处理的日常任务，包括备份自动化、复制、给操作系统打补丁、更新等。因为我们只将在数据平台中预处理过的特定数据集加载到这些数据存储中，因此应用程序数据存储的可伸缩性需求通常比数据平台本身的可伸缩性需求要少得多。

AWS 为 PostgreSQL、MySQL、MariaDB、Oracle 和 SQL Server 提供了关系型数据库服务（Relational Database Service，RDS）。对于小于 1 TB 的数据集，它们的表现很好，只需进行少量的调优和优化。可以将关系型数据库扩展到更大的数据集，但这需要额外的计划和工作。对于需要扩展读写操作的大型数据集和应用程序，或多个地理区域的服务器用户，AWS 提供了 Aurora——一种分布式数据库服务，其与 MySQL 和 PostgreSQL 兼容。

Google 有一个名为 Google Cloud SQL 的服务，其提供了托管 MySQL、PostgreSQL 和 SQL Server 数据库。Google Cloud Spanner 是一个大型的分布式数据库，可以无缝复制到多个地理区域。Spanner 可以自动地使不同地理位置的所有数据可用，而没有键－值数据存储中常见的最终一致性的缺点。

Azure 的托管 RDBMS 产品是一个支持 MySQL、PostgreSQL 和 SQL Server 的 Azure SQL 数据库。由于 SQL Server 是微软的产品，所以 Azure 为其旗舰数据库产品的云版本提供了多种选择。你可以选择全托管的 Azure SQL 数据库或混合托管的实例服务。托管的实例提供了对运行 SQL Server 的虚拟机的更多控制，并且与 SQL Server 的内部版本兼容性更好。对于大型的应用程序，Azure 有一个 Azure SQL 数据库的 HyperScale 版本。HyperScale 只用于 SQL Server 版本。

9.3.2　云键－值数据存储

键－值或 NoSQL 数据存储因其更简单的数据模型和更易于扩展的事实而成为关系型数据库的流行替代品。虽然不同的 NoSQL 数据存储有略微不同的数据模型，但总体思想是对行有一个唯一标识符（"键"），并且有许多列依附于键（"值"）。这样的数据存储为获取或写入键的值提供了非常低的延迟。键－值数据存储在绿地应用程序开发中很流行，因为它们使迭代和改变模式变得更容易。

AWS 的主键－值服务是 DynamoDB。它的一个重要特征是在任意规模都保持一致的性能。DynamoDB 提供了两种计价模型：按使用付费和按预提供的容量付费。对于较少的工作负载，按使用付费的方法通常更便宜。

Google Cloud 在键－值类中有两个服务：Datastore 和 Cloud Bigtable。Google Cloud Datastore 在其数据模型上类似于 DynamoDB，但只提供按使用付费的模型，如果执行大量的读写操作，可能会很昂贵。Cloud Bigtable 提供了比 Google Cloud Datastore 更简单的数据模型。例如，对于 Cloud Bigtable 中的列没有数据类型的概念，所有的列都表示为字节数组。这使得几乎可以将任何值写入 Cloud Bigtable，但这对于应用程序开发来说可能是一个挑战，因为你需要跟踪应用程序代码中数据类型。Cloud Bigtable 可以扩展到比 Google Cloud Datastore 大得多的规模，但它的计价模型只提供了按预提供的容量付费的选项。Cloud Bigtable 集群至少需要三个节点，这使得它对于较小规模的应用程序来说不是一种经济高效的选择。Cloud Bigtable 的一个流行用例是将现有的 Apache HBase 应用程序从内部 Hadoop 集群迁移到 Google Cloud。Apache HBase 和 Cloud Bigtable 在 API 层面上是兼容的，这意味着只需很少的修改，你就可以将现有的 Apache HBase 应用移植到 Cloud Bigtable。

Azure 的键 – 值数据存储是 Cosmos DB。它的独特特性是支持多种流行的 API。Cosmos DB 可以配置为支持 MongoDB、Cassandra、SQL 和图形 API。在创建 Cosmos DB 数据库之前，你需要指定要使用哪一个 API。MongoDB 或 Cassandra 客户端库可以与 Cosmos DB 一起使用，这使得移植现有应用程序的过程变得更简单。

9.3.3 全文检索服务

通常，应用程序需要处理的数据不是结构良好的表，而是具有数字指标（如销售额或查询和汇总的各种计数）的表。如果你的应用程序需要处理文本数据并提供搜索功能，那么查看全文搜索数据存储是一个好主意。例如，你的应用程序可能允许用户搜索酒店房间描述或产品描述，并返回与搜索请求不是 100% 匹配但与使用自然语言语义的搜索请求非常相似的那些记录。

Apache Solr 和 Elasticsearch 是两种流行的全文搜索数据存储。两者都基于 Apache Lucene（一个开源搜索库）。从应用程序开发人员的角度来看，全文搜索数据存储允许你将 JSON 文档加载到数据存储，然后对该数据执行搜索操作。搜索数据存储可以为文档中的所有属性建立索引，也可以指定应该为哪些属性建立索引。可以根据文档中属性的类型获得不同的搜索选项。例如，对于存储数值的属性，你可以在查询中使用等于、小于、大于等搜索限定符。对于文本属性，搜索数据存储将允许你搜索精确的文本匹配，查找类似的记录，为自动完成推荐记录，等等。全文搜索数据存储不支持不同文档的联合，因此你需要确保数据是以不需要联合的方式组织的。

AWS 提供了 CloudSearch，这是一种提供全文搜索功能的托管服务。Azure 的全文搜索服务称为 Azure Search，提供了与 CloudSearch 类似的功能。令人惊讶的是，在撰写本书时，Google Cloud 还没有提供全文搜索托管服务。有一个称为 Google Search 的产品，但它专注于为公司提供索引和搜索其内部的 Word 文档、电子邮件等的功能，而不是用作应用程序的数据存储。

9.3.4 内存缓存

Redis 和 Memcached 等开源解决方案被用来为应用程序数据访问提供亚毫秒级的延迟。Redis 和 Memcached 将数据存储在内存中，因此可以提供比关系型数据库或键 – 值数据库更快的响应时间。由于数据不是持久化的，因此这些数据存储被用作缓存，这意味着关系型或键 – 值数据存储仍然充当真实的源，在系统崩溃或任何其他问题的情况下，缓存中的数据可以从持久数据库中重新加载。使用内存缓存背后的主要思想是，应用程序首先尝试在缓存中查找它所需要的数据，如果数据不存在，或者数据过时了，应用程序可以访问持久化数据存储。

你可以使用内存缓存来提供从数据平台到应用程序的快速数据访问。在这种情况下，数据平台将充当持久化层，你可以创建一个进程，该进程将定期加载和刷新缓存中的数据。缓存有一个简单的数据模型，类似于键 – 值存储，不支持复杂的查询和联合。

AWS 为 Memcached 和 Redis 提供了一个名为 ElastiCache 的托管服务。Google 只在其 Memorystore 服务中支持 Memcached，Azure 为 Redis 服务提供了一个托管的 Azure Cache。

如你所见，应用程序可以使用的数据存储有多种选项。通常，特定数据存储的选择是由应用程序开发人员、他们使用各种解决方案的经验等驱动的。作为数据平台的设计者和架构师，理解不同的访问模式以及可用于实现它们的云服务是一个好主意。

在下一节中，我们将研究另一种在实际项目中越来越常见的数据访问模式：云数据平台上的机器学习。

9.4 数据平台上的机器学习

机器学习（ML）工作负载具有一些独特的属性和特点。开发一个 ML 模型需要数据科学家了解模型需要处理什么类型的数据，然后进行一系列实验来选择最合适的算法或适合目标的现有库。还需要对模型进行训练，这意味着使用训练数据集在多次迭代中调整其参数，直到模型的精度在可接受的范围内。一旦模型训练完毕，就需要对它进行验证，以确保模型对数据而不是训练数据集产生良好的效果。最后，该模型可以通过接受新数据、应用计算和生成结果来开始为最终用户提供结果。

这个过程需要数据科学团队访问大量的数据，这样他们才能了解在处理什么样的数据，以及使用这些数据可以解决什么样的问题。这还需要能够访问大量的计算能力来运行训练过程，这包括数百次或数千次地重复运行训练步骤。我们还需要有一种简单的方法来将数据分成训练数据集和验证数据集，而不需要数据科学团队进行大量的手工工作。在这个过程中，团队成员之间的沟通和协作也非常重要。如果每个数据科学团队的成员都在自己的计算机上进行数据实验，那么很难与其他团队成员配合或共享这些结果。

这些要求使得云数据平台成为机器学习工作负载的理想场所。数据平台已经存储了组织可以使用的所有数据，包括历史数据的归档、对按原样从源系统摄取的原始数据以及对已根据组织标准清理过的预处理数据的访问。

云数据平台还提供多种不同的方法来访问数据：SQL、Apache Spark、直接文件访问等。这一点很重要，因为它允许你使用 ML 工具和库，这些工具和库在处理数据时可能有不同的需求。如果你的平台只提供一种方法来访问数据（比如，对数据仓库的 SQL 查询），那么它可能会限制数据科学团队选择工具，并迫使他们在自己的计算机上开发模型，以便更好地控制环境。

云数据平台的数据处理层提供了一个可伸缩的计算平台，可用于在比个人计算机或专用虚拟机更大的数据集上训练模型。今天，所有的云供应商都提供了对具有强大的图形处理单元（Graphics Processing Unit，GPU）的虚拟机的访问，GPU 可以用来显著加快 ML 模型训练过程。

云供应商也意识到无缝协作对于模型开发过程的重要性，并提供了许多工具，允许数据科学家运行、分享，并与其他团队成员或利益相关者讨论实验结果。这些工具很容易与云数据平台集成，并提供一个可以满足以下条件的云环境：

❑ 可以访问所有组织的数据

❑ 提供可伸缩的计算环境

❑ 提供实验和协作工具

9.4.1　云数据平台上的机器学习模型生命周期

典型的机器学习生命周期包含以下几个步骤：

❑ 摄取和准备数据集

❑ 训练 / 验证模型循环

❑ 将模型部署到生产环境，以向最终用户提供结果

首先，我们将看一下如何在没有通用数据平台的情况下实现典型的 ML 过程，如图 9.6 所示。

数据科学家首先尝试将现有数据源中的数据摄取（拷贝）到他们自己的计算机上，在那里他们可以运行 ML 进程的其余部分。然后执行一些数据清理步骤，并将数据从多个格式转换为他们选择的工具所能理解的单一格式。然后，数据科学家需要对数据集运行一些探

索性分析，了解数据集所包含的数据类型，检查数据中是否有任何异常值或可能影响模型训练过程的任何其他属性。

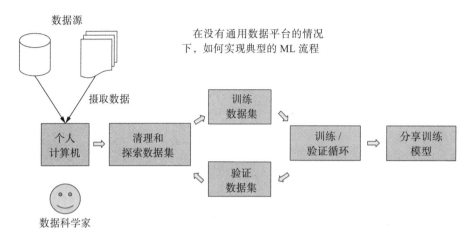

图 9.6 没有云数据平台的典型的 ML 生命周期

根据多项研究，ML 生命周期的前两个步骤（摄取和清理数据）占用了数据科学家在模型开发过程中所花费的所有时间的 80%。这并不奇怪，因为摄取和准备数据是一个复杂的过程。

接下来，数据科学家执行训练 / 验证循环。为了训练模型，他们需要将现有的数据分成两部分：训练数据集和验证数据集。然后对训练数据集运行模型训练过程。训练过程本身是迭代的，这意味着 ML 模型将需要多次读取和处理训练数据集，逐步调整参数，以产生所需精度的结果。这个过程在计算上非常昂贵，尤其是在处理大型数据集时。在一台计算机上运行它可能需要很长的时间。

> 注意 在描述 ML 生命周期时，我们做了一些简化。在这个过程中涉及许多细节，例如，为监督学习标记数据集等。

一旦训练过程完成，数据科学家需要将模型应用于验证数据集，以确保模型仍然对数据而不是训练数据产生准确的结果。这有助于数据科学家避免过拟合问题——模型的参数非常适合训练数据集，但对任何其他数据会产生不准确的结果。将数据分为训练数据集和验证数据集的方式在这里起着重要的作用，因为你希望验证数据集尽可能代表模型在生产中需要处理的数据。

训练过程完成后，数据科学家需要与同行共享模型，或将其交给运营团队，来将其实际部署到生产中。这个步骤的挑战之一是，在个人计算机上开发的代码通常不能很好地与生产环境集成（如果能集成的话）。例如，它可能没有在生产环境中运行应用程序所需的所有日志记录、错误处理或监控功能。在这个过程中，数据科学家与实际的生产或测试环境是隔离的，这一事实迫使运营或 DevOps 团队对模型代码进行重大改变，例如，在部署之前添加适当的日志记录和错误处理。

现在，让我们看看如何通过使用云数据平台作为开发 ML 模型的中心来简化这些步骤。图 9.7 展示了 ML 生命周期在共享平台上的样子。

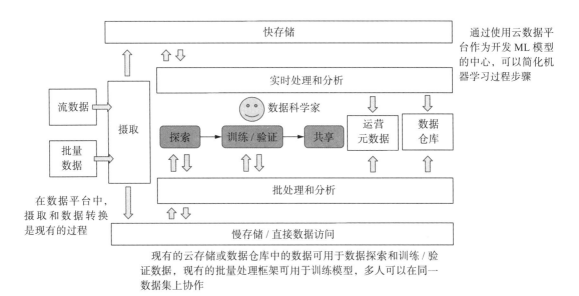

图 9.7　通过使用云数据平台作为开发和测试 ML 模型的中心，许多耗时的任务（如数据摄取和清理）都大大简化了

数据科学家可能花费了很多时间做了与构建和训练 ML 模型没有直接关系的工作，比如，找出如何从特定的数据源摄取数据、将所有的数据集转换为通用格式。有了云数据平台，这部分工作可以交由摄取和通用数据转换步骤来完成。

数据科学家可以使用现有的云存储或数据仓库来浏览和运行探索性分析，而无须将数据放到自己的计算机上。当涉及训练／验证循环时，数据科学家可以将现有的存档数据作为大规模的训练数据集来使用，然后使用最近传入的数据作为验证数据集。他们还可以选择以其他方式分割数据，方法是在云存储上创建一个专用区域，并将所需的数据集拷贝到那里。云存储是可伸缩且廉价的，这使得数据科学团队可以以任何合适的方式进行实验和切片。

我们已经提到，模型训练过程在计算上很昂贵，这里，数据科学家可以选择使用现有的批量处理框架（比如 Apache Spark，其支持许多开箱即用的 ML 模型）以可伸缩的方式来训练模型，也可以使用具有大量内存和 GPU 的专用云虚拟机，因为一些模型不能以分布式的方式来训练。在云中进行处理带来了可伸缩性和弹性，这也把对其他用户的性能影响降到最低。

因为数据科学团队中的每个成员都在同一个平台上工作，这不仅可以分享工作的最终成果，而且可以让多个人在同样的数据集和同样拆分的测试数据集和验证数据集上进行协作成为可能，这大大缩短了反馈周期，并提高了生产率。由于"接近"真实数据，也使得在将最终模型发布到生产环境之前，可以在真实的数据卷上对其进行测试。这减少了人们因为本地开发的模型不能用于生产部署而遇到的问题的数量。在下一节中，我们将研究云提供商提供的一些 ML 协作和生产率工具。

练习 9.4

以下哪项不是在云数据平台上运行机器学习的好处？

1. 多个人可以在同一个数据集上进行协作，这大大缩短了反馈周期并提高了生产率。

2. 数据科学家可以使用现有的云存储或数据仓库来浏览和运行探索性分析，而无须将数据放到自己的计算机上。

3. 云数据平台的摄取和通用数据转换步骤消除了数据科学家大量的手工工作。

4. 大规模运行模型很慢，但最终会成功。

9.4.2 ML 云协作工具

共享的云环境（如数据平台）是数据科学家在模型开发过程中进行协作和实验的理想场所。所有三大主要云供应商都提供了使协作过程更加简单的工具，并且可以想象，它们可以与其他的云组件进行集成。

Azure ML 是微软的一项服务，其提供了从探索到生产部署的端到端的模型生命周期。Azure ML 提供了一个可视化的编辑器来创建模型，或者允许数据科学家使用流行的编程语言（如 Python 或 R）来编写代码。Azure ML 与大多数其他 Azure 数据服务（如 Azure Blob Storage 和 Azure Synapse）进行了集成。Azure ML 还可以通过将模型部署为 Web 服务、批量数据处理管道或实时数据处理管道来帮助你对模型进行操作。

AWS 有一个称为 SageMaker 的服务，其为模型开发和训练提供了一个集成的开发环境（Integrated Development Environment，IDE）。它支持 notebook，数据科学家可以在 notebook 上进行实验，并与同行分享结果。SageMaker notebook 可以连接到现有的 Elastic MapReduce（EMR）集群，并使用现有的云数据平台的计算能力来运行模型训练和验证。

Google Cloud 提供了一个 AI 平台，它是一组服务，可以简化 ML 模型的开发及其在生产环境中的部署。AI 平台支持许多流行的 ML 库和框架，比如 TensorFlow 和 Keras。你可以使用 notebook 进行协作和实验，但目前还没有这些 notebook 与现有的 Spark 集群的集成。

9.5 商业智能和报表工具

通过数据仓库来访问数据的 BI 和报告工具是消费数据平台中数据的最常见方式。这些传统的分析用例通常是数据平台整合组织的所有数据的最初驱动力，而应用程序和机器学习用例往往是后来才出现的。

9.5.1 传统的 BI 工具与云数据平台的集成

与传统数据仓库技术一样，各种类型的 BI 工具已经存在了很长时间，因此现在市场上所有现有的工具都可以轻松地与关系型云数据仓库（如 AWS Redshift、Google BigQuery 或 Azure Synapse）集成。底层数据仓库的关系型性质（此处指数据被组织到可以联合在一起的表中）对于许多 BI 工具的设计非常重要，因为这些工具做了如下假设：

❑ 数据具有扁平的结构（例如，没有嵌套的数据类型）。

❑ 数据可以以许多不同的方式进行切片和分割。例如，为用户提供一个向下展开的功能，你可以从一个高级聚合报告进入一个特定指标或计算的低级细节。

在云数据平台的早期，许多 BI 工具在 BigQuery 集成上都遇到了困难，因为它并没有使用一个完全的关系型模型。例如，BI 工具可能希望用户数据和用户地址详细信息存在于两个独立的关系表中，而对于一个地址数据嵌套在用户表中的表，BigQuery 进行了更好的优化。许多 BI 工具不了解如何处理嵌套的数据类型，也无法处理数组或 JSON 数据。

这种情况在最近几年发生了变化，BI 领域的许多主要参与者（如 Tableau）现在都完全支持 BigQuery。但是，如果你的组织正在使用一个称心的 BI 解决方案，并且你正计划采用 Google Cloud 作为数据平台，那么请确保你的报表解决方案能够与开箱即用的 BigQuery 正常工作。

经常有人问我们，他们是否可以将 BI 工具直接连接到数据平台中的数据湖层。虽然答案是"是的，可以"，但这并不是我们通常推荐的解决方案。现在许多现代的 BI 和报告工具都支持 Apache Spark 及其 SQL API，因此从技术上讲，你的 BI 工具可以直接从数据湖查询数据，并为你提供可视化和数据探索的功能。但这种方法的问题是，用户希望 BI 工具是交互式和响应式的。对于数据分析或业务用户来说，等待几十秒或几分钟才能完成 Spark SQL 查询是糟糕的体验。云数据仓库更适合提供这种交互式体验，这也是我们提倡数据仓库成为数据平台设计中的标准组件的原因之一。

9.5.2 使用 Excel 作为一种 BI 工具

Excel 是地球上最流行的数据处理和分析工具之一。许多业务用户对其非常精通，可以在其中构建复杂的分析和可视化内容。所以我们经常被问到的一个问题是是否可以使用 Excel 或类似的工具连接到数据仓库。事实上，Excel 支持 JDBC/ODBC 连接器，并且可以连接到任何云数据仓库。此外，在 Google Cloud 上，你可以使用 Google Sheets（Excel 的替代品）来无缝连接到 BigQuery。

在决定使用 Excel 作为数据仓库的分析工具时，有几件事需要牢记。首先，运行在用户计算机上的 Excel 只能处理运行在专用服务器上的 BI 解决方案所能处理的数据量的一小部分。如果你的用户经常使用多达数百万行的数据集，那么从性能的角度来看，Excel 可能不是最佳的选择。与集中式解决方案相比，通常适用于在最终用户计算机上运行的任何工具的另一个问题是安全性。我们将在下一节中更多地讨论如何保护云数据平台中的数据，但总体而言，为多个用户提供从计算机直接访问你的数据仓库并不是一个值得推荐的安全做法。

9.5.3 云提供商外的 BI 工具

到目前为止，我们已经讨论了将云数据平台作为一种可以将单个云提供商的工具和服务与开源解决方案结合起来的解决方案。你在哪里运行 BI 和报表工具并不重要。通常会看到部署在内部的 BI 工具连接到云数据仓库，或者在一个云提供商上实现的报表解决方案连接到另一个提供商的仓库。在这种情况下，特定工具的采用率和内部经验要比技术细节重要得多。如果部署跨云解决方案，则需要考虑数据出口成本。所有的云服务提供商都会向你收取通过网络从云中获取数据的费用，如果数据量很大，这些费用可能很高。对于报表解决方案来说，这通常不是问题，因为查询是在数据仓库中运行的，并且只返回一个很小的结果集，但是你需要仔细分析用例，以避免出现意外的云费用。

除了建立 BI 解决方案和各种 SaaS 产品外，云供应商还提供报表和可视化工具。Azure Power BI 是最流行的工具之一，我们经常看到 Power BI 与部署在其他云（而不是Azure）上的数据平台一起使用。AWS 提供了一个 QuickSight 解决方案，而 Google 有一个DataStudio 和 Looker BI 平台。

9.6　数据安全

对于任何组织来说，数据安全和隐私都应该是最优先考虑的问题，无论其数据平台是建立在企业内部还是云上。我们在本书中所讨论的云数据平台设计提供了极大的灵活性，并开辟了从数据仓库到机器学习工具和应用程序等多种连接到平台的方式。不同类型的数据消费者的激增和模块化平台设计（需要多层相互通信）需要一种彻底的数据安全方法。安全是一个非常广泛和复杂的话题，本节我们将重点介绍一些关于如何保护云数据平台的主要内容和想法。

云提供商提供了一种灵活的方式来管理对云资源的访问。你需要设计一个易于管理和维护的安全模型。云资源安全的一个常见问题是在需要时为个别用户提供特殊访问。这种方法使我们很难清楚地了解在任何给定的时间点，谁有可以访问哪些资源的权限。

9.6.1　用户、组和角色

所有的云提供商都有一个用户的概念，其包括用户以及应用程序或其他云服务和组。你可以为单个用户或应用程序提供对云资源的访问，也可以将用户安排到逻辑组中，并向组提供对资源的访问。例如，你可以有一个名为"数据平台操作员"的组，该组拥有在云中提供新资源以及重新配置或删除云资源的权限。然后，你可以将数据工程或运营团队的成员添加到该组。你还可以为数据科学家和数据用户建立单独的组，这些组将具有更严格的权限，只能读取现有数据，并将数据写入云存储上的专用沙箱区。数据科学团队可能还需要权限来为训练 ML 模型提供新的计算资源。

在组级别上管理权限更加容易，因为组通常比用户少。如果有人离开了组，或者有新的成员加入了团队，只需将他们添加到正确的组中即可，这样他们就可以访问所需的云资源。

花时间了解用户在工作中需要什么样的权限也是一个好主意。与其为云资源分配一组非常广的权限，还不如尝试遵循最小权限的原则——你只为给定的用户组分配最低限度的权限，而这是他们高效地完成工作所必需的权限。虽然为每个人提供云资源的管理权限比较容易，但这可能会导致安全问题或云资源管理不当。

9.6.2 凭证和配置管理

泄露云资源凭证（如密码或密钥）是最常见的安全问题之一。确保你使用特定于云的密钥管理解决方案来保存密码和其他密钥，并且千万不要在配置文件或应用程序代码中将密码写死。如今，许多云服务都提供了一种相互认证的方式，而不需要密码或密钥。Azure Active Directory（活动目录）身份验证就是一个很好的例子。只要云原生身份验证可用，就使用它。尽量减少密码和其他共享密钥的使用可以降低泄露的风险。

云数据安全的另一个常见问题是意外地向公共互联网开放对云数据存储的访问。云提供商可以选择配置不需要任何类型的身份验证且可以公开使用的存储，例如，用于托管静态网站。如果不小心将相同的设置应用到你的数据湖存储，将会产生灾难性的后果，因为互联网上的任何人都将能够访问数据。使用基础设施即代码的方法来确保你可以确切地知道哪些设置应用于你的云资源，并定期对它们进行审计。云供应商还提供了一种策略概念，允许你描述哪些资源和哪些配置允许你的组织访问。例如，你可以创建一个策略，禁止在你的组织中公开访问云存储。

9.6.3 数据加密

当存储在云存储或云数据仓库中的所有数据被实际保存到供应商数据中心的磁盘或 SSD 中时，所有云供应商都会对其进行加密。这种加密虽然很重要，但只能防止有人访问云供应商的物理基础设施。这并非不可能，但却是很少会发生的事件。除了云供应商提供的加密之外，你可能还希望对数据平台中特定的敏感数据进行加密，如个人身份信息。对数据集中的特定列进行加密并确保只有特定用户组才可以访问解密密钥是一种限制数据泄露的好方法。

9.6.4 网络边界

许多云服务（特别是 PaaS 解决方案）默认情况下是可以从互联网上的任何计算机访问

的。这里的可访问指的是它们有一个公开的 IP 地址，但这并不意味着任何人都可以在没有密码或提供任何其他身份验证方法的情况下访问它们。你需要与你的网络和安全团队密切合作，以了解你的数据消费者位于何处，以及他们将使用哪些网络访问数据平台。通过这种方式，你可以在网络层面上限制对云资源的访问，除了本节所介绍的其他最佳实践之外，这将大大降低在数据平台上发生安全事故的可能性。

总结

❑ 开发数据平台的主要原因是经济高效，并且可以安全地向大量数据消费者提供数据。

❑ 数据消费者可以是对数据仓库运行报表或 SQL 查询的人类用户，或者是访问用于模型开发的原始数据文件的用户，也可以是应用程序。

❑ 每个公有云提供商都提供了数据仓库来作为一种服务。Azure 有 Synapse，Google Cloud 有 BigQuery，Amazon 有 Redshift。它们在功能上很相似，但还需要考虑到一些差异。

❑ 虽然数据仓库仍然是 BI 工具和 SQL 直接访问数据的主要方式，但应用程序通常需要比现代基于云的数据仓库所能提供的更快的响应时间。

❑ 为应用程序使用专用的数据存储将缩短数据检索时间，并允许你处理并发请求，但你应该意识到与向应用程序提供对数据仓库访问的相关的安全风险。

❑ 不同类型的数据消费者的激增，以及需要多层相互通信的模块化平台设计，都需要一种彻底的数据安全方法。至少要考虑：用户、组和角色的使用；凭证和配置管理的使用；数据加密；使用网络边界来限制对云资源的访问。

❑ 应用程序数据存储选项包括关系型数据库、键-值数据存储、全文搜索系统以及内存缓存。每个云供应商都作为托管服务来提供它们。

❑ 数据科学家访问和使用数据不同于报表用户或应用程序。他们需要访问大量的数据，运行模型所需的大量计算能力，以及将数据分为训练数据集和验证数据集的简单方法。幸运的是，一个设计良好的数据平台可以存储所有的数据，包括原始数据和预处理的数据，并提供了多种不同的方法来访问数据：SQL、Apache Spark、直接文件访问等，避免了数据科学团队在工具选择上的限制。

❑ 所有三大云供应商都提供了工具，可以使数据科学家之间的协作更为简单。Azure 提供了 ML，AWS 和 Google Cloud 分别提供了 SageMaker 和 AI Platform。它们还为数据仓库中的报表和可视化数据提供了 BI 解决方案：Azure 有 Power BI，AWS 有 QuickSight，Google Cloud 有 Data Studio 和 Looker BI 平台。

9.7　练习答案

练习 9.1：

2. 他们可能需要不同的方式来访问数据。

练习 9.2：

3. BigQuery。

练习 9.3：

4. 以上都是。

练习 9.4：

4. 大规模运行模型很慢，但最终会成功。

第 10 章 *Chapter 10*

利用数据平台提升业务价值

本章主题：

❑ 理解数据平台如何提升业务价值。

❑ 为组织制定数据策略。

❑ 评估组织的分析成熟度。

❑ 预测并应对潜在的"数据平台障碍"。

本章介绍如何在典型的企业中使用精心设计的云数据平台，并指出为什么要推荐我们所做的一些事情。我们还将讨论分析项目的一些非技术部分，因为数据平台并不存在于真空之中，它只是一个组织追求真正的数据驱动并实现数据驱动的单一要素。了解你的平台如何在短期和长期内提供业务价值是非常重要的，因为它会影响设计，了解技术以外的哪些因素会影响数据平台的使用，这可以帮助你确保平台成为组织资产中不可或缺的、有价值的部分。

 注意 对于本章中所使用的图表和框架，我们要感谢 Pythian（www.pythian.com）。

10.1 为什么需要数据策略

让我们从驱动云数据平台需求的因素开始。在最高层面上，导致需要数据平台的业务驱动因素通常是渴望：（1）取得运营效率；（2）增加收入；（3）改善客户体验；（4）推动创新；（5）提高合规性——或者是 5 种因素的某种组合。一个组织了解驱动它们的业务目标是非常重要的，因为只有这样，你才能制定专注于产生业务结果的数据策略。最终，将根据你的数据平台对这些业务结果的贡献程度来对数据平台作出评判。

在你能够从期望的业务结果过渡到云数据平台之前，你需要一个数据策略来作为指导。数据策略没有一个普遍接受的定义，以下是一些值得思考的说法：

❑ 一种"将数据和分析活动与重要的组织优先级、目标和目的结合起来并确定其优先级"的方法（Micheline Casey，CDO LLC）。

❑ 组织、管理、分析和部署组织信息资产的连贯性策略，可以跨行业和数据成熟度来应用（DalleMule 和 Davenport，哈佛商业评论）。

❑ 利用和整合数据、创建和传播信息 / 情报、推进业务使命的意向性行动和优先计划（Braden J. Hosch，Stony Brook 大学）。

如图 10.1 所示，数据策略的目的是连接组织的数据和业务目标之间的点，确立数据和分析是如何支持组织的业务目标和优先级的。

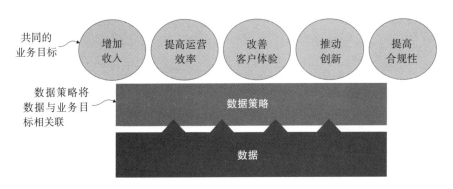

图 10.1　数据策略概述了数据如何为组织的业务目标服务

下面是一些高层次数据策略说法的例子。当然，一个完整的数据策略包括你使用数据和技术、改变流程并让人们参与实现愿景的所有方法，但这远远超出了本章的范畴。

❑ 如果一个组织想要在整个组织内增强创新能力，那么实现这一点的一个策略可能是让自助分析成为组织行为中公认的一部分。这种策略产生了对数据平台的需求，该平台可以方便不同类型的用户访问精心策划的数据。

❑ 如果一个组织的目标是通过比竞争对手更快地提供更好的定价方案来赢得更多的业务，那么有一个为了快速处理机器学习所支持的数据而经过优化的数据平台，对于提供推荐的定价方案是非常重要的。

❏ 对于一个主要业务目标是改善客户体验以增加收入的金融服务或零售组织来说，有
一个以预测客户购买倾向并将有关这些细分市场的数据交付给营销自动化系统的、
经过优化的数据平台是有意义的。

❏ 在不同的行业中，如第 6 章中的游戏示例，如果业务目标是让用户尽可能长时间
地参与游戏，以最大限度地提高游戏内购买量（in-game purchases）或广告浏览量，
支持这一点的数据策略包括一个数据平台，该平台经过优化，可实时使用数据来调
整游戏，以适应每个人的玩法。

❏ 对于以降低运营成本为主要目标的采矿组织来说，数据平台可以通过"对捕获的卡
车上传感器的数据进行优化，将其与其他数据相结合，然后提前预测何时需要维护
以防卡车在距离服务中心几千米远的地方抛锚"来支持这一目标。

10.2 分析成熟度之旅

没有人能在一夜之间提升运营效率、增长收入、改善客户体验或进行创新——实现真
正的数据支持是一个长久的旅程，对于不同的组织，甚至组织内的团队来说，这都是从不
同的地方开始的。典型的分析成熟度之旅通常如图 10.2 所示，它展示了这样一种演变，即
从使用数据到从"现在和过去"获得洞见（看），到使用数据来预测下一步要做什么（预测），
到使用数据来驱动其他应用程序（做），再到使用分析来为应用程序开发提供支持（创造）。
虽然图中没有展现出来，但这个过程几乎总是迭代的，在每个阶段都有许多循环。让我们
更详细地分析其中的每一项。

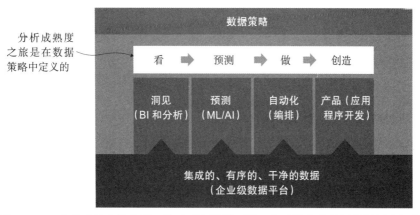

图 10.2 一个典型的分析旅程，从"看"数据开始，然后演变为使用数据创建新产品

10.2.1　看：从数据中获得洞见

如图 10.3 所示，大多数企业一开始都希望"看"他们的业务——使用报表和仪表盘来了解与过去相比，今天发生了什么。

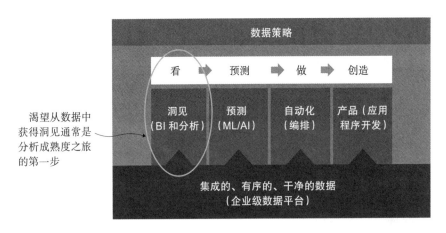

图 10.3　大多数组织都是把数据汇集在一起开始的，以允许业务可以"看"整个业务

在传统的数据仓库领域，专门的报表创建者接收业务请求并生成静态报表，然后将其交付给请求者。这通常需要时间——有时需要几周的时间，业务用户才能得到所请求的报表，任何曾经生成过报告的人都知道，用户随后会立即想要更改。当然，传统数据仓库的另一个缺点是，存储在其中的数据往往会受到限制——尽管财务数据几乎总是包含在内，但来自越来越多的 SaaS 系统的数据经常被排除在外。这意味着业务用户在分析数据仓库中的数据时会受到限制，或者他们被迫从不同的地方搜取 / 导出数据，并将其整合到电子表中。使用传统的方法来获得对跨多个数据源的业务的真实看法是非常困难的，对于许多业务用户来说，这是几乎不可能完成的任务。

在现代数据世界中，这些洞见是由自助分析驱动的，企业有权使用它们所选择的工具来访问任何所需的数据——我们称之为"使用你自己的分析"（Bring Your Own Analytics，BYOA）。支持 BYOA 的理由是，不同的用户在使用各种工具来分析数据方面有不同的知识水平和舒适度。在某些情况下，用户可能只想查看预先创建的仪表盘，并选择一些参数来深入查看仪表板中包含的数据。高要求的用户可能对 Looker 这样的产品感到满意，可能希望访问一个或多个数据集来进行探索和分析。如上一章所述，这些洞见大多是使用现成的基于 SQL 的工具来访问数据仓库中的数据而建立的，但推动 BYOA 的是最近推出的各种现成的选项以及人们在加入组织时可能就已经了解的有关这些工具的知识，这意味着他们可以更快、更高效地分析数据，而不用先学习新工具。一个经过优化的、允许不同的人使用不同的工具的数据平台，是在确保数据访问符合公司或政府政策的情况下，最大限度地利用整个组织洞察力的数据平台。

当然，你的数据平台能够从几乎无限多的数据源中摄取、集成和准备数据，这意味着你提供给用户的数据丰富而广泛，可以从各个地方轻松消费。消除数据孤岛（silo）和手工数据集成将使业务用户感到满意。

10.2.2 预测：使用数据来预测要做什么

如图 10.4 所示，一旦业务用户了解了当前和过去，他们通常会使用更高级的分析（如机器学习）以不同的方式来查看数据，预测他们下一步应该采取什么措施才能实现业务目标（预测）。

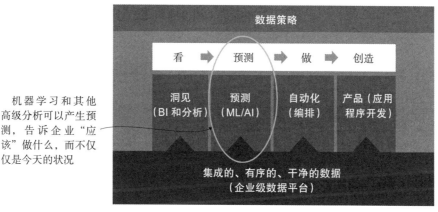

图 10.4 使用高级分析可以帮助组织从探索过去和现在转向预测未来要做什么

机器学习模型是通过访问数据仓库和存储（数据湖）中的数据来开发的。有效的机器学习模型的关键是数据——很多很多的数据。虽然云数据仓库越来越多地提供集成的机器学习功能，但一个设计良好的数据平台不会在仓库中存储原始数据，而是把数据存储在数据仓库之外，在那里对数据进行处理并转换为干净的聚合数据，以符合大多数希望产生洞见的业务用户的需求。

这意味着数据科学团队将希望访问存储中的数据（或数据平台的数据湖部分）。认识到不同的用户有不同的数据需求是好的平台设计的核心原则。幸运的是，通过阅读本书，你可以设计出一个既能支持产生洞见又能支持机器学习的平台。

以采矿组织为例，其主要目标是降低运营成本，这可能会使用机器学习来预测何时需要维护，以防卡车在距离服务中心数千米的地方抛锚。零售组织的例子其主要业务目标是改善客户体验以增加收入，可能会使用机器学习来预测哪一组客户最有可能会对某一特定产品或一组产品作出回应，这样他们就可以针对该组客户，向正确的客户提供正确的产品，这样就增强了客户体验。

10.2.3 做：让分析具有可操作性

一旦在看或预测阶段对数据进行了探索，那么探索的结果可以自动交付给外部系统进行处理（做），如图 10.5 所示。

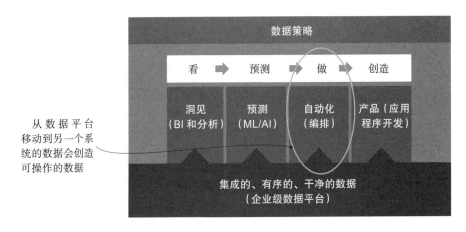

图 10.5 当数据从数据平台自动流向其他系统时，它可以推动整个组织的进一步行动

这可能是一段客户数据，业务用户认为应该对特定的营销信息做出最好的响应，然后再传递给营销自动化系统。这也可以是一个机器学习模型，比如推荐引擎，其输出被集成到一个电子商务系统中。当认真挑选的数据从数据平台转移到其他系统时，我们将这种编排描绘为一个使管弦乐队中所有不同的演奏者一起和谐工作的指挥家。

使数据具有可操作性并使这些操作自动化确实改变了数据平台的本质，使其转变为一个关键型任务系统。当产生报表和洞见的系统响应缓慢或一段时间不可用时，则是另外一回事。但是，如果有一个在电子商务平台上推动推荐，或者提供近乎实时的个性化营销服务，或者通过决定哪些细分市场应该在何时投放哪些广告来帮助优化广告支出的系统，那么它必须是性能良好且可用的。

10.2.4 创造：超越分析进入产品

有时候很容易忽视这样一个事实，即你收集的所有数据都有其他的用途，通常与分析无关。在创造阶段（见图 10.6），开发人员可以通过分析收集到的数据来推动新产品的开发。同样的分析数据也可以作为应用程序的数据源，如第 9 章所述。

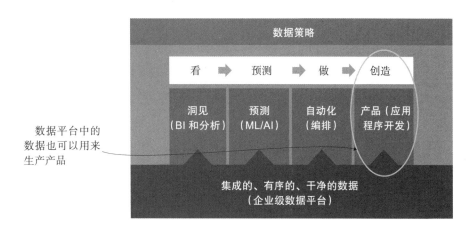

图 10.6 企业级数据平台也可以是应用程序开发的数据源

以下是一些企业如何利用分析数据制造新产品的例子。

一家银行一开始希望通过帮助它们的代理预测并应对可能流失的客户来改善客户的体验，但现在它们意识到同样的数据也可以用来增强它的移动应用程序。

一家安全软件公司的服务正在监控入侵企图并对其作出反应，以免造成任何影响。它们的价值在于防止攻击，所以在成功防止攻击时，客户根本看不到任何事情发生。虽然它们的客户没有经历任何入侵，但他们能"看到"所有被阻止的攻击，因为软件公司使用来自被阻止的入侵的数据创建了一个仪表盘，显示了所有被阻止的攻击。它们的客户可以突然看到该服务的价值。

邮政服务能够获取包裹派送的数据——什么类型的物品、以什么频率送到什么社区——这将其转化成为其他供应商创造增值收入的服务。这个新产品向供应商展示了数据，帮助它们了解各个社区的购物趋势，从而将营销工作的重点放在能够赚大钱的社区。

10.3 数据平台：推动分析成熟度的引擎

在几乎每一次客户的参与中，我们都听说客户想要使用的数据被困于孤岛，这是使其可用的一大障碍。在某些情况下，对于传统数据仓库，添加新的数据源（特别是包含非结构化数据的数据源）是一项挑战，而且对传统数据仓库的分析响应时间往往很长。在某些情况下，对来自每个"孤岛"的数据进行分析是单独进行的，给出的洞见只能说明部分情况。在另外一些情况下，手工提取数据之后是手工集成数据集，这是一个昂贵而烦琐的过程，每次更新的数据可用之前都必须重复此过程。对于正在开发机器学习模型的更高级的组织来说，大部分工作都是在小数据集中完成的，几乎无法将这些模型扩展并集成到生产环境中。

所有现代分析程序的基础是云数据平台，在这里，所有类型的数据都可以以任何速度摄取和处理，并以可管理、可扩展、合算的方式交付给用户和系统。这可以从图 10.7 中看到。

花时间制定数据策略，并真正了解企业将如何使用数据，将有助于确保你构建一个数据平台，其可以：（1）支持所需的各种数据；（2）支持预期的用户范围。遵循本书的指导还将确保你的数据平台足够灵活，并能够随着你的组织在其成熟之路上的发展而不断成长。

同样需要注意的是，这个过程并不总是线性的。例如，我们看到一些组织专门开发数据平台来支持预测。更常见的是，公司中不同的团队处于不同的阶段，这意味着一个强大的平台设计甚至更重要，因为你要同时处理不同的数据消费者，他们都有不同的需求。

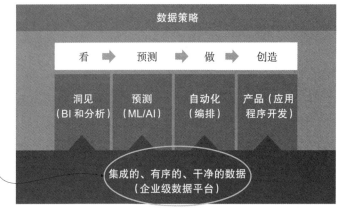

图 10.7　如果没有一个干净的、集成的、有组织的数据作为基础，分析之旅是不可能的

有一件事是肯定的——如果没有强大的数据基础，这一切都是不可能的。

10.4 阻碍平台项目的因素

数据平台项目的成功远远超出了本书的范围。你可以设计世界上最灵活、可伸缩、最安全的平台，但如果企业不购买其产出，那么一切都将是徒劳的。除了技术，项目成功的关键还包括：（1）快速、迭代地交付价值的能力；（2）管理数据平台给组织带来的变化，并确保人们实际使用该平台；（3）交付高质量的数据，以便用户信任他们所访问的数据；（4）认识到平台的影响超出了平台本身，已进入用户自己的手中，并采取相应的行动；（5）从不断变化的云成本和跟上用户不断变化的需求和期望的角度，来持续完善平台。

10.4.1 时不待人

首席财务官乐于签署一项重大项目投资的日子一去不复返了，尽管所有人都同意，公司要想从中获益，还需要几年的时间。我们越来越多地看到来自企业的压力，希望更快地（几乎总是希望在几个月内，而不是几年内）获得收益。设计和实现一个企业级数据平台并不是一项简单的任务，将它做好是一个复杂的过程，它将使数据在整个企业中获得新的用途。这种分析过程的演变肯定会经过几年而不是几个月，因此协调首席财务官或首席执行官对快速"回报"的需求与企业数据平台的复杂性和重要性并非易事。我们已经看到一些项目在开始之前就因为这个而夭折了。

根据经验，在其成为问题之前将其解决掉的最佳方法是在开发平台时牢记最终目标。我们已经详细讨论了长期设计——这可以与短期实现结合起来。你应该与业务用户一起找到一个令人信服的用例，用户可以通过这个用例清楚地说明他们使用数据给业务带来的好处是什么，并且希望这个用例不太复杂。从这个用例的一开始就与业务部门合作，真正了解他们需要从数据中得到什么，然后返回到能回答他们的问题或支持他们的分析所需的数据上。根据我们的经验，仅摄取、转换和建模他们所需的数据，就通常需要两到三个数据源。

一旦第一个用例显示出价值，就继续进行下一个，再下一个，很快你就会实践你的工程过程，从而可以并行交付越来越多的用例。最终的结果是更快地证明业务价值，这将帮助你获得对平台持续投资的支持。

另一种方法是从数据源开始，甚至在你知道如何摄取数据或是否需要数据之前，将所有可能的数据源引入平台中。是的，这就是众所周知的"数据沼泽"。你需要花费更多的时间才能看到数据被使用，而理解沼泽中的数据所需要付出的努力将会更大。

10.4.2　用户采用

对于大多数组织来说，从传统的报表生成操作模式转变为用户自助服务模式是一个重大的变化。改变总是困难的。大多数用户不喜欢改变——他们很忙，他们有自己的分析和报表方法，他们囤积自己的数据，他们不想花时间来学习新的东西——借口比比皆是。

从基层开始采用新的商业模式（例如数据平台的激励模式）对成功采用至关重要。如果没有人使用你的平台，那它就不能算是成功的。

你可以做一些事情来帮忙。在上一节中，我们讨论了如何找到早期用例。在组织中，必然会有"早期采用者"（他们是那些要求更多数据的人）、"阻拦者"（他们对这是否有效表示怀疑，是在其他人的头脑中经常产生质疑的那些人）、"小鸡"（害怕尝试新事物的人）和"逃避者"（那些不想做任何与新事物有关的事情的人）。

把所有这些不同类型的人转变为你数据平台的热心用户和支持者有时会很困难，但我们已经看到了一些你可能会考虑的有效技术：

❑ 确保第一批用户是早期采用者和有影响力的员工。早期采用者最有可能与你合作以便更快地获得结果，如果你选择了一个与高级管理人员有关的用例，那么用例结果很可能会进入最高管理层（C-suite）的演示中。这将有助于展示数据平台的业务价值。

❑ 如果你有足够的勇气，那么在帮助了一个早期采用者小组后不久，就可以提出一个解决阻拦者所经历的问题的建议。如果你能把阻拦者变成粉丝，让他们开始谈论他们的数据使用有多棒，那么公司里的其他人就都会了解了，即使是最严厉的批评也会沉默。这就是伟大的内部营销。

❑ 小鸡需要更多的关注——需要大量的培训和指导才能让这群人适应不同的数据使用方式。鼓励并支持这种培训以及任何可能建立的学术中心。

❑ 逃避者最终会出现，如果转变他们需要更长时间也没关系——公司里会有很多"专家"帮助他们。最后一点，鼓励在整个组织中使用专业知识很重要，如果你得到一位管理者的支持，他完全接受使用数据进行组织转型的想法，那么这就会容易得多。他可以是首席数据官（CDO）、首席信息官（CIO）、首席营销官（CMO），甚至是首席执行官（CEO），但如果没有这种支持，采用将会很慢。有效利用管理层的支持人员可以为数据在管理层和整个公司层面上的使用创造认知度。迪士尼为此举办过一场比赛，数据用户可以向整个公司展示他们的成果，并会因他们的努力和创造

的价值而获得奖励。这向公司展示了数据的重要性，另外还培养了专家，给予他们
奖励和额外的知名度。这些冠军中的许多人后来都成为数据教练，这反过来又使整
个组织受益。

10.4.3　用户信任与数据治理需求

唯一比没人看到有人使用你的数据平台更糟糕的事情是，你的用户不信任平台生成的
数据。

如果有人发现自己在向一群人展示数据时，有人指出你所展示的数字根本不正确，那
么这一刻，你感到无地自容。从人们看到不准确数据的那一刻起，他们就开始怀疑所有未
来的数据。从那一刻起，重新获得用户的信任必须成为扩展数据团队工作中最重要的事情。

在这一点上，平台团队可能会指出，他们确保数据能够进入数据仓库，而正是在这个
时候，企业才开始使用它，因此这不是平台的错。这可能是事实，但如果你希望你的平台
能够在可预见的未来被使用，那么你必须扩展对数据平台的思考，包括数据的最终目的地，
即使你无法控制它。这就是数据治理的用武之地。

虽然数据治理是一个超出数据质量的话题，但努力提高数据质量是大多数治理计划的
必要组成部分，而对数据质量水平的度量是最广泛使用的数据治理指标。

数据质量指标的例子包括数据集中正确数据的百分比、需要填写的数据字段和匹配不
同系统的数据值，以及对其他属性的度量，如数据的准确性、完整性、一致性和真实性。
在第 5 章中，我们讨论了如何实现数据质量结果指标的定义规则，但没有讨论这些规则是
如何产生的。这通常是组织中某些人的工作，特别是数据管理员，他们是数据的业务所有
者。数据平台的设计者必须成为数据治理流程的一部分——从数据质量的角度来理解什么
样的业务需求对于对平台的必要改变是至关重要的。

确保数据质量不仅仅是将业务规则应用于针对管道的数据质量检查，还包括当数据未
能通过质量检查时发生了什么。采取行动的目的是确保：（1）"失败"数据的消费者意识到，
在问题得到解决之前，该数据产品是不可信任的；（2）可以解决问题的人意识到需要尽快
采取行动。是的，涉及的内容超出了数据平台的限制。

10.4.4　在平台孤岛中操作

"孤岛"是组织中普遍存在的事实。但是孤岛很隐蔽，有时我们也会在 IT 组织中看到
它们。

想想你的数据平台的覆盖范围——当你访问 SaaS 数据源并摄取它们时，它从公司外部扩展到你没有参与设计的仪表盘。它还可以扩展到其他系统——嵌入机器学习算法输出的网站，或营销自动化系统（从你的数据平台提取的一部分用户用作电子邮件营销活动的输入）。数据平台从哪里开始和结束？

对于 IT 部门来说，很容易采取简单的方法，即平台在数据进入平台时就开始了，在数据作为数据集交付时就结束了。但我们知道，这是一种目光短浅的做法，将导致许多问题。数据平台是一个覆盖范围很广的系统——可以将其视为有触角，可以触及许多其他系统和组织的所有部分。

承担端到端系统的责任是 IT 的职能，但这需要用户的支持才能完成，因此数据所有权就可以转移到业务上，这样数据质量规则的不断演变就可以由业务驱动，因此需要由业务和 IT 共同来定义数据管道所需的 SLA。虽然 IT 可以承担实现和支持的责任，但是平台运营和度量的方式必须是双方共同的责任。鼓励创建关注整个系统的多功能团队，并成为这些团队中的积极参与者，以便分担工作负载，为不断发展和成功的平台建立共同的责任。

10.4.5 美元之舞

第二个潜在的阻碍平台项目的因素是成本。下面是我们一次又一次看到的情况。组织（正确地）利用云的潜力进行销售，不仅因为云的敏捷性和工具的可用性，以及其降低支持成本的机会，还因为其承诺的消除硬件方面的大量资本支出，特别是其承诺的只按所使用的系统来收费。数据平台项目获得了批准，设计满足了所有需求，得到了很好的实施，而且由于你还实现了强大的数据治理实践，那么数据质量就会很高，用户就会消费数据并推动更好的业务成果。你可能会问，这种场景可能会有什么问题吗？

接下来会发生什么，通常在解决方案使用后的几个月内，首席财务官会开始仔细查看云花费，随着被摄取、存储和使用的数据越来越多，这些花费也会越来越多。毫无疑问，首席财务官会找到 IT 团队，询问他们如何做才能降低花费。提前提出这个要求很重要。从运营的角度来看，投资 FinOps（不断分析和优化云消费成本）是很重要的。如果你能够了解趋势，并在成本变得过高之前采取措施优化成本，那么你的首席财务官会感谢你，有人可能会说，通过避免不必要的成本，你可以创造一种工作保障形式，因为更多的资金将被用于持续发展。

"美元之舞"有两个方面。"美元之舞"的顶端是平台给企业带来的价值。可以量化的东西越多越好。也许你可以鼓励业务部门分享收益——由于它们能够进行更有针对性的营销而增加了多少收入，或者对于平台中所有数据运行的算法，通过提前预测故障而减少了机器维护成本，从而节省了多少资金。美元之舞的底端是成本——如何确保你没有将钱花在不必要的东西上面。虽然 FinOps 通常不是数据平台设计者的责任，但有时改变平台设计可以节约巨大的成本。

在某些情况下，没有多少事情要做——设计可能是最优的，用户可能在高效地使用数据，甚至有可能显示交付给企业的价值远远超过云成本。在其他情况下，实际上可能有一些事情可以做，但是如果不能很好地理解云消费成本是如何运作的，以及对设计权衡可能是什么样的，就不能这么做。

让我们考虑一个真实的例子。一家大型电信公司在 Google 上建立了一个数据平台，来从它们的系统中捕获物联网（IoT）数据。这是许多年的数据。最佳实践建议，这些数据的处理应该在数据仓库之外完成，在此情况下使用 Spark。正如我们在第 2 章中所讨论的，这个设计决策有诸多很好的理由，包括灵活性、开发人员生产效率、数据治理、跨平台可移植性、性能和速度。然而，事实证明，设计团队并不知道公司与 Google 有一项计划，Google 允许公司每月可以固定的费用无限使用 BigQuery。如果不是这样的话，在数据仓库之外进行处理绝对是最好的决定，但事实证明，通过将处理转移到 BigQuery，公司每年可以节省 60 多万美元。因此，虽然这可能不是一个完美的设计变化，但节省的资金如此之多，因而是正确的决定。

关于这些可能阻碍平台发展的故事，我们的观点是，数据平台并不存在于真空中——它是一个更大的生态系统的重要部分。不能低估平台设计者与企业合作的需求，因为设计者与企业的联系越多，平台项目就越有可能获得成功——不仅是在技术上，在商业上也是如此。

总结

❑ 通常与数据平台相关的业务成果包括：（1）提高运营效率；（2）增加收入；（3）改善客户体验；（4）推动创新；（5）提高合规性——或者是以上 5 种的某种组合。

❑ 数据策略的目的是连接组织数据与其业务目标之间的点，确立数据和分析是如何支持组织的业务目标和优先级的。

❑ 典型的分析成熟度之旅展示了从使用数据到获得洞见（看），到使用数据来预测下一步要做什么（预测），再到使用数据来驱动其他应用程序（做），再到使用分析来提供给应用程序开发（创造）的演变过程。它是在数据策略中定义的。云数据平台是分析成熟度所有阶段的基础。

❑ 渴望从数据中获得洞见通常是分析成熟度之旅的第一步。这些洞见是由自助分析驱动的，在自助分析中，企业有权使用它们所选择的工具来访问探索时所需的数据——我们称之为"使用你自己的分析"（BYOA）。

❑ 一旦业务用户了解了现在和过去，他们通常会使用更高级的分析（如机器学习），以不同的方式查看数据，预测他们下一步应该做什么才能实现业务目标。

❑ 从数据平台移动到另一个系统的数据可以创建可操作的数据，并将平台转变为关键任务系统。数据平台中的数据也可以用来生产新产品。

❑ 数据平台项目的成功不仅需要良好的设计，还需要企业购买其产出。除了技术，项目成功的关键还包括：（1）快速、迭代地交付价值的能力；（2）管理数据平台给组织带来的变化，并确保人们实际使用该平台；（3）交付高质量的数据，以便用户信任他们所访问的数据；（4）认识到平台的影响超出了平台本身，已进入用户自己的手中，并采取相应的行动；（5）从不断变化的云成本的角度来持续完善平台。

推荐阅读

华为数字化转型之道

华为公司官方出品

从认知、理念、转型框架、规划和落地方法、业务重构、平台构建等多个维度全面总结和
阐述了华为自身的数字化转型历程、方法和实践，能为准备开展或正在开展数字化转型的
企业提供系统、全面的参考。